Mit den passenden Fragen zum Thema auf mediscript Online das eigene **Wissen auf Stärken und Schwächen überprüfen**

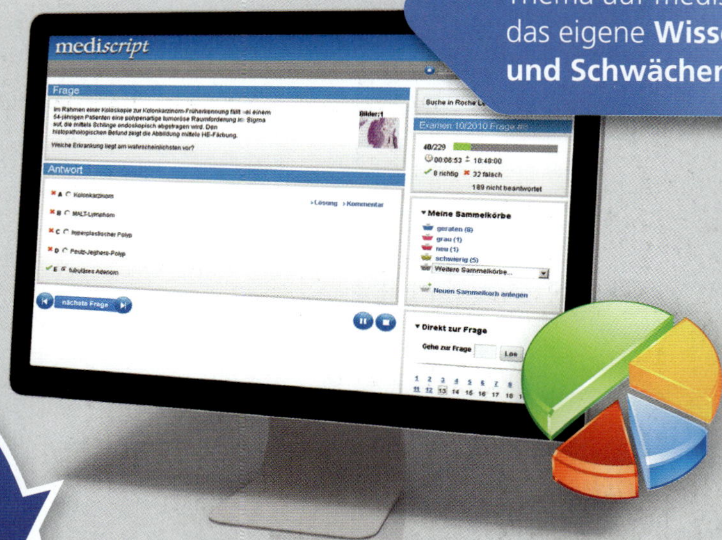

Üben

Organisieren

Wichtige **Lücken erkennen** und **gezielt schließen**

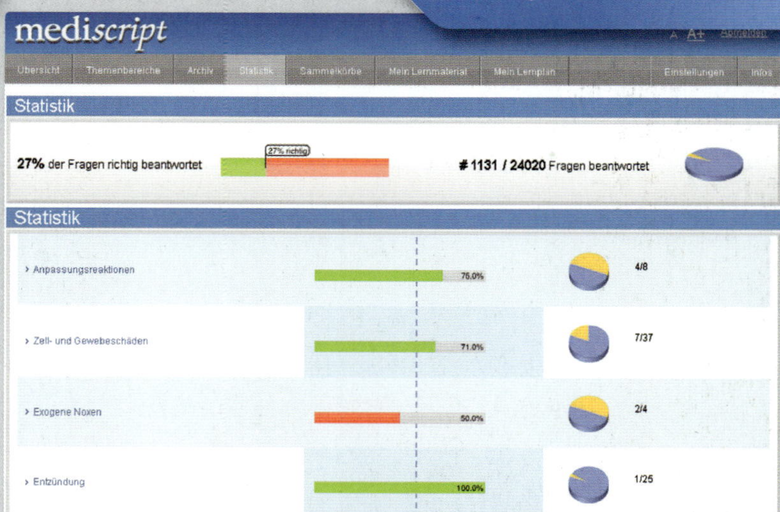

Mehr Informationen zur mediscript Lernwelt auf
www.mediscript-online.de

Thomas Wenisch

mediscript Kurzlehrbuch
Physik

3. Auflage

Mit 79 Abbildungen und Tabellen

Lerntipps von Maximilian Friedrich

ELSEVIER
URBAN & FISCHER

URBAN & FISCHER München

Zuschriften an:
Elsevier GmbH, Urban & Fischer Verlag, Hackerbrücke 6, 80335 München

Wichtiger Hinweis für den Benutzer

Die Erkenntnisse in der Medizin unterliegen laufendem Wandel durch Forschung und klinische Erfahrungen. Die Autoren dieses Werkes haben große Sorgfalt darauf verwendet, dass die in diesem Werk gemachten therapeutischen Angaben (insbesondere hinsichtlich Indikation, Dosierung und unerwünschter Wirkungen) dem derzeitigen Wissensstand entsprechen. Das entbindet den Nutzer dieses Werkes aber nicht von der Verpflichtung, anhand weiterer schriftlicher Informationsquellen zu überprüfen, ob die dort gemachten Angaben von denen in diesem Werk abweichen und seine Verordnung in eigener Verantwortung zu treffen.

Für die Vollständigkeit und Auswahl der aufgeführten Medikamente übernimmt der Verlag keine Gewähr.

Geschützte Warennamen (Warenzeichen) werden in der Regel besonders kenntlich gemacht (®). Aus dem Fehlen eines solchen Hinweises kann jedoch nicht automatisch geschlossen werden, dass es sich um einen freien Warennamen handelt.

Bibliografische Information der Deutschen Nationalbibliothek
Die Deutsche Nationalbibliothek verzeichnet diese Publikation in der Deutschen Nationalbibliografie; detaillierte bibliografische Daten sind im Internet über http://www.d-nb.de/ abrufbar.

13 14 15 16 17 5 4 3 2 1

Um den Textfluss nicht zu stören, wurde bei Patienten und Berufsbezeichnungen die grammatikalisch maskuline Form gewählt. Selbstverständlich sind in diesen Fällen immer Frauen und Männer gemeint.

Planung: Veronika Rojacher
Lektorat: Sabine Hennhöfer
Redaktion: Dr. rer. nat. Claudia Deigele
Herstellung: Cornelia Reiter
Zeichnungen: Dr. Wolfgang Zettlmeier
Satz: abavo GmbH, Buchloe/Deutschland; TnQ, Chennai/Indien
Druck und Bindung: Printer Trento, Trento/Italien
Umschlaggestaltung: SpieszDesign, Neu-Ulm

ISBN Print 978-3-437-43321-4
ISBN e-Book 978-3-437-29299-6

Aktuelle Informationen finden Sie im Internet unter **www.elsevier.de** und **www.elsevier.com**

Vorwort

Das Medizinstudium umfasst viele Fächer, dazu gehören in der Vorklinik die naturwissenschaftlichen Grundlagen. Physik, Chemie und Biologie sind die im Physikum mit nur wenigen Fragen vertretenen sogenannten „kleinen Fächer".

Dennoch werden gerade in diesen Fächern Grundlagen vermittelt, die für das tiefere Verständnis anderer Bereiche der Medizin erforderlich sind. Die Physik ist vielleicht die grundlegendste der Naturwissenschaften. Für den Mediziner ist sie wichtig für das Verständnis der Physiologie. Auch viele diagnostische und therapeutische Verfahren, die heute alltäglich vom Arzt angewandt werden, basieren auf physikalischen Phänomenen.

Der Medizinstudent steht nun vor der Frage, wie er sich die für seine Ausbildung erforderlichen naturwissenschaftlichen Kenntnisse aneignen soll. Für jedes Fach ein mehrere hundert Seiten umfassendes Standardlehrbuch durchzuarbeiten wäre sicherlich sinnvoll. Aber in der Regel ist dies bei dem vollen Stundenplan der ersten Semester zeitlich einfach kaum durchführbar. Fragensammlungen mit kommentierten Prüfungsfragen oder Lerntexte, die eher stichwortartig den Gegenstandskatalog wiedergeben, mögen in der letzten Phase einer Prüfungsvorbereitung angebracht sein, ein tieferes Verständnis, das es ermöglicht, den Lehrstoff auch selbstständig auf neue Fragestellungen anzuwenden, lässt sich auf diese Weise aber nicht vermitteln. Die Folge dieses Dilemmas sind für viele Studenten oft frustrierende Erfahrungen in Klausuren und Praktika.

Hier liegt der Ansatzpunkt für eine Reihe von Kurzlehrbüchern, die eine übersichtliche und prägnante Darstellung des wirklich relevanten Prüfungsstoffs geben.

In den beiden ersten Auflagen waren alle drei Fächer Physik, Chemie und Biologie in einem Band zusammengefasst. In der Neuauflage erscheinen sie nun als separate Lehrbücher.

Die Themen des Gegenstandskatalogs werden vollständig abgedeckt. Es handelt sich hierbei aber nicht um eine reine Auflistung der GK-Themen. Besonders prüfungsrelevante Themen und solche, die für das Medizinstudium oder die spätere ärztliche Praxis wichtig sind, werden ausführlicher behandelt. Weniger wichtige im GK genannte Begriffe werden nur kurz angesprochen.

Die Reihenfolge der Kapitel und die Hauptüberschriften folgen dem Gegenstandskatalog für die ärztliche Vorprüfung. Dies soll dem Studenten die Orientierung erleichtern. In einigen Kapiteln wird aus Gründen der verständlicheren Darstellung des Lehrstoffs aber von der weiteren Untergliederung des GK abgewichen.

Auf wichtige Punkte wird im Text besonders hingewiesen, sie werden durch Merktexte hervorgehoben. Ebenso werden an vielen Stellen klinische Anwendungen und Beispiele aufgezeigt.

Im Text finden sich kurze Beispielaufgaben mit Lösungen, die es ermöglichen, das Verständnis und die Anwendbarkeit des vermittelten Lehrstoffs zu überprüfen. Lerntipps sollen das erworbene Wissen festigen und vertiefen.

An der Entstehung eines Buches hat nicht nur der Autor Anteil, sondern stets auch viele Mitarbeiter eines Verlages. Mein Dank gilt dem Bereich Medizinstudium des Elsevier Verlages und hier besonders dem Lektorat mit Frau Sabine Hennhöfer, Frau Veronika Rojacher und Frau Claudia Deigele sowie Herrn cand. med. Maximilian Friedrich, der viele und wertvolle Lerntipps beigesteuert hat. Ohne die konstruktive Zusammenarbeit aller Beteiligten hätte dieses Buch nicht in der vorliegenden Form erscheinen können.

Dieses Lehrbuch erscheint nun in der 3. Auflage. Der Inhalt wurde an die Aktualisierung der Prüfungsthemen angepasst und an einigen Stellen erweitert. Ich bedanke mich bei den engagierten Lesern, ihre Zuschriften fanden Eingang in die Überarbeitung und Korrekturen.

Anregungen, Verbesserungsvorschläge und Kritiken vonseiten der Leser sind stets willkommen. Sie helfen, das Buch weiterhin zu verbessern und auch für zukünftige Generationen von Studenten aktuell zu halten.

Für das Studium und die Prüfungsvorbereitung wünsche ich allen Lesern dieses Buches viel Erfolg!

Juni 2013

Thomas Wenisch

Lesen, verstehen, bestehen – die Kurzlehrbücher

Auf die Frage, was ein perfektes Kurzlehrbuch ausmacht, nennen Studenten immer wieder die gleichen Stichworte:

- effektive Vorbereitung auf Semesterprüfungen und Staatsexamen
- Beschränkung auf das Wesentliche, klare Trennung von Wichtigem und Unwichtigem
- didaktisch klar aufbereitetes Wissen und gut strukturierte Texte von Autoren, die verständlich erklären können.

Die neue Kurzlehrbuchreihe ist genau auf diese Bedürfnisse zugeschnitten. Autoren mit viel Erfahrung in der Lehre setzen sich im Vorfeld intensiv mit den bisherigen Examens-Fragen des IMPP auseinander und gestalten ihre Texte anschließend so, dass sie den Studierenden optimal semesterbegleitend und prüfungsvorbereitend durch den Stoff leiten. Die Texte setzen sinnvolle Schwerpunkte, Prüfungsrelevantes ist deutlich gekennzeichnet, Lerntipps helfen bei der Prüfungsvorbereitung.

Darüber hinaus sind die neuen Kurzlehrbücher Teil der **mediscript Lernwelt:** Die Lernwelt verknüpft Lernen, Üben, Vertiefen auf perfekte Weise und das alles auf einen Klick. Mit dem Code auf der Innenseite Ihres Buches erhalten Sie 12 Monate Online-Zugang zu:

- **mediscript Online mit allen IMPP-Fragen zum Fach,** mit Sammelkörben, detaillierten Statistiken und den besten Kommentaren zu allen Antwort-Optionen
- **Ihrem Buch in der Online-Bibliothek** zum Nachlesen von überall her

Und das Beste: Von mediscript Online können Sie über Links direkt zur richtigen Buchseite springen – kein Suchen mehr im Inhaltsverzeichnis oder Register.

Lesen – verstehen – bestehen mit den Kurzlehrbüchern in der mediscript Lernwelt!

Die didaktischen Elemente im Überblick

Auf einen Blick relevantes Wissen filtern dank farbig hervorgehobener Textpassagen. Die Kennzeichnungen im Einzelnen:

Prüfungsrelevanz auf einen Blick: Für die Prüfung besonders wichtige Absätze sind – wie dieser Abschnitt – mit einem grünen Balken am linken Rand markiert. Ermittelt wurde die Prüfungsrelevanz aufgrund der Häufigkeit der zu dem jeweiligen Thema gestellten Fragen der letzten zehn Examina. Wer diesen Stoff lernt, kann optimal punkten.

IMPP-Hits

Wo liegen die Schwerpunkte und was bringt Punkte im schriftlichen Examen? Die grünen Kästen zu Beginn jedes Kapitels geben einen Überblick über die bisherigen „Lieblingsthemen" des IMPP.

Lerntipp

Insider-Know-How von Studenten für Studenten: In den grünen Kästen finden sich Eselsbrücken, Merkhilfen, Tipps und Tricks. So sind Sie bestens gewappnet für typische IMPP-Formulierungen und mündliche Prüfungen.

Merke

In den gelben Kästen finden Sie für das Verständnis, die Prüfung oder die Klinik besonders wichtige Zusammenhänge, die es sich einzuprägen lohnt.

Beispiel

Physikalische Rechenbeispiele sind in den roten Kästen anschaulich dargestellt.

Klinik

Gibt der Gegenstandskatalog in der Vorklinik Krankheitsbilder vor, dann sind diese in den lilafarbenen Kästen genannt. So werden früh klinische Bezüge hergestellt und ein besseres praxisrelevantes Verständnis gefördert.

Inhaltsverzeichnis

01

Grundbegriffe des Messens und der quantitativen Beschreibung

IMPP-Hits

- Internationales Einheitensystem (► Kap. 1.2.3)
- Statistische Fehlerrechnung (► Kap. 1.3.2)
- Mathematische Funktionen, Zusammenhänge zwischen physikalischen Größen (► Kap. 1.4)

1.1 Wegweiser

Die Physik beobachtet Phänomene in der Natur und versucht diese quantitativ zu beschreiben. Dazu ist in vielen Bereichen eine formale und mathematische Darstellung der für das Verständnis notwendigen Grundlagen nicht zu umgehen. Thema dieses Kapitels sind physikalische Größen und ihre Einheiten (► Kap. 1.2), Messunsicherheiten und die statistische Fehlerrechnung (► Kap. 1.3) sowie Funktionen (► Kap. 1.4) und ihre grafische Darstellung (► Kap. 1.5).

1.2 Physikalische Größen

1.2.1 Definition

Ein physikalischer Parameter, der im Experiment beobachtet und quantitativ angegeben werden kann, wird als **physikalische Größe** bezeichnet. Beispiele hierfür sind Zeit, Temperatur, Länge oder Geschwindigkeit. Eine physikalische Größe wird stets angegeben durch eine Maßzahl multipliziert mit einer Einheit.

Merke

Physikalische Größe = Maßzahl · Einheit
Beispiel: Länge = 10 m, 10 ist die Maßzahl, Meter [m] die Einheit.

In physikalischen Gleichungen werden stets Größen, d. h. die Zahlen mit ihren Einheiten, eingesetzt. Mit den Einheiten kann wie mit Zahlen gerechnet werden, sie werden multipliziert oder dividiert. Größen mit gleichen Einheiten können addiert bzw. subtrahiert werden. Dieses formale Vorgehen ist sinnvoll, es ermöglicht eine Kontrolle des Rechenwegs: Bei korrektem Einsetzen und bei Termumformungen trägt das Ergebnis einer Berechnung stets die richtige zugehörige Einheit.
Wird eine Größe durch ihre Einheit dividiert, ist das Resultat eine dimensionslose Zahl. In einer

grafischen Darstellung wird deshalb die Einteilung der Koordinatenachsen mit Zahlen beschriftet und an den Achsen wird die Größe geteilt durch ihre Einheit angegeben, z. B. Zeit/Sekunde (t/s).

1.2.2 Skalare und Vektoren

Es wird unterschieden zwischen **skalaren Größen** (kurz: Skalare) und **vektoriellen Größen**. Bei Skalaren wird ein Zahlenwert mit zugehöriger Einheit angegeben. So ist z. B. die Aussage „Wir treffen uns hier in einer Stunde" völlig ausreichend, um den gewünschten Zeitpunkt durch eine Zahl und eine Einheit zu beschreiben. Die Aussage „Wir treffen uns in 100 m Entfernung von hier" wird hingegen nicht zu einem erfolgreichen Zusammentreffen führen, da die Entfernung eine vektorielle Größe ist. Bei Vektoren muss neben Zahl und Einheit noch die Richtung angegeben werden.

Vektorielle Größen werden im Allgemeinen mit einem Pfeil gekennzeichnet, z. B. die Geschwindigkeit $\vec{v}$. Sind die Richtungsverhältnisse jedoch eindeutig erkennbar oder kann als bekannt vorausgesetzt werden, dass es sich bei der Größe um einen Vektor handelt, wird zur Vereinfachung der Schreibweise der Richtungspfeil häufig weggelassen.

Merke

Es werden skalare und vektorielle Größen unterschieden:
- Skalare: Betrag + Einheit
- Vektoren: Betrag + Einheit + Richtung

Beispiele:	**Skalare**	**Vektoren**
	Zeit	Kraft
	Masse	Geschwindigkeit
	Trägheitsmoment	Beschleunigung
	Temperatur	Impuls
	Arbeit	elektrische Feldstärke
	Leistung	magnetische Flussdichte

Vektoren werden grafisch als **Pfeile** dargestellt. Unter dem Betrag eines Vektors wird die Länge des Pfeils verstanden. Grafisch werden 2 Vektoren addiert, indem der Anfang eines Vektors parallel an das Ende des anderen Vektors verschoben wird. Die Summe beider Vektoren wird durch einen Pfeil vom Anfang des ersten bis zum Ende des zweiten Vektors repräsentiert (► Abb. 1.1).

Werden Vektoren in einem **Koordinatensystem** dargestellt, können die Komponenten des Vektors in Richtung der Koordinatenachsen angegeben werden. Das Koordinatensystem muss hierzu nicht rechtwinklig sein. Eine Komponentenzerlegung ist bezüglich beliebiger Koordinatenachsen möglich (► Abb. 1.2). In der Regel wird jedoch das kartesische, d. h. rechtwinklige Koordinatensystem verwendet, da sich hier die rechnerische Zerlegung des Vektors in seine Komponenten einfacher gestaltet.

Sind die Länge des Vektors $|\vec{v}|$ und der Winkel α zwischen dem Vektor und der horizontalen Achse angegeben, berechnen sich die Komponenten zu (► Kap. 1.4.2):
- **Horizontalkomponente:** $\vec{v}_{\mathrm{h}} = |\vec{v}| \cdot \cos\alpha$
- **Vertikalkomponente:** $\vec{v}_{v} = |\vec{v}| \cdot \sin\alpha$

Für die **Rechnung mit Vektoren** gelten die folgenden Regeln:
- Rechnerisch werden Vektoren addiert, indem jeweils die Horizontal- und Vertikalkomponenten der einzelnen Vektoren addiert werden.
- Analog zu dieser Vorgehensweise ist bei Vektoren eine Subtraktion möglich, indem ein Gegenvektor $-\vec{v}$, d. h. ein Vektor gleicher Länge, aber entgegengesetzter Orientierung wie $\vec{v}$, addiert wird.
- Die Multiplikation eines Vektors mit einem Skalar ergibt wieder einen Vektor. Beispiel: $\vec{F} = m \cdot \vec{a}$.
- Bezüglich der Multiplikation von Vektoren wird zwischen dem Skalarprodukt und dem Vektorprodukt unterschieden:
  - Beim **Skalarprodukt** ergibt sich aus der Multiplikation zweier Vektoren ein Skalar. Beispiel: $W = \vec{F} \cdot \vec{s}$. Die skalare Multiplikation wird durch einen Punkt (·) gekennzeichnet. Ist in dem genannten Beispiel α der Winkel zwischen $\vec{F}$ und $\vec{s}$, so gilt: $W = |\vec{F}| \cdot |\vec{s}| \cdot \cos\alpha$.
  - Beim **Vektorprodukt** entsteht aus der Multiplikation zweier Vektoren ein neuer Vektor. Beispiel: $\vec{M} = \vec{r} \times \vec{F}$. Das Rechenzeichen für die vektorielle Multiplikation ist ein Kreuz (×). Deshalb wird das Vektorprodukt häufig auch Kreuzprodukt genannt. Ist α wieder der Winkel zwischen den zu multiplizierenden Vektoren, gilt für den Betrag des neuen Vektors aus dem genannten Beispiel: $|\vec{M}| = |\vec{r}| \cdot |\vec{F}| \cdot \sin\alpha$.

Der durch vektorielle Multiplikation entstandene Vektor steht senkrecht auf den beiden Ausgangsvektoren. Alle 3 Vektoren bilden ein so genanntes

Rechtssystem: Wird der Vektor $\vec{r}$ auf kürzestem Weg in Richtung von $\vec{F}$ gedreht, so zeigt $\vec{M}$ in die Richtung, in die sich eine Schraube mit Rechtsgewinde bei entsprechender Drehrichtung bewegen würde.
Einfacher lässt sich die Richtung mit der so genannten **Rechten-Hand-Regel** oder 3-Finger-Regel der rechten Hand bestimmen. Es zeigen die 3 Finger jeweils in verschiedene Raumrichtungen: Zeigt der Daumen der rechten Hand in Richtung von $\vec{r}$, der Zeigefinger in Richtung von $\vec{F}$, so weist der Mittelfinger in die Richtung von $\vec{M}$ (▸ Abb. 1.3).

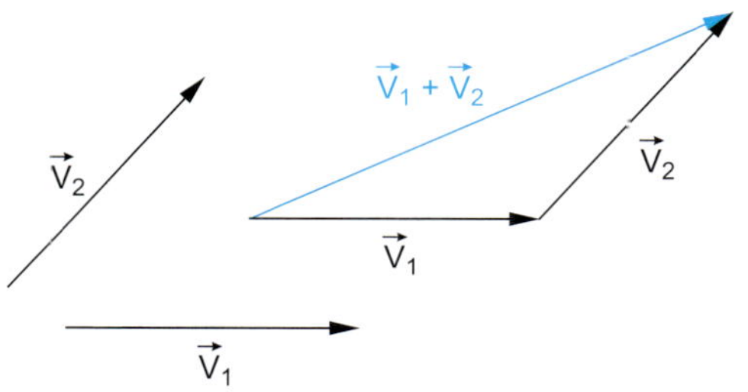

Abb. 1.1 Addition von Vektoren.

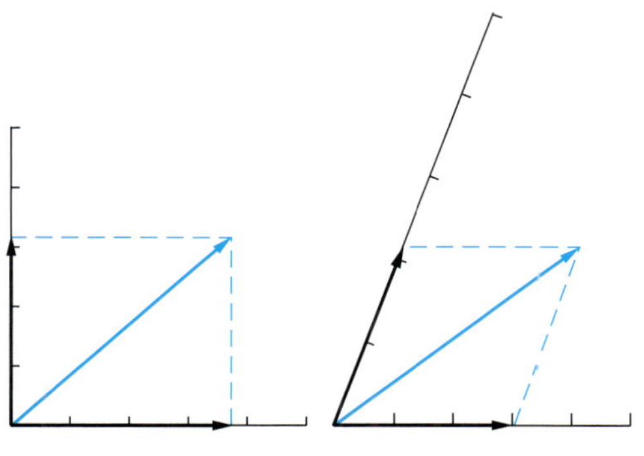

Abb. 1.2 Komponentenzerlegung eines Vektors im rechtwinkligen und im schiefwinkligen Koordinatensystem.

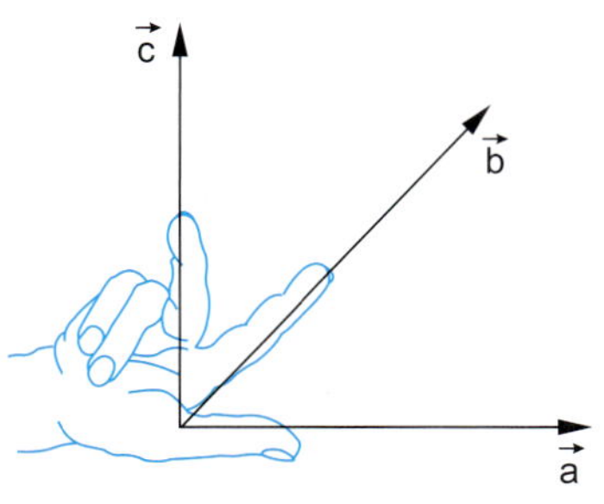

Abb. 1.3 Richtungsverhältnisse beim Vektorprodukt $\vec{c} = \vec{a} \times \vec{b}$, Rechte-Hand-Regel.

Merke

Beim Vektorprodukt ist die Reihenfolge der Vektoren wichtig: $\vec{a} \times \vec{b} \neq \vec{b} \times \vec{a}$, es gilt: $\vec{a} \times \vec{b} \neq -(\vec{b} \times \vec{a})$.

1.2.3 Internationales Einheitensystem

1.2.3.1 Basiseinheiten des SI

Es existiert eine Vielzahl von physikalischen Einheiten, die durch Definitionen und Gleichungen miteinander verknüpft sind. Oft sind für eine Größe verschiedene Einheiten gebräuchlich, wie z. B. bei den Längenangaben mit den Angaben Meter bzw. Zentimeter im metrischen System und mit den im angloamerikanischen Raum traditionell verwendeten Einheiten Zoll, Fuß oder Meilen. Ein weltweiter Standard wurde durch das **internationale Einheitensystem** (Système Internationale des Unités, kurz: SI) festgelegt. Es umfasst die in ▸ Tab. 1.1 aufgeführten Basisgrößen und ihre Einheiten.
Die Einheit für die Stoffmenge, das Mol, ist auch in der Chemie von Bedeutung. 1 Mol einer Substanz enthält stets $6{,}022 \cdot 10^{23}$ Teilchen (Avogadro-Konstante, ▸ Kap. 3.2.2).

Lerntipp

Sie sollten die 7 Basisgrößen des SI und ihre Einheiten auswendig können, denn das Einheitensystem wird immer wieder gerne gefragt.

Die ausschließliche Benutzung der Grundeinheiten würde oft zu sehr unhandlichen Zahlenwerten führen, z. B. bei der Angabe einer Medikamentendosis in kg oder eines Injektionsvolumens in m^3. Für sehr große oder kleine Werte sind deshalb **dezimale Vielfache** der Grundeinheiten gebräuchlich (▸ Tab. 1.2).
In der wissenschaftlich-technischen Schreibweise gibt der Wechsel der Vorsilben jeweils eine Änderung um den Faktor 10^3 an. Dies ist im oberen Teil von ▸ Tab. 1.2 dargestellt. Im unteren Teil sind die zusätzlich aus dem allgemeinen Sprachgebrauch bekannten Vorsilben Hekto, Deka, Dezi und Zenti (Centi) aufgeführt. Für bestimmte Größen sind zusätzliche Einheiten definiert, z. B. gilt: 1 Ångström (Å) = 10^{-10} m, 1 Tonne (t) = 10^3 kg.

Lerntipp

Der sichere Umgang mit den Einheiten und den Potenzen ist die Grundlage für alle physikalischen Rechnungen! Bei allen Aufgaben und Berechnungen die Angaben immer zuerst in die Basisgrößen, z. B. m, kg, s umrechnen, und dann erst in Formeln einsetzen.

1.2.3.2 Abgeleitete Einheiten

Aus den 7 Basisgrößen des internationalen Einheitensystems können alle anderen physikalischen Größen und ihre Einheiten abgeleitet werden. Beispiele für **abgeleitete Einheiten** zeigt ► Tab. 1.3. Alle festen Zahlen- und Größenwerte sind im Anhang (► Tab. A.2) noch einmal zusammengestellt.

Unter Berücksichtigung der zugrunde liegenden Definitionen für abgeleitete Einheiten wie Flächen oder Volumina lassen sich diese in ihre dezimalen Vielfachen umrechnen. So ist z. B.:

$1\,m^2 = (100\,cm)^2 = 10.000\,cm^2$

$1\,m^3 = (100\,cm)^3 = 1.000.000\,cm^2$

Auf Basis der SI-Einheiten lassen sich die folgenden, auf Masse, Volumen und Stoffmenge bezogenen Größen ableiten:

- Die so genannten **Dichten** sind volumenbezogene Einheiten. Beispiele: Massendichte (oder kurz nur Dichte genannt) mit der Einheit kg/m^3 oder Ladungsdichte mit der Einheit C/m^3.
- Massenbezogene Größen werden meist auch **spezifische Größen** genannt. Beispiele: spezifisches Volumen mit der Einheit m^3/kg oder spezifische Wärmekapazität eines Körpers mit der Einheit $J \cdot kg^{-1} \cdot K^{-1}$.
- Auf die Stoffmenge bezogene Größen heißen auch **molare Größen**. Beispiele: molare Masse (Molmasse) mit der Einheit g/mol, molares Volumen (Molvolumen) mit der Einheit L/mol oder molare Wärmekapazität mit der Einheit $J \cdot mol^{-1} \cdot K^{-1}$.

Beispiel

Umrechnen von Einheiten:
- Ein Rechteck hat die Kantenlängen 20 µm und 0,1 mm. Die Fläche ist: $A = 20\,\mu m \cdot 0{,}1\,mm = 20 \cdot 10^{-6}\,m \cdot 0{,}1 \cdot 10^{-3}\,m = 2 \cdot 10^{-9}\,m^2$ oder: $A = 20\,\mu m \cdot 0{,}1\,mm = 20\,\mu m \cdot 0{,}1 \cdot 10^3\,\mu m = 2 \cdot 10^3\,(\mu m)^2$.
- Eine Dichte von 1 g/ml entspricht:

$$\rho = \frac{1g}{1ml} = \frac{1g}{1cm^3} = \frac{1 \cdot 10^{-3}\,kg}{1 \cdot (10^{-2}\,m)^3} = \frac{1 \cdot 10^{-3}\,kg}{1 \cdot 10^{-6}\,m^3} = 1 \cdot 10^3\,\frac{kg}{m^3}$$

Dies ist die Dichte von Wasser.

Tab. 1.1 Basisgrößen des internationalen Einheitensystems

Basisgröße		Basiseinheit	
Name	Zeichen	Name	Zeichen
Länge	l	Meter	m
Masse	m	Kilogramm	kg
Zeit	t	Sekunde	s
Elektrische Stromstärke	I	Ampere	A
Temperatur	T	Kelvin	K
Stoffmenge	n	Mol	mol
Lichtstärke	Ψ_L	Candela	Cd

Tab. 1.2 Umrechnung von Einheiten in dezimale Vielfache

Vorsilbe	Abkürzung	Zehnerpotenz
Exa	E	10^{18}
Peta	P	10^{15}
Tera	T	10^{12}
Giga	G	10^{9}
Mega	M	10^{6}
Kilo	K	10^{3}
Milli	m	10^{-3}
Mikro	µ	10^{-6}
Nano	n	10^{-9}
Pico	p	10^{-12}
Femto	f	10^{-15}
Atto	a	10^{-18}
Hekto	h	10^{2}
Deka	da	10^{1}
Dezi	d	10^{-1}
Centi	c	10^{-2}

Tab. 1.3 Beispiele für abgeleitete Größen und ihre Definition (einige Definitionen sind hier vereinfacht dargestellt, auf differenzielle bzw. Integraldefinitionen wurde an dieser Stelle verzichtet)

Name	Zeichen	Definition	Einheit	
Fläche	A	$l_1 \cdot l_2$	m^2	
Volumen	V	$l_1 \cdot l_2 \cdot l_3$	m^3	$1.000\ cm^3 = 1$ Liter (L) $1\ cm^3 = 1$ mL
Dichte	ρ	$\rho = \frac{m}{V}$	$\frac{kg}{m^3}$	Auch: $\frac{g}{cm^3}$
Geschwindigkeit	$\vec{v}$	$\vec{v} = \frac{\Delta \vec{s}}{\Delta t}$	$\frac{m}{s}$	
Beschleunigung	$\vec{a}$	$\vec{a} = \frac{\Delta \vec{v}}{\Delta t}$	$\frac{m}{s^2}$	
Impuls	$\vec{p}$	$\vec{p} = m \cdot \vec{v}$	$\frac{kg \cdot m}{s}$	
Kraft	$\vec{F}$	$\vec{F} = m \cdot \vec{a}$	$\frac{kg \cdot m}{s^2}$	= 1 Newton (N)
Arbeit (Energie)	W	$W = \vec{F} \cdot \vec{s}$	N · m	= 1 Joule (J)
Drehmoment	$\vec{M}$	$\vec{M} = \vec{r} \times \vec{F}$	N · m	Die Einheit ist auch Nm, das Drehmoment wird aber nicht in Joule angegeben.
Leistung	P	$P = \frac{\Delta W}{\Delta t}$	$\frac{J}{s}$	= 1 Watt (W)
Druck	P	$P = \frac{\vec{F}}{\vec{A}}$	$\frac{N}{m^2}$	= 1 Pascal (Pa) $1\ Pa = 10^{-5} kg \cdot cm^{-2} = 10^{-5}$ bar 1 Torr = 1 mmHg = 1,334 mbar
Ladung	Q	$Q = I \cdot t$	A · s	= 1 Coulomb (C)
Kapazität	C	$C = \frac{Q}{U}$	$\frac{C}{V}$	= 1 Farad (F)
Schallstärke	L	$L = 10 \cdot \log\left(\frac{I}{I_0}\right)$	dB	Dezibel (wichtig ist hier die Definition über den Logarithmus)
Brechkraft	Φ	$\Phi = \frac{1}{f}$	$\frac{1}{m}$	= 1 Dioptrie (dpt)
Aktivität	A	$\frac{\text{Zerfälle}}{\text{Sekunde}}$	$\frac{1}{s}$	= 1 Becquerel (Bq)

Merke

Die Dichte von Wasser beträgt:
1 g/cm^3 bzw. 10^3 kg/m^3

Lerntipp

Die in ► Tab. 1.3 angegebenen abgeleiteten Größen und ihre Einheiten sollten Sie sich gut merken. Sie sind Grundlage für den Stoff der folgenden Kapitel.

1.3 Fehler und Unsicherheiten beim Messen

1.3.1 Messfehler

Im Experiment kann der Wert einer beobachteten Größe niemals mit absoluter Genauigkeit bestimmt werden. Es treten stets Beobachtungs- und Messfehler auf. Dabei ist zwischen systematischen und zufälligen (statistischen) Fehlern zu unterscheiden.

- **Systematische Fehler** werden durch Mängel im Messverfahren, Fehler bei der Versuchsplanung oder Fehler des Experimentators verursacht. Ein Beispiel wäre die Benutzung eines defekten Messgeräts oder eines falschen Maßstabs. Eine Wiederholung der Messung unter gleichen Bedingungen hat keinen Einfluss auf den systematischen Fehler, da dieser in der gleichen Weise wieder auftritt. Ist die Fehlerquelle jedoch bekannt, können der Fehler berücksichtigt und das Messergebnis unter Umständen korrigiert werden. Wird z. B. für eine Längenmessung unbemerkt ein in Zoll anstelle von Zentimetern eingeteilter Maßstab verwendet, so wird das Messergebnis durch Wiederholung der Messung nicht korrekter. Ist der Fehler aber bekannt, kann mit Hilfe des entsprechenden Umrechnungsfaktors (1 Zoll = 2,54 cm) das Messergebnis korrigiert werden.
- **Zufällige** oder **statistische Fehler** entstehen durch unsystematische Umgebungseinflüsse wie z. B. Ablesefehler, Toleranzen der Messgeräte, Erschütterungen oder Temperaturschwankungen. Bei wiederholter Messung kann die Größe statistischer Fehler abgeschätzt werden. Die statistische Berechnung wird in ► Kap. 1.3.2 beschrieben.

Bei Messgeräten ist die Toleranz in der Regel bekannt. So werden elektrische Messinstrumente in die **Güteklassen** 0,1; 0,2; 0,5; 1; 1,5; 2,5 und 5 eingeteilt. Diese Werte geben eine obere Abschätzung des auftretenden Messfehlers in Prozent vom Skalenendwert bei analoger bzw. vom Messbereichsendwert bei digitaler Anzeige an. Der Messbereich sollte deshalb bei analogen Messgeräten stets so gewählt werden, dass der Messwert im letzten Skalendrittel angezeigt wird.

Beispiel

Ein Voltmeter der Güteklasse 1 zeigt einen Wert von 7 V an. Wie groß ist der Messfehler bei einem Messbereich von 0–100 V bzw. von 0–10 V?

- Messbereich 100 V, Messfehler 1 % von 100 V = 1 V, gemessene Spannung 7 V ± 1 V = 6–8 V
- Messbereich 10 V, Messfehler 1 % von 10 V = 0,1 V, gemessene Spannung 7 V ± 0,1 V = 6,9–7,1 V.

Bei der Angabe eines Messwerts sollte zusätzlich zum Messwert x immer auch der **Messfehler** Δx angegeben werden. Die Angabe kann erfolgen als:

- **Absoluter Fehler:** $x \pm \Delta x$
  Beispiel: 7 V ± 0,1 V; oder als:
- **Relativer Fehler:** $x \pm \frac{\Delta x}{x}$

  Beispiel:

$$7\,\text{V} \pm \frac{0{,}1\,\text{V}}{7\,\text{V}} = 7\,\text{V} \pm 0{,}014 = 7\,\text{V} \pm 1{,}4\,\%.$$

Der absolute Fehler hat stets die gleiche Einheit wie der Messwert bzw. ein dezimales Vielfaches davon. Bei der Berechnung des relativen Fehlers kürzt sich die Einheit heraus, sodass es sich bei der relativen Angabe um eine dimensionslose Zahl handelt. Üblich ist die Angabe in Prozent (%), bei sehr kleinen Fehlern auch in Promille (‰).
Die Genauigkeit eines Ergebnisses sollte in der Schreibweise bei der Wahl der Anzahl der angegebenen Dezimalstellen berücksichtigt werden. Es ist nicht sinnvoll, in einer Berechnung Dezimalen anzugeben, die in der Größenordnung unterhalb der Messabweichung liegen.

Merke

- Systematische Fehler: keine Änderung bei Wiederholung der Messung; eventuell Korrektur der Messwerte möglich.

- Zufällige Fehler: können statistisch abgeschätzt werden; wiederholtes Messen kann die Genauigkeit verbessern.
- Absoluter Fehler: gleiche Einheit wie das Messergebnis.
- Relativer Fehler: dimensionslos; in der Regel Angabe in Prozent.
- Güteklasse: bei Messinstrumenten Fehler in Prozent vom Skalenendwert.

Lerntipp

Zu jeder Angabe eines Messergebnisses gehört auch die Angabe der Fehlergrenzen.
Die Unterscheidung zwischen zufälligen und systematischen Fehlern sollte bekannt sein, ebenso die Angabe als absoluter oder relativer Fehler.

1.3.2 Statistische Fehlerrechnung

Sind die Einflüsse auf eine Messgröße zufällig, so treten Abweichungen nach oben und unten mit gleicher Wahrscheinlichkeit auf. Bei einer Wiederholung der Messung ergibt jede Messung zufällig ein anderes Ergebnis. Die Häufigkeit des Auftretens der Einzelergebnisse x wird durch die **Gauß-Verteilung** beschrieben. Man sagt auch, die Messwerte sind normal verteilt, und spricht synonym von einer **Normalverteilung**. Grafisch ergibt die Gauß-Verteilung eine symmetrische „Glockenkurve" (▸ Abb. 1.4).

Ein medizinisches Beispiel für eine normal verteilte Größe ist die Körpergröße. Hier sind Abweichungen von der mittleren Größe nach oben und unten gleich wahrscheinlich. Je größer die Abweichung vom Mittelwert wird, desto seltener tritt sie auf.

Aus einer Messreihe mit n Messwerten und den Einzelwerten x_i wird der **arithmetische Mittelwert** μ berechnet als Summe aller Messwerte geteilt durch deren Anzahl:

$$\mu = \frac{1}{n}\sum_{i=1}^{n} x_i$$

Bei der Untersuchung einer größeren Population kann oft nicht jede Einzelmessung durchgeführt werden. Es wird dann eine **repräsentative Stichprobe** untersucht. So wäre es kaum praktikabel, die Körpergröße aller Einwohner eines Landes zu bestimmen; hier würde für die Untersuchung auf eine Stichprobe zurückgegriffen werden.

Merke

Je größer die Anzahl n der Stichprobe gewählt wird, desto mehr nähert sich der arithmetische Mittelwert dem **Erwartungswert** der Messung an, d.h. demjenigen Wert, der sich bei Untersuchung der gesamten Population und anschließender Mittelwertbildung ergeben würde.

Der Mittelwert ermöglicht noch keine Aussage über die Genauigkeit einer Messung. Zwei Messreihen mit gleichem Mittelwert können sich bezüglich der Streuung der Einzelwerte unterscheiden. Die Streuung um den Mittelwert wird durch die **Standardabweichung** σ angegeben:

$$\sigma = \sqrt{\frac{1}{n-1}\sum_{i=1}^{n}(x_i - \mu)^2}$$

Die so definierte Standardabweichung gibt den Abstand der Wendepunkte der Gauß-Glockenkurve zum Mittelwert an (▸ Abb. 1.4).

Das Quadrat der Standardabweichung wird auch als **Varianz einer Messreihe** bezeichnet: $V_{(x)} = \sigma^2$. Bei der Gauß-Normalverteilung liegen (gerundet) 68 % aller Messwerte im Intervall $[\mu - \sigma, \mu + \sigma]$, 95 % aller Messwerte im Intervall $[\mu - 2\sigma, \mu + 2\sigma]$ und über 99 % im Intervall $[\mu - 3\sigma, \mu + 3\sigma]$. Diese Intervalle werden als **Konfidenzintervalle** bezeichnet (▸ Abb. 1.4).

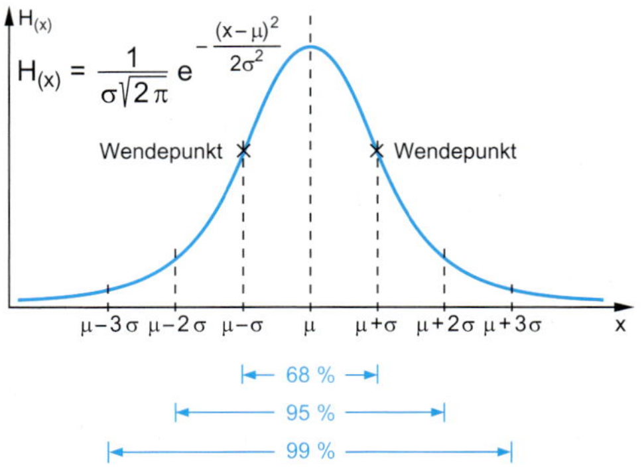

Abb. 1.4 Normalverteilung (Gauß-Verteilung) und Konfidenzintervalle.

Lerntipp

Prägen Sie sich die einzelnen Prozentwerte der verschiedenen Konfidenzintervalle ein, da sie häufig in Examen – auch in der medizinischen Statistik – gefragt werden.

Wird die Messreihe unter gleichen Bedingungen wiederholt bzw. aus der Gesamtheit eine andere Stichprobe ausgewählt, so wird sich ein unterschiedlicher Mittelwert ergeben. Die Standardabweichung der jeweiligen Mittelwerte wird als **Standardfehler** $\Delta\overline{x}$ bezeichnet. Der Standardfehler kann auch schon aus der einzelnen Messreihe berechnet werden:

$$\Delta\overline{x} = \frac{\sigma}{\sqrt{n}} = \sqrt{\frac{1}{n(n-1)}\sum_{i=1}^{n}(x_i - \mu)^2}$$

In einer wissenschaftlichen Untersuchung müssen neben dem Ergebnis stets auch die **Fehlergrenzen** angegeben werden. Je nach Fragestellung entscheidet der Experimentator, ob die Standardabweichung oder der Standardfehler angegeben wird und welches Konfidenzintervall zugrunde gelegt wird. In der Ergebnispräsentation muss die Fehlerangabe erklärt und ggf. begründet werden.

Beispiel

In einer Reihenuntersuchung von Schulkindern wird deren Körpergröße gemessen.
Als Ergebnis beträgt der Mittelwert $\mu = 150$ cm und die Standardabweichung $\sigma = 6$ cm.
Nach der Normalverteilung wird erwartet, dass bei 68 % der Kinder die Körpergröße zwischen 1,44 m und 1,56 m liegt, 16 % sind kleiner als 1,44 m und 16 % größer als 1,56 m.

Bei Zählversuchen wird die Statistik mit der **Poisson-Verteilung** beschrieben. Diese Verteilung soll hier als Ergänzung nur kurz angesprochen werden. Die Wahrscheinlichkeit, dass bei einem Mittelwert μ ein Zählereignis den Wert *k* annimmt, beträgt:

$$P_{(x=k)} = \frac{\mu^k}{k!} \cdot e^{-\mu}$$

Beispiel

Durch Auszählen unter dem Mikroskop wird die Konzentration einer Zellsuspension bestimmt. Die Zählkammer hat 100 Felder. Insgesamt befinden sich in der Kammer 100 Zellen, d.h. der Mittelwert beträgt μ = 100 Zellen/100 Felder = 1 Zelle/Feld.
Die Wahrscheinlichkeit, dass ein Feld frei bleibt ($k = 0$), liegt nach der Poisson-Verteilung bei

$$P_{(x=0)} = \frac{1^0}{0} \cdot e^{-1} = 0{,}37$$

Das bedeutet, 37 % der Felder der Zählkammer bleiben frei.

Lerntipp

Sie sollten den Mittelwert und die Standardabweichung einer Messreihe berechnen können.

1.3.3 Fehlerfortpflanzung

Häufig hängt ein Endergebnis von mehreren Variablen ab, von denen jede mit einer Unsicherheit behaftet ist. Unter der Voraussetzung, dass die Einzelfehler voneinander unabhängig und die Fehler klein im Verhältnis zu den gemessenen Werten sind, kann der **Gesamtfehler** mittels der Gauß-Formel für Fehlerfortpflanzung berechnet werden. Ist das Ergebnis $F(x_1, x_2, \ldots, x_n)$ eine Funktion der Variablen $x_1, x_2, \ldots, x_n$, ergibt sich für den Gesamtfehler der Zusammenhang:

$$\Delta F(x_1, x_2, \ldots, x_n) = \sqrt{\left(\sum_{i=1}^{n} \frac{\delta F(x_1, x_2, \ldots, x_n)}{\delta x_i} \Delta x_i\right)^2}$$

$$= \sqrt{\left(\frac{\delta F}{\delta x_1}\right)^2 \cdot (\Delta x_1)^2 + \left(\frac{\delta F}{\delta x_2}\right)^2 \cdot (\Delta x_2)^2 + \ldots + \left(\frac{\delta F}{\delta x_n}\right)^2 \cdot (\Delta x_n)^2}$$

Es werden die absoluten Fehler Δx_i eingesetzt. Der Ausdruck $\delta F/\delta x_i$ bezeichnet die partielle Ableitung der Funktion *F* nach der Variablen x_i, d. h. die Ableitung wird nach der Variablen x_i durchgeführt, die anderen Variablen werden als Konstante behandelt. Für eine kompliziertere Funktion von mehreren Variablen kann die Abschätzung des Gesamtfehlers durchaus rechenintensiv werden.
In der Praxis treten oft auch einfachere Fälle auf, bei denen sich die zuvor angegebene allgemeine

Berechnungsvorschrift wesentlich vereinfacht. Hängt die Funktion F von zwei Variablen a und b ab, können folgende Fälle vereinfacht werden:

- **Summen und Differenzen:** $F = a \pm b$:

$$\Delta F = \sqrt{(\Delta a)^2 + (\Delta b)^2}$$

  ΔF, Δa und Δb sind jeweils Angaben für den absoluten Fehler.

- **Produkte und Quotienten:** $F = a \cdot b$ oder $F = a/b$:

$$\frac{\Delta F}{F} = \sqrt{\left(\frac{\Delta a}{a}\right)^2 + \left(\frac{\Delta b}{b}\right)^2}$$

  Hier werden die relativen Fehler eingesetzt. Ergebnis ist der relative Gesamtfehler. Das Gleiche gilt für

- **Potenzen:** $F = a^m \cdot b^n$:

$$\frac{\Delta F}{F} = \sqrt{\left(m\frac{\Delta a}{a}\right)^2 + \left(n\frac{\Delta b}{b}\right)^2}$$

  In dem speziellen Fall, dass nur eine Variable in höherer Potenz in das Messergebnis eingeht ($F = a^m$):

$$\frac{\Delta F}{F} = m\frac{\Delta a}{a}$$

- Geht eine Variable **nicht linear** in das Ergebnis ein, wird der relative Fehler der Messgröße mit deren Potenz multipliziert.

Beispiel

Zur Bestimmung einer Kreisfläche $A = \pi \cdot r^2$ wird der Radius gemessen. Der relative Fehler der Messung sei 5 %. Daraus resultiert für die Fläche ein relativer Fehler von $\Delta A = 2 \cdot 5\,\% = 10\,\%$.

Wird eine Messung nur ein einziges Mal durchgeführt, kann keine statistische Auswertung wie in ► Kap. 1.3.2 vorgenommen werden. Sind für die einzelnen Fehlerquellen, wie die Abweichungen der Messgeräte oder Ablesefehler, die Abweichungen bekannt oder liegen zumindest Schätzwerte vor, kann auch die Abweichung des Endergebnisses **abgeschätzt** werden. Eine erste grobe Abschätzung liefert die Addition der einzelnen Messunsicherheiten. Eine genauere Fehlerberechnung lässt sich mit den zuvor beschriebenen Regeln der Fehlerfortpflanzung durchführen.

1.4 Mathematische Zusammenhänge zwischen physikalischen Größen

1.4.1 Funktionen, Differenzial und Integral

Der Zusammenhang zwischen physikalischen Größen kann durch mathematische Funktionen quantitativ beschrieben werden. Eine **Funktion** ist eine Zuordnungsvorschrift, durch die zu jedem Wert einer unabhängigen Variablen x der zugehörige Funktionswert $f(x)$ berechnet werden kann. Ist die Funktion bekannt, die ein physikalisches System beschreibt, kann das Verhalten des Systems unter verschiedenen Bedingungen berechnet werden.

Eine wichtige Frage ist aber auch, wie stark sich der Funktionswert bei einer Änderung der Eingangsvariablen ändert. Zahlreiche physikalische Größen werden über die Veränderung einer anderen Größe definiert, z. B. die Geschwindigkeit und die Beschleunigung. Mathematisch bedeutet die Rate der Änderung einer Funktion die **Steigung** der Funktion.

1.4.1.1 Lineare Funktionen

Im einfachen Fall einer linearen Funktion lässt sich die Steigung leicht ermitteln. Eine **lineare Funktion** ist beschrieben durch:

$$f_{(x)} = m \cdot x + c$$

Es ist auch üblich, für den Funktionswert $f(x)$ eine neue Variable y einzuführen. Somit wird daraus:

$$y = m \cdot x + c$$

Die Konstante c gibt den Schnittpunkt der Funktion mit der Ordinate (vertikale Achse, y-Achse) an. Die Steigung m lässt sich sowohl grafisch durch ein „**Steigungsdreieck**“ (► Abb. 1.5a) als auch rechnerisch bestimmen:

$$m = \frac{\Delta y}{\Delta x} = \frac{f_{(x_2)} - f_{(x_1)}}{x_2 - x_1}$$

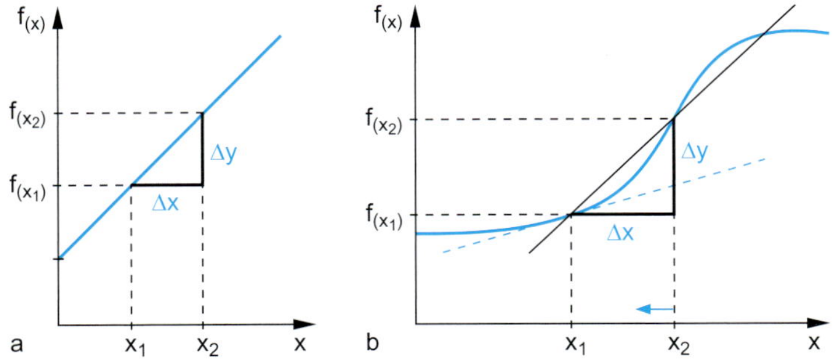

Abb. 1.5 Bestimmung der Steigung (**a**) einer linearen Funktion und (**b**) einer beliebigen nichtlinearen Funktion.

1.4.1.2 Nichtlineare Funktionen

Aufwändiger wird die Bestimmung der Steigung einer **nichtlinearen Funktion**, deren Steigung sich im Verlauf der Funktion ändert (▶ Abb. 1.5b). Die Anwendung des gleichen Verfahrens wie zuvor liefert die Sekantensteigung m_s:

$$m_s = \frac{\Delta f_{(x)}}{\Delta x} = \frac{f_{(x_2)} - f_{(x_1)}}{x_2 - x_1}$$

Dieser Ausdruck wird als **Differenzenquotient** bezeichnet. Er gibt die mittlere Änderungsrate im Intervall Δx an. Anwendungsbeispiel hierzu ist die Bestimmung einer durchschnittlichen Geschwindigkeit.

Rückt nun der Punkt x_2 immer weiter an den Punkt x_1 heran und wird damit das Intervall Δx immer kleiner, so nähert sich die ermittelte Steigung immer mehr der Steigung m_t der Tangenten im Punkt x_1. Wird die Breite des Intervalls „praktisch gleich null", mathematisch ausgedrückt durch die Schreibweise lim $\Delta x \to 0$, erhält man die Steigung der Funktion im Punkt x_1:

$$m_t = \frac{df_{(x)}}{dx} = \lim_{\Delta x \to 0} \frac{\Delta f_{(x)}}{\Delta x}$$

Dieser Ausdruck wird nun als **Differenzialquotient** oder, anders ausgedrückt, als Ableitung der Funktion F nach der Variablen x an der Stelle x_1 bezeichnet. Der Ausdruck d/dx wird als Differenzialoperator bezeichnet und bedeutet die Rechenvorschrift, die Ableitung einer Funktion nach der Variablen x zu bilden.

- Handelt es sich um eine Funktion von lediglich einer Variablen, ist es weitverbreitet, zur Abkürzung der Schreibweise die Ableitung durch einen Strich zu kennzeichnen:

$$\frac{df_{(x)}}{dx} = f'_{(x)}$$

- In der Physik sind zahlreiche Vorgänge zeitabhängig. Es wird oft die Ableitung nach der Zeit t gebildet. Hier ist es auch üblich, eine Ableitung nach der Zeit in der Schreibweise durch einen Punkt zu kennzeichnen:

$$\frac{df_{(t)}}{dt} = \dot{f}_{(t)}$$

- Neben Definitionen über die Ableitung existieren auch physikalische Größen, die durch **Integration** definiert werden. Ein Beispiel hierfür ist die Größe Arbeit: Sie ist definiert durch das Produkt aus aufgewendeter Kraft und zurückgelegtem Weg. Ist die Kraft aber entlang dem Weg nicht konstant, muss zur Berechnung auf eine Integration zurückgegriffen werden.

Anschaulich gibt der Wert eines Integrals die Fläche unterhalb einer Kurve an. Diese lässt sich grafisch näherungsweise bestimmen, indem rechteckige Flächenstreifen gleicher Breite unter die Kurve gelegt werden (▶ Abb. 1.6). Der Näherungswert wird immer genauer, je kleiner die Breite der Flächenstreifen gewählt wird. Wird mathematisch wieder der Grenzübergang lim $\Delta x \to 0$ durchgeführt, resultiert daraus das Integral, das den exakten Wert der Fläche A angibt:

$$A = \int_{x_1}^{x_2} f_{(x)} dx$$

Der Operator dx bezeichnet die Vorschrift, die Funktion f nach der Variablen x zu integrieren. Die Grenzen des Integrals x_2 und x_1 geben die Begrenzungen der gesuchten Fläche an.

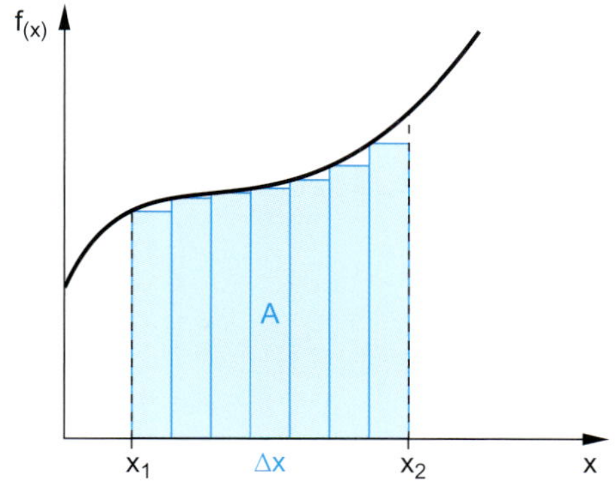

Abb. 1.6 Bedeutung des Integrals als Fläche unter einer Kurve.

1.4.2 Trigonometrische Funktionen

Trigonometrische Funktionen werden für die Beschreibung periodischer Funktionen verwendet. Ihre Anwendung ist auch für die Komponentenzerlegung von Vektoren (► Kap. 1.2.2) erforderlich. Die Sinus- und Cosinusfunktion sind definiert am **Einheitskreis**, d. h. einem Kreis mit dem Radius 1 (► Abb. 1.7 oben).

Man stelle sich einen Punkt P vor, der eine Kreisbewegung gegen den Uhrzeigersinn ausführt. Die Position des Punkts auf seiner Kreisbahn wird durch den Winkel α angegeben. Der **Sinus** des Winkels α gibt den Abstand des Punkts zur horizontalen Achse des Koordinatensystems an, der **Cosinus** des Winkels den Abstand zur vertikalen Achse. Beobachtet man die Bewegung des Punkts mit der Blickrichtung aus der Zeichenebene von links und trägt jeweils den beobachteten Abstand zur Achse gegen den Winkel auf, so entsteht daraus die Sinuskurve. Analog entsteht die Kurve der Cosinusfunktion bei Beobachtung des Punkts aus der Blickrichtung von oben (► Abb. 1.7 unten). Die Grafen von Sinus- und Cosinusfunktion sind um 90° gegeneinander verschoben.

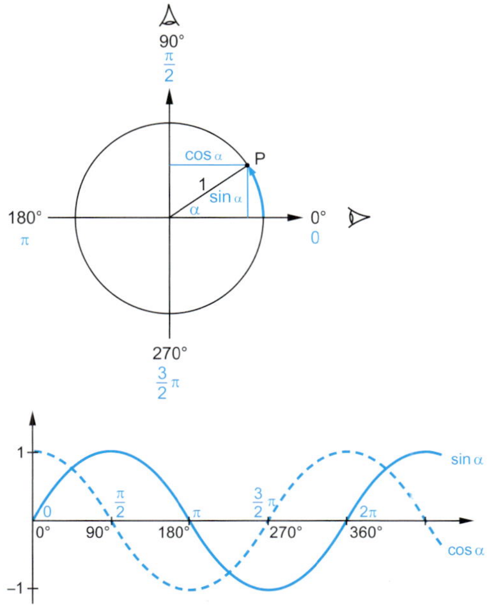

Abb. 1.7 Definition von Sinus und Cosinus am Einheitskreis und Kurven für die Sinus- und Cosinusfunktion.

Die **Tangensfunktion** wird durch Sinus und Cosinus definiert als:

$$\tan\alpha = \frac{\sin\alpha}{\cos\alpha}$$

Der Punkt P kann auf seiner Kreisbahn durch Angabe des Winkels α lokalisiert werden. Alternativ kann auch die Strecke angegeben werden, die in Drehrichtung entlang des Kreisbogens zurückgelegt werden muss, um zu dem Punkt zu gelangen.

- Diese Angabe wird als **Bogenmaß**, seine Einheit als **Radiant** (rad) bezeichnet. An einem Kreis mit beliebigem Radius gibt das Bogenmaß das Verhältnis des von einem Winkel aufgespannten Kreisbogens zum Radius des Kreises an. Eine volle Umdrehung von 360° entspricht im Bogenmaß dem Umfang des Einheitskreises von 2π. In physikalische Gleichungen wird der Winkel im Allgemeinen in Radiant eingesetzt. Für die Umrechnung gilt:

$$\alpha\,/\,\text{rad} = \frac{\alpha\,/\,°}{360} \cdot 2\pi$$

bzw. umgekehrt:

$$\alpha\,/\,° = \frac{\alpha\,/\,\text{rad}}{2\pi} \cdot 360°$$

Im Bogenmaß ist der Winkel eine dimensionslose Zahl. Die in der Umrechnung angegebene Schreibweise α/rad bedeutet, dass hier der Winkel in Radiant eingesetzt werden soll, während α/° für die Angabe in Grad steht.

- Ein **Raumwinkel** wird definiert durch das Verhältnis des von ihm aufgespannten Kugelflächenanteils zum Quadrat des Kugelradius. Die Einheit des Raumwinkels wird **Steradiant** (sr) genannt. Ein „voller" Raumwinkel entspricht der

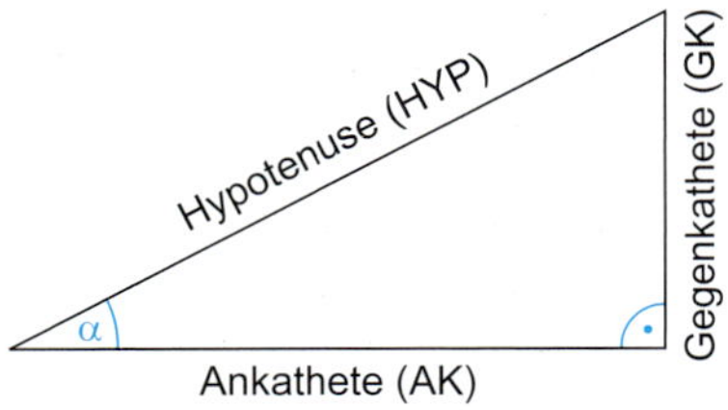

Abb. 1.8 Rechtwinkliges Dreieck, eingezeichnet sind der Winkel α, seine Ankathete, Gegenkathete und die Hypotenuse.

Fläche der Einheitskugel von 4π. Der Raumwinkel wird in der Physik bei der Beschreibung der Strahlung einer Punktquelle benötigt.

In ► Abb. 1.7 oben lassen sich Sinus, Cosinus und der Radius des Kreises zu einem Dreieck ergänzen. Der Sinus entspricht der Gegenkathete (GK), der Cosinus der Ankathete (AK) und der Radius der Hypotenuse (HYP) eines rechtwinkligen Dreiecks (► Abb. 1.8).

Für Berechnungen am Dreieck ergeben sich die Zusammenhänge:

$$\sin\alpha = \frac{\text{GK}}{\text{HYP}}, \cos\alpha = \frac{\text{AK}}{\text{HYP}}$$

$$\text{und } \tan\alpha = \frac{\text{GK}}{\text{AK}}.$$

Für einige, besonders in Übungsaufgaben häufig verwendete Winkel lassen sich die Werte für Sinus und Cosinus leicht merken (► Tab. 1.4).

Für kleine Winkel bis etwa 5° kann die Näherung gemacht werden:

$$\sin\alpha = \tan\alpha$$

Oder wenn der Winkel im Bogenmaß angegeben ist:

$$\sin\alpha = \tan\alpha = \alpha$$

1.4.3 Exponential- und Logarithmusfunktion

Eine Funktion der Form $y = a^x$ wird als **Exponentialfunktion** bezeichnet. Im Unterschied zur Potenzfunktion $y = x^n$ tritt die Variable x hier als Exponent auf. Zahlreiche Wachstums- und Zerfalls- bzw. Abklingprozesse werden durch Exponentialfunktionen beschrieben. Bei positivem Exponenten handelt es sich um einen Wachstumsvorgang; ein negativer Exponent kennzeichnet ein Abklingen bzw. einen Zerfall.

Tab. 1.4 Sinus und Cosinus häufig verwendeter Winkel

α	sinα	cosα
0°	0	1
30°	$\frac{1}{2}$	$\frac{1}{2}\sqrt{3}$
45°	$\frac{1}{2}\sqrt{2}$	$\frac{1}{2}\sqrt{2}$
60°	$\frac{1}{2}\sqrt{3}$	$\frac{1}{2}$
90°	1	0

Eine besonders wichtige Exponentialfunktion ist die so genannte **e-Funktion** $y = e^x$. Die Basis e ist die **Euler-Zahl**: $e = 2{,}718\ldots$ Sie ist genau wie π eine irrationale Zahl, d. h. eine Zahl mit unendlich vielen nichtperiodischen Nachkommastellen. Die besondere Eigenschaft der e-Funktion ist, dass ihre Steigung immer dem Funktionswert proportional ist. Damit ändert sich die Funktion bei Differenzial- und Integralbildung nicht.

Merke

Exponentialfunktionen treten in der Physik auf, wenn die Änderung einer Größe proportional zu ihrem Wert ist, z. B. beim radioaktiven Zerfall oder bei der Absorption von Strahlung.

Jede beliebige Exponentialfunktion kann auch durch eine e-Funktion ausgedrückt werden: $a^x = e^{\ln(a)\cdot x}$. Exponentielles Wachstum bzw. Abnahme werden deshalb in naturwissenschaftlichen Formeln in der Regel durch e-Funktionen beschrieben. Den Verlauf der Funktionen e^x und e^{-x} zeigt ► Abb. 1.9. Der Funktionswert einer Exponentialfunktion ändert sich in gleichen Intervallen jeweils um den gleichen Prozentsatz. Beschreibt die Funktion eine zeitabhängige Abnahme, wird die Zeit, nach der die Funktion auf die Hälfte des Anfangswerts abgefallen ist, als **Halbwertszeit** $t_{1/2}$ bezeichnet (► Abb. 1.10).

Die **Logarithmusfunktion** ist die Umkehrfunktion der Exponentialfunktion. Aus

$$y = a^x$$

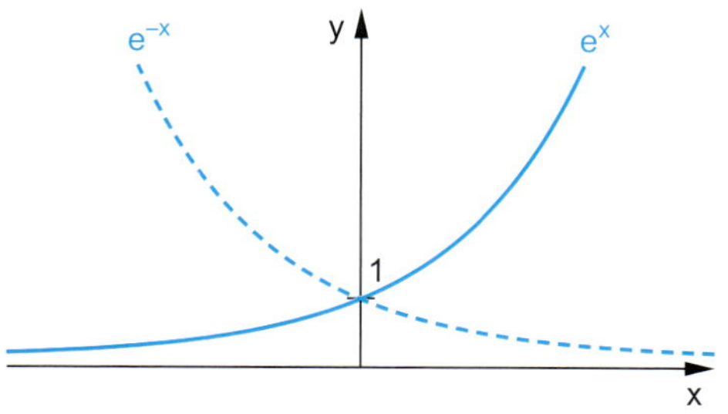

Abb. 1.9 Verlauf der Exponentialfunktionen $y = e^x$ und $y = e^{-x}$.

folgt in der Umkehrung:

$$x = \log_a y$$

(Gesprochen: x ist der Logarithmus zur Basis a von y.)
Beispiel: $10^3 = 1.000 \rightarrow 3 = \log_{10}(1.000)$.

Merke

Eine Logarithmusfunktion kann bezüglich einer beliebigen Basis $a > 0$ gebildet werden. Für die Praxis wichtig sind:

- Dekadischer Logarithmus zur Basis 10
- Natürlicher Logarithmus (logarithmus naturalis = ln)

Auf dem Taschenrechner wird der dekadische Logarithmus mit der Taste [log], der natürliche Logarithmus mit der Taste [ln] berechnet.

1.5 Grafische Darstellung

Messergebnisse werden zur Auswertung oder zum besseren Verständnis grafisch dargestellt.

- Die **unabhängige Variable** wird auf der Abszisse (waagerechte Achse, häufig: x-Achse oder t-Achse) aufgetragen. Sie wird vom Experimentator variiert. So gibt dieser vor, zu welchen Zeitpunkten eine Messung ausgeführt wird, oder er stellt an einem Versuchsaufbau eine Spannung ein.
- Die beobachtete Größe bildet die **abhängige Variable**, sie wird auf der Ordinate (senkrechte Achse, oft y-Achse genannt) dargestellt.

Sind die aufgetragenen Messpunkte Mittelwerte einer Messreihe oder kann der Messfehler abgeschätzt werden, wird der Fehlerbereich in Form eines **Fehlerbalkens** eingezeichnet. Die Abweichung wird vom Messpunkt aus jeweils nach oben und nach unten aufgetragen. Die Gesamtlänge des Fehlerbalkens entspricht also der zweifachen Messtoleranz, denn der Fehler kann sich zum Messwert addieren oder diesen verringern. Ob als eingezeichneter Fehlerbereich die errechnete Standardabweichung oder der Standardfehler (▸ Kap. 1.3.2) gewählt oder ob der Fehler lediglich abgeschätzt wird (▸ Kap. 1.3.1), hängt von den experimentellen Umständen und der Fragestellung ab, sollte aber in jedem Fall in der Legende zur Grafik angegeben werden.
Besteht zwischen beiden aufgetragenen Größen ein linearer Zusammenhang, so ist der Graf eine **Gerade**. Die Steigung der Geraden $\Delta y/\Delta x$ wird bestimmt wie in ▸ Kap. 1.4.1.1 erklärt. Die Steigung ergibt den Proportionalitätsfaktor zwischen beiden Größen.

Lerntipp

Das Bestimmen von physikalischen Größen mit Hilfe des „Steigungsdreiecks" wird häufig gefragt, z. B. die Bestimmung der Geschwindigkeit v aus einem s-t-Diagramm.
Dabei sind oft auch die Zehnerpotenzen der dezimalen Vielfachen der angegebenen Größen zu beachten.

Häufig liegen die Messpunkte aufgrund der Messtoleranzen nicht direkt auf der erwarteten Kurve. Dann wird nach Augenmaß die beste **Ausgleichskurve** eingezeichnet. Mit dieser Kurve wird die Auswertung weitergeführt. Rechnerisch lässt sich die beste Ausgleichskurve mittels „**linearer Regression**" ermitteln. Dies ist ein mathematisches Verfahren, das in den Statistikfunktionen vieler Taschenrechner implementiert ist.
Speziell bei der Darstellung von Exponentialfunktionen ist die Wahl eines geeigneten Koordinatensystems von Bedeutung. Der gekrümmte Verlauf einer Exponentialfunktion lässt sich nur schwer zwischen wegen Messtoleranzen streuenden Messpunkten einzeichnen. In einem Koordinatensystem mit logarithmisch geteilter Ordinate wird aus dem gekrümmten Verlauf jedoch eine Gerade (▸ Abb. 1.10). Jetzt ist eine Ausgleichsgerade zur weiteren Auswertung einfach einzuzeichnen.
Diese Art der Darstellung wird **halblogarithmisch** oder einfach logarithmisch genannt, denn die Hälfte der Zahl der Achsen (bzw. eine der beiden Achsen) ist logarithmisch geteilt.
Es ist empfehlenswert, eine Funktion $y = y_0 \cdot e^{-k \cdot t}$ normiert darzustellen. Auf der Ordinate werden die Werte y/y_0 aufgetragen, d. h., die y-Werte werden jeweils durch den Anfangswert y_0 zum Zeit-

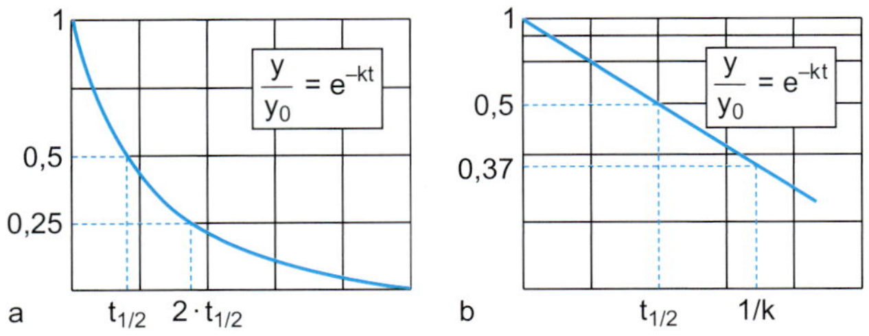

Abb. 1.10 Exponentialfunktion in (**a**) linearer und (**b**) halblogarithmischer Darstellung.

punkt $t = 0$ dividiert. Der Vorteil besteht darin, dass der Graf bei 1 bzw. 100 % beginnt und auf der y-Achse direkt abgelesen werden kann, auf welchen Anteil des Ausgangswerts die Funktion abgenommen hat. Jetzt kann die **Halbwertszeit** $t_{1/2}$ schnell und einfach abgelesen werden, indem der zum Ordinatenwert 0,5 zugehörige Wert auf der Abszisse bestimmt wird.
Ein weiterer für die Auswertung interessanter Wert ist $y/y_0 = 0{,}37$. Denn $e^{-1} = 0{,}37$ bedeutet $k \cdot t = 1$ bzw. $t = 1/k$. Wird also der zu 0,37 zugehörige Wert auf der Abszisse abgelesen, so ist dieser gleich $1/k$ (► Abb. 1.10b). Auf diese Weise kann der Koeffizient k im Exponenten der Funktion leicht bestimmt werden.
Zwischen k und $t_{1/2}$ besteht der Zusammenhang:

$$k = \frac{\ln(2)}{t_{1/2}}$$

Bei einer **doppellogarithmischen** (oder kurz nur: logarithmischen) Darstellung weisen beide Achsen eine logarithmische Teilung auf. Diese Darstellungsart wird gewählt, wenn sich die Werte beider Größen über einen Bereich von mehreren Zehnerpotenzen erstrecken. Eine Hörkurve, die den Empfindlichkeitsverlauf des menschlichen Gehörs abbildet, wird in der Regel doppellogarithmisch aufgetragen.

Lerntipp

Die halblogarithmische Darstellung werden Sie bei Zerfalls- und Abklingvorgängen benötigen sowie in der Chemie bei der Bestimmung von Reaktionskonstanten. Auf eine doppellogarithmische Darstellung treffen Sie in der Physiologie bei der Empfindlichkeitskurve des Gehörs.

Eine Koordinatenachse mit logarithmischer Teilung kann in guter Näherung ohne Hilfsmittel selbst hergestellt werden, um sich einen raschen Überblick über den Verlauf gemessener Werte zu verschaffen. Für eine Dekade, d. h. den Bereich 0–10, 10–100 oder 100–1.000, wird immer die gleiche Strecke gewählt (z. B. 6 cm). Nach einem Drittel wird die 2 markiert (im Beispiel bei 2 cm) und nach dem zweiten Drittel die 5 (bei 4 cm). Wie ► Abb. 1.11 zeigt, ist die Übereinstimmung dieser Näherung für die meisten einfachen Fälle ausreichend. Ist eine größere Genauigkeit gewünscht, können auch die Messwerte logarithmiert und die Ergebnisse dann linear aufgetragen werden. Es könnten aber auch die einzelnen Positionen der Unterteilung der Skala berechnet werden.

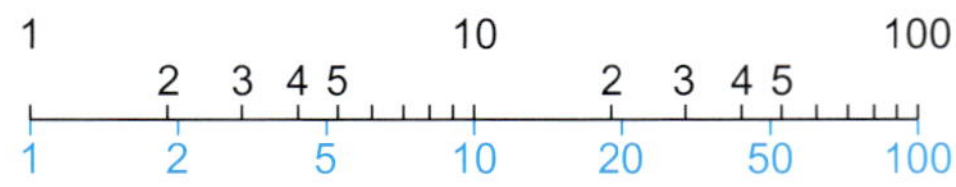

Abb. 1.11 Logarithmische Skalenteilung (oben) und die selbst gefertigte Näherung (unten).

Mechanik

IMPP-Hits

- Strömung von Flüssigkeiten: Strömungswiderstand (► Kap. 2.10.4), Kontinuitätsbedingung (► Kap. 2.10.2)
- Energie, Leistung (► Kap. 2.4)
- Translationsbewegungen (► Kap. 2.2)

2.1 Wegweiser

Die Mechanik beschäftigt sich im Allgemeinen mit der Beschreibung von Bewegungen. Ein ausgedehnter, starrer Körper wird dabei zunächst näherungsweise als Massenpunkt betrachtet und die Bewegung dieses Punkts wird beschrieben. Es werden geradlinige (Translation, ► Kap. 2.2) und

Kreisbewegungen (Rotation, ► Kap. 2.6) unterschieden.
Verschiedene Arten der Kraft werden vorgestellt (► Kap. 2.3), ebenso wie die damit zusammenhängenden Begriffe der Arbeit, Energie und Leistung (► Kap. 2.4) sowie Impuls und Stoßvorgänge (einschließlich Kraftstoß; ► Kap. 2.5). Ein eigenes Kapitel befasst sich mit dem Druck (► Kap. 2.7).
Werden die Kräfte auf die einzelnen Teilchen eines Körpers betrachtet, lassen sich Verformungen (► Kap. 2.8) und Effekte an Grenzflächen (► Kap. 2.9) verstehen. In Flüssigkeiten und Gasen sind die einzelnen Teilchen gegeneinander verschiebbar. Die hier auftretenden Phänomene lassen sich letztlich auch auf den Bewegungszustand der einzelnen Teilchen zurückführen (► Kap. 2.10).

2.2 Translationsbewegungen

2.2.1 Gleichförmige Bewegung

Wir unterscheiden zwischen gleichförmigen und beschleunigten Bewegungen. Bei einer gleichförmigen Bewegung ist die **Geschwindigkeit** v konstant, es gilt:

$$v = \frac{\Delta s}{\Delta t}$$

Dabei ist Δs der im Zeitintervall Δt zurückgelegte Weg.
Die Geschwindigkeit ist eine abgeleitete Größe. Im internationalen Einheitensystem wird ihre Einheit in m/s angegeben. Im Alltag ist für Geschwindigkeitsangaben die Einheit Kilometer pro Stunde (km/h) gebräuchlich:

$$1\,\frac{\text{km}}{\text{h}} = \frac{1000}{3600}\,\frac{\text{m}}{\text{s}} = \frac{1}{3{,}6}\,\frac{\text{m}}{\text{s}}$$

Der Umrechnungsfaktor zwischen beiden Angaben beträgt 3,6. Die Geschwindigkeitsangabe in km/h wird durch 3,6 geteilt, um sie in m/s umzurechnen. Umgekehrt wird die Angabe in m/s mit 3,6 multipliziert, um auf km/h umzurechnen. Beispiel: 50 km/h ≅ 14 m/s; 10 m/s = 36 km/h.

Lerntipp

Die Formel $v = s/t$ ist ein Klassiker in Prüfungen! Auch die Umrechnung von km/h auf m/s sollte sicher angewendet werden können!

2.2.2 Beschleunigte Bewegung

Wäre die Geschwindigkeit nicht konstant, sondern würde sich während des Zeitintervalls Δt verändern, würde die Rechnung wie in ► Kap. 2.2.1 die **Durchschnittsgeschwindigkeit** ergeben, mit der sich der Körper im Zeitintervall Δt bewegt hat. Soll die **Momentangeschwindigkeit** bestimmt werden, muss das Messintervall Δt immer weiter verkleinert werden. Auf diese Weise ergibt sich der allgemeinere, differenzielle Ansatz (► Kap. 1.4.1.2):

$$V = \frac{ds}{dt} = \dot{s}$$

Bei einer beschleunigten Bewegung ändert sich die Geschwindigkeit in jedem Zeitintervall. Die **Beschleunigung** a ist definiert als:

$$a = \frac{dv}{dt} = \ddot{s}$$

Die Beschleunigung wird in m/s^2 angegeben.

Merke

Geschwindigkeit und Beschleunigung sowie die in den folgenden Kapiteln behandelten Kräfte sind **vektorielle Größen**. Zur Vereinfachung sind in der Schreibweise hier und im Folgenden jedoch die Pfeile über den vektoriellen Größen weggelassen, wenn die Richtungen offensichtlich erkennbar sind.

Bei konstanter Beschleunigung lassen sich die erreichte **Endgeschwindigkeit** und der zurückgelegte Weg ermitteln:

$$v = a \cdot t$$

$$s = \frac{1}{2} \cdot a \cdot t^2$$

Diese beiden Formeln stellen eine Vereinfachung dar. Sie gelten für eine Beschleunigung aus dem Stillstand heraus oder im Falle negativer Beschleunigung für ein Abbremsen bis zum Stillstand. Diese leicht zu merkenden Zusammenhänge reichen für die meisten Fragestellungen aus.
Sind andere Anfangsbedingungen vorgegeben, muss eine allgemeinere Betrachtung durchgeführt werden. Die Zeitabhängigkeiten für Weg, Geschwindigkeit und Beschleunigung sind durch Dif-

ferenzial- bzw. Integralbildung voneinander abgeleitet worden. Aus einer Integration ergeben sich Konstanten, die die Anfangsbedingungen beschreiben. Für eine konstante Beschleunigung $a = a_0$ ergibt sich für:

$$v = a \cdot t + v_0$$

$$s = \frac{1}{2} \cdot a \cdot t^2 + v_0 \cdot t + s_0$$

Lerntipp

Überlegen Sie zunächst, um welche Bewegungsform es sich handelt: um eine gleichförmige oder eine beschleunigte Bewegung? Dann erst verwenden Sie die entsprechenden Gleichungen.

Beispiel

Ein Pkw hat nach 500 m eine Geschwindigkeit von 72 km/h. Nun beschleunigt er innerhalb von 5 s auf 108 km/h. Wo hat er seine Endgeschwindigkeit erreicht?
In physikalische Größengleichungen müssen die Werte für die Geschwindigkeit in m/s eingesetzt werden: 72 km/h = 20 m/s; 108 km/h = 30 m/s.
Zunächst kann die Beschleunigung berechnet werden:

$$a = \frac{v - v_0}{t} = \frac{30\,\text{m/s} - 20\,\text{m/s}}{5\,\text{s}} = \frac{10\,\text{m/s}}{5\,\text{s}} = 2\,\text{m/s}^2$$

Als die Beschleunigung beginnt, hat der Pkw bereits die Geschwindigkeit $v_0 = 20$ m/s und befindet sich am Ort $s_0 = 500$ m.

$$s = \frac{1}{2} \cdot a \cdot t^2 + v_0 \cdot t + s_0 =$$

$$= \frac{1}{2} \cdot 2\,\text{m/s}^2 \cdot (5\,\text{s})^2 + 20\,\text{m/s} \cdot 5\,\text{s} + 500\,\text{m}$$

$$= 25\,\text{m} + 100\,\text{m} + 500\,\text{m} = 625\,\text{m}$$

Die Endgeschwindigkeit wird nach 625 m erreicht.

Man beachte, dass die Einheiten der einzelnen Größen eingesetzt und miteinander verrechnet werden, sodass das Ergebnis schließlich die richtige Einheit für eine Länge trägt.
Nicht in allen Fällen kann das Ergebnis durch einfaches Einsetzen in eine Gleichung ermittelt werden. Unter Umständen sind zuvor mehrere Gleichungen zusammenzufassen.

Beispiel

Ein startendes Flugzeug beschleunigt auf einer Strecke von 2.000 m auf eine Geschwindigkeit von 360 km/h. Wie groß ist die Beschleunigung?

$$v = a \cdot t \;\Rightarrow\; t = \frac{v}{a}$$

wird eingesetzt in:

$$s = \frac{1}{2} \cdot a \cdot t^2 \;\Rightarrow\; s = \frac{1}{2} \cdot a \cdot \frac{v^2}{a^2} \;\Rightarrow\; s = \frac{v^2}{2a}$$

Auflösen nach a und Einsetzen der Zahlenwerte ergibt:

$$a = \frac{v^2}{2s} = \frac{(100\,\text{m/s})^2}{2 \cdot 2000\,\text{m}} = \frac{10\,000\,\text{m}^2/\text{s}^2}{4000\,\text{m}} = 2{,}5\,\text{m/s}^2$$

Es könnte auch noch die Dauer des Vorgangs berechnet werden:

$$t = \frac{v}{a} = \frac{100\,\text{m/s}}{2{,}5\,\text{m/s}^2} = 40\,\text{s}$$

Eine Bewegung kann grafisch als **Weg-Zeit-**, **Geschwindigkeits-Zeit-** oder **Beschleunigungs-Zeit-Diagramm** dargestellt werden. Ein Beispiel zeigt ► Abb. 2.1:

- $t = 0$: Der Körper befindet sich an der Ortskoordinate s_0 (► Abb. 2.1 oben), Geschwindigkeit und Beschleunigung sind gleich 0 (► Abb. 2.1 Mitte und unten). Der Körper bleibt in Ruhe und verändert seine Position nicht.
- $t = t_1$: Die Beschleunigung ändert sich auf einen positiven, konstanten Wert (unten). Die Geschwindigkeit nimmt mit der Zeit linear zu (Mitte). Die Weg-Zeit-Abhängigkeit ist eine quadratische Funktion (Parabel) (oben).
- $t = t_2$: Die Beschleunigung ändert sich auf einen negativen Wert (unten). Der Körper wird langsamer, die Weg-Zeit-Funktion verläuft immer flacher (oben).
- $t = t_3$: Der Körper wurde bis zum Stillstand abgebremst (Mitte). Die negative Beschleunig dauert aber weiter an (unten). Ab jetzt beginnt eine Rückwärtsbewegung (oben).
- $t = t_4$: Die Beschleunigung ist 0 (unten). Die Geschwindigkeit bleibt konstant (Mitte). Die Weg-Zeit-Funktion ist eine Gerade (oben).
- $t = t_5$: Die Beschleunigung nimmt wieder einen positiven Wert an. Die Rückwärtsbewegung wird abgebremst.
- $t = t_6$: Der Körper kommt am Ort $s = 0$ zum Stillstand.

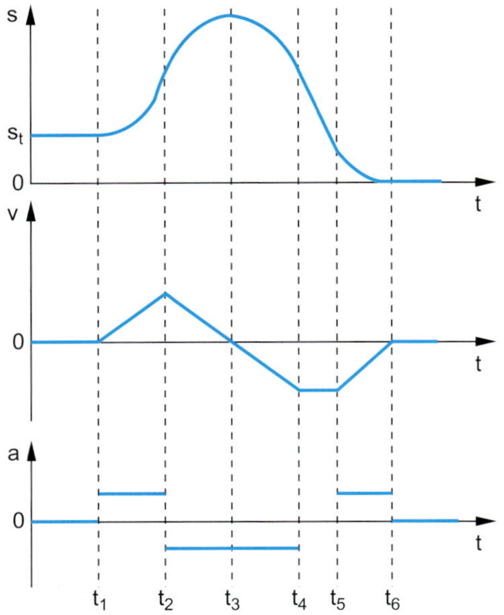

Abb. 2.1 Weg-Zeit- (oben), Geschwindigkeits-Zeit- (Mitte) und Beschleunigungs-Zeit-Diagramm (unten).

In den hier genannten Beispielen wurde in den jeweiligen Zeitintervallen eine **konstante Beschleunigung** zugrunde gelegt. Dies ist für die meisten Fragestellungen ausreichend.
Im Allgemeinen kann auch die Beschleunigung durch eine zeitabhängige Funktion gegeben sein. Durch Integration nach der Zeit können dann die Bewegungsgleichungen für Geschwindigkeit und Weg abgeleitet werden.

2.3 Kräfte

In diesem Kapitel werden Trägheitskraft, Gravitationskraft, Reibungskräfte sowie die Auftriebskraft beschrieben. An anderer Stelle werden die Federkraft (► Kap. 2.8.7) und die Zentripetal- und Zentrifugalkraft (► Kap. 2.6.2) behandelt sowie im Kapitel Elektrizitätslehre die Coulombkraft (► Kap. 5.2.1) und die Lorentzkraft (► Kap. 5.10.3).

2.3.1 Trägheitskraft, Newton-Axiome

Eine Beschleunigung erfolgt nur dann, wenn eine Kraft wirkt. Die Definitionsgleichung für die Kraft wurde schon von Isaac Newton (1643–1727) aufgestellt:

$$F = m \cdot a$$

Die **Kraft** F muss aufgebracht werden, um einem Körper der Masse m die Beschleunigung a zu verleihen. Die Masse m ist dabei der Proportionalitätsfaktor zwischen der einwirkenden Kraft und der daraus resultierenden Beschleunigung. Für die Einheit der Kraft wurde die Einheit **Newton (N)** eingeführt: $1\,N = 1\,kg \cdot m \cdot s^{-2}$.
Diese Kraft kennzeichnet den „Widerstand" oder besser ausgedrückt die Trägheit, die der Körper dem Bestreben, seine Geschwindigkeit zu verändern, entgegensetzt. Deshalb wird in diesem Zusammenhang auch von **Trägheitskraft** gesprochen.

Merke

Für jede Bewegung gelten die 3 **Newton-Axiome:**
- Trägheitsprinzip: Ohne Einfluss einer resultierenden äußeren Kraft ändert sich der Bewegungszustand nicht.
- Aktionsprinzip: Wirkt eine Kraft F auf einen Körper der Masse m, erfährt dieser die Beschleunigung $a = F/m$.
- Reaktionsprinzip: Zu jeder Kraft existiert eine gleich große entgegengerichtete Kraft $-F$ (actio = reactio).

Wirkt keine Kraft oder heben sich die äußeren Kräfte in ihrer Wirkung auf, wird sich ein Körper nicht in Bewegung setzen. Hat der Körper bereits eine Anfangsgeschwindigkeit, wird er sich ohne Einfluss einer Kraft geradlinig und gleichförmig weiterbewegen. Man denke z. B. an ein Raumschiff, das fern von allen Anziehungskräften seinen Kurs und seine Geschwindigkeit beibehält.
Das auf den ersten Blick abstrakte Reaktionsprinzip (actio = reactio) lässt sich beim Anschieben eines Fahrzeugs erfahren. Der Schiebende muss die Kraft $F = m \cdot a$ aufbringen, um das Fahrzeug zu beschleunigen. Gleichzeitig verspürt er als Widerstand die Gegenkraft, mit der das Fahrzeug sich der Beschleunigung „widersetzt".

2.3.2 Gravitation

Zwei Massen ziehen sich gegenseitig an. Beschrieben wird diese Anziehung durch das **Gravitationsgesetz**:

$$F = \gamma \cdot \frac{M_1 \cdot M_2}{r^2}$$

r ist der Abstand der beiden Massen M_1 und M_2. Die **Gravitationskonstante γ** ist eine Naturkonstante. Sie hat den Wert $6{,}67 \cdot 10^{-11}\,m^3 \cdot kg^{-1} \cdot s^{-2}$.

Merke

Die Anziehungskraft nimmt proportional zum Quadrat des Abstands beider Massen ab, d.h., bei Verdoppelung des Abstands sinkt die Anziehungskraft auf ein Viertel.

Am Gravitationsgesetz wird ebenfalls das 3. Newton-Axiom deutlich: Auf jede der beiden Massen wirkt eine gleich große Kraft. So zieht ein Gegenstand die Erde mit gleich großer Kraft an, wie er auch von dieser angezogen wird. Für die **Erdanziehungskraft** auf eine Masse *m* gilt nach dem Gravitationsgesetz:

$$F = \gamma \cdot \frac{M_E \cdot m}{r_E^2}$$

Dabei ist M_E die Masse der Erde: $M_E = 5{,}97 \cdot 10^{24}$ kg. In der Rechnung werden beide Massen als Punktmassen betrachtet, als ob sich die gesamte Masse eines Körpers in seinem Schwerpunkt befände. Der Abstand eines Körpers auf der Erdoberfläche zum Schwerpunkt der Erde ist gleich dem Erdradius $r_E = 6.378$ km. Damit kann zusammengefasst werden:

$$\gamma \cdot \frac{M_E}{r^2} = g = 9{,}81\ \text{m/s}^2$$

Für die Massenanziehung auf einen Körper auf der Erdoberfläche folgt daraus:

$$F = m \cdot g$$

Die Konstante *g* wird **Erdbeschleunigung** genannt, sie hat den Wert $g = 9{,}81\ \text{m/s}^2$. Dieser Wert ist nicht überall auf der Erde genau gleich, da die Erde keine exakte Kugelform hat, sondern die eines abgeplatteten Rotationsellipsoids. Der Erddurchmesser ist am Äquator größer als von Pol zu Pol gemessen. Diese kleinen Unterschiede können hier aber vernachlässigt werden.

Merke

Soll ohne Taschenrechner nur eine Überschlagsrechnung durchgeführt werden, kann die Erdbeschleunigung *g* näherungsweise als $10\ \text{m/s}^2$ angenommen werden.

Die auf einen Körper durch die Erdanziehung wirkende Kraft wird auch **Schwerkraft**, **Gewichtskraft** oder einfach kurz **Gewicht** genannt. In der Alltagssprache werden die Begriffe Masse und Gewicht häufig fälschlicherweise synonym verwendet.

Merke

Die Aussage „Der Patient wiegt 95 kg, er hat Übergewicht" ist physikalisch nicht richtig. Die Masse des Patienten ist 95 kg. Der Begriff des **Body-Mass-Index** (BMI) ist hier sprachlich korrekt. Das Gewicht, d.h. die Gewichtskraft, des Patienten beträgt (gerundet) 950 N. Könnte sich der Patient an einen Ort mit geringer Gravitationskraft begeben – z.B. auf den Mond –, so hätte er sein Gewicht reduziert, nicht aber seine Masse und die damit verbundenen gesundheitlichen Risiken.

In der Nähe der Erdoberfläche wirkt auf jeden Gegenstand die Erdbeschleunigung *g*. Ein **freier Fall** ist eine beschleunigte Bewegung. Für die Berechnungen von Fallbewegungen gelten die entsprechenden Zusammenhänge wie für beschleunigte Bewegungen (► Kap. 2.2.2). Als Wert für die Beschleunigung wird die Erdbeschleunigung $g = 9{,}81\ \text{m/s}^2$ eingesetzt.

2.3.3 Reibungskraft

2.3.3.1 Feste Körper

Bewegen sich feste Körper gegeneinander, tritt Reibung auf. Es entsteht eine **Reibungskraft** F_r, die der Richtung der Bewegung entgegengerichtet ist:

$$F_r = \mu \cdot F_N$$

F_N ist die **Normalkraft,** mit der der Körper senkrecht auf seine Unterlage drückt. Bei waagerechter Unterlage entspricht F_N der Gewichtskraft $F_g = m \cdot g$. μ wird Reibungszahl oder **Reibungskoeffizient** genannt und kennzeichnet die Materialeigenschaften beider Oberflächen. Der Wert des Reibungskoeffizienten liegt zwischen 0 und 1. $\mu = 0$ würde den Idealfall einer völlig reibungsfreien Bewegung beschreiben. Wäre $\mu > 1$, so wäre die Kraft, um den Körper über eine Oberfläche zu ziehen, größer als die Kraft, die man benötigt, um ihn senkrecht hochzuheben. Es würde sich in diesem Fall nicht mehr um ein Reibungsphänomen handeln, sondern der Körper wäre auf irgendeine Weise auf der Oberfläche befestigt.
In der Technik wird durch den Einsatz von Gleit- und Schmiermitteln die Reibung reduziert.

Bei eingehenderer Betrachtung werden 2 Vorgänge unterschieden:

- **Haftreibung:** Die mikroskopisch kleinen Unebenheiten beider Oberflächen sind ineinander verzahnt und verhakt. Die Oberflächen müssen voneinander „losgerissen" werden, um die Bewegung zu starten. Dazu ist die Kraft notwendig: $F_r = \mu_H \cdot F_N$.
- Sind die Oberflächen gegeneinander in Bewegung, muss nur noch die nun geringere **Gleitreibung** überwunden werden: $F_r = \mu_{Gl} \cdot F_N$.
- Die Gleitreibungszahl μ_{Gl} ist stets geringer als die Haftreibungszahl μ_H:

$$\mu_{Gl} < \mu_H$$

Antriebs-, Brems- und Seitenführungskräfte zwischen einem rollenden Rad und dem Boden werden durch die Haftreibung übertragen. Wenn das Rad blockiert, wirkt nur noch die geringere Gleitreibung und der Fahrzustand wird meist instabil.
Die Fortbewegung auf Rollen oder Rädern vermindert die Reibung, verglichen mit dem „Schleifen" über eine Unterlage. Aber auch beim Rollen ist aufgrund von Deformationen von Rad und Unterlage ein Reibungswiderstand zu überwinden, die so genannte **Rollreibung**. Für jede Materialkombination lässt sich auch ein Rollreibungskoeffizient μ_r angeben. Die Rollreibung ist sehr viel kleiner als die Gleitreibung:

$$\mu_r \ll \mu_{Gl} < \mu_H$$

Klinik

Im Bewegungsapparat tritt Reibung in den Gelenken auf, die sich bei **Arthrose** unangenehm bemerkbar macht. Im menschlichen Körper wird die Reibung in den Gelenken durch die Synovia (Gelenkschmiere) herabgesetzt.

Am Beispiel der **schiefen Ebene** können Größe und Richtung der Reibungskraft sowie nochmals die Zerlegung eines Kraftvektors in seine Komponenten verdeutlicht werden (► Abb. 2.2). Liegt ein Gegenstand auf einer um den Winkel α gegen die Horizontale geneigten Ebene, so wirkt eine Abtriebskraft F_a entlang der Neigungsfläche. Durch die Reibungskraft F_r wird der Gegenstand am Abrutschen gehindert. Die Schwerkraft $F_g = m \cdot g$ wirkt nach unten, die Normalkraft F_N senkrecht zur Unterlage. Die Kraftvektoren lassen sich parallel zu einem rechtwinkligen Dreieck verschieben. Es gilt:

$$F_a = F_g \cdot \sin\alpha \quad \text{und} \quad F_N = F_g \cdot \cos\alpha$$

- Der Gegenstand bleibt liegen, solange die Abtriebskraft die Reibungskraft nicht übersteigt: $F_r = F_a$.

$$\mu_H \cdot F_g \cdot \cos\alpha = F_g \cdot \sin\alpha$$

$$\mu_H = \frac{\sin\alpha}{\cos\alpha} = \tan\alpha$$

- Der Gegenstand beginnt zu rutschen, wenn der Tangens des Neigungswinkels die Haftreibungszahl überschreitet. Dann wird er nur durch die kleinere Gleitreibung gebremst und führt eine beschleunigte Bewegung aus.

2.3.3.2 Gase und Flüssigkeiten

In Gasen und Flüssigkeiten tritt eine geschwindigkeitsabhängige Reibungskraft auf. Allgemein gilt der Zusammenhang:

$$F_r = b \cdot v^n$$

Der Koeffizient b hängt von den Eigenschaften des Mediums sowie der Oberfläche und Geometrie des bewegten Körpers ab.

- In Flüssigkeiten ist die Reibung bei langsamen Bewegungen proportional zur Geschwindigkeit v, dies wird als **Stokes-Reibung** bezeichnet:

$$F_r = b \cdot v$$

- In Luft ist die Reibungskraft (zumindest in guter Näherung) proportional zum Quadrat der Geschwindigkeit, dies ist die so genannte **Newton-Reibung**:

$$F_r = b \cdot v^2$$

Fällt ein Körper durch eine Flüssigkeit oder ein Gas, wird seine Geschwindigkeit so lange zunehmen, bis die Reibungskraft gleich der beschleunigenden Gewichtskraft ist. Dann kompensieren sich beide Kräfte und der Körper fällt mit konstanter Geschwindigkeit.

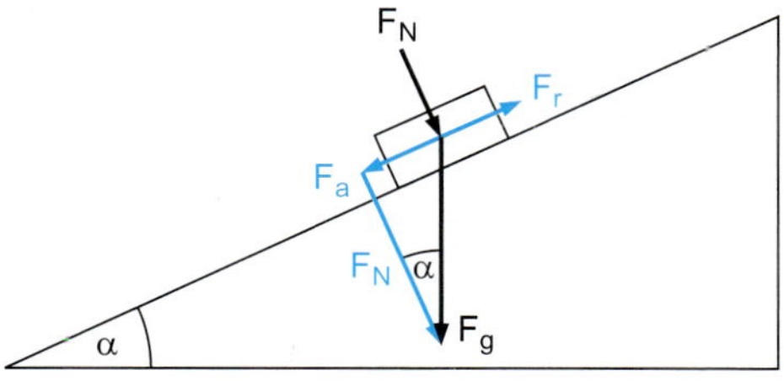

Abb. 2.2 Abtriebs- (F_a), Reibungs- (F_r), Normal- (F_N) und Schwerkraft (F_g) an der schiefen Ebene.

Beispielsweise erreicht ein Fallschirmspringer mit geschlossenem Fallschirm – abhängig von der Körperhaltung – etwa eine Endgeschwindigkeit von 60 m/s (216 km/h).

Für eine Kugel, die durch eine zähe Flüssigkeit fällt, ist $b = 6 \cdot \pi \cdot \eta \cdot r$ und demnach die Reibungskraft der Stokes-Reibung $F_r = 6 \cdot \pi \cdot \eta \cdot r \cdot v$. Dabei ist r der Radius der Kugel und die Viskosität η (griech. Alphabet im Anhang, ► Tab. A.1) gibt die Zähigkeit der Flüssigkeit an (► Kap. 2.10.4.1). In einem Kugelfallviskosimeter wird die von einer Kugel erreichte Endgeschwindigkeit gemessen, um daraus die Viskosität der Flüssigkeit zu bestimmen.

Die Sinkgeschwindigkeit (**Sedimentationsgeschwindigkeit**) von Teilchen in einer Flüssigkeit ist abhängig von ihrer Form und Größe. Unterschiede im Sedimentationsverhalten werden zur Stofftrennung bei der Zentrifugation benutzt (► Kap. 2.6.2).

2.3.4 Auftriebskraft

Taucht ein Körper in eine Flüssigkeit ein, erfährt er eine **Auftriebskraft**. Die Auftriebskraft ist gleich der Gewichtskraft des verdrängten Flüssigkeitsvolumens.

Das Verhältnis von Masse zu Volumen wird als **Dichte** ρ bezeichnet:

$$\rho = \frac{m}{V}$$

Nach dieser Definition ist die SI-Einheit der Dichte kg/m³. Allgemein gebräuchlicher ist aber die Angabe in g/cm³. Umgangssprachlich wird die Dichte häufig auch als „spezifisches Gewicht" bezeichnet. Dieser Ausdruck ist jedoch nicht korrekt. Dabei werden wieder fälschlicherweise Masse und Gewicht synonym gebraucht (vgl. ► Kap. 2.3.2). Es empfiehlt sich daher sprachlich, stets den Ausdruck Dichte zu verwenden.

Die im Alltag am häufigsten verwendete Flüssigkeit ist Wasser. Die Dichte von Wasser beträgt 1 g/cm³ bzw. 1.000 kg/m³. Beispiele für die Dichten weiterer fester, flüssiger und gasförmiger Stoffe werden in ► Kap. 3.3.3 genannt (► Tab. 3.2).

Das Volumen der verdrängten Flüssigkeit ist gleich dem Volumen des eingetauchten Körpers V_K.

Ist ρ_{Fl} die Dichte der Flüssigkeit, so beträgt die Auftriebskraft:

$$F_a = \rho_{Fl} \cdot V_K \cdot g$$

Im Vergleich dazu ist die Gewichtskraft eines Körpers der Dichte ρ_K:

$$F_g = \rho_K \cdot V_K \cdot g$$

Es können nun 3 Fälle unterschieden werden. Diese wurden bereits von dem Griechen Archimedes (287–212 v. Chr.) formuliert.

Merke

Archimedes-Prinzip:

- $\rho_{Fl} < \rho_K \Rightarrow F_a < F_g \Rightarrow$ der Körper sinkt.
- $\rho_{Fl} = \rho_K \Rightarrow F_a = F_g \Rightarrow$ der Körper schwebt in der Flüssigkeit.
- $\rho_{Fl} > \rho_K \Rightarrow F_a > F_g \Rightarrow$ der Körper schwimmt und taucht so weit in die Flüssigkeit ein, dass er ein Flüssigkeitsvolumen verdrängt, das seinem eigenen Gewicht entspricht.

Klinik

Die Auftriebskraft wird in der **Physiotherapie** ausgenutzt, wenn gymnastische Übungen in einem Wasserbecken durchgeführt werden. Der menschliche Körper besteht zu einem großen Teil aus Wasser. Im Wasser ist er daher praktisch schwerelos. Die Gelenke sind entlastet und müssen das Körpergewicht nicht tragen. Die Ausführung von Bewegungsübungen gegen den Widerstand des Wassers kräftigt Muskulatur und Bandapparat.

Dass die Auftriebskraft von der Dichte der Flüssigkeit abhängt, kann auch zur **Dichtebestimmung** ausgenutzt werden. Dies geschieht im Aräometer. Ein Probekörper taucht in eine Flüssigkeit. Die Eintauchtiefe kann auf einer aufgebrachten Skala abgelesen werden, die so kalibriert ist, dass direkt die Dichte der Flüssigkeit abgelesen werden kann. Werden zwei Flüssigkeiten unterschiedlicher Dichte gemischt, hängt die Dichte der Mischung vom Mischungsverhältnis ab. Über eine Dichtemessung mit Hilfe eines Aräometers wird z. B. der Säuregehalt der Füllung einer Autobatterie oder der Anteil des Kühlerfrostschutzmittels bestimmt.

2.4 Arbeit, Energie, Leistung

2.4.1 Arbeit

Wird ein Gegenstand über eine Unterlage gezogen, z. B. ein Schlitten über eine Schnee- oder Eisfläche, so wird **Arbeit** verrichtet. Die aufgewendete Arbeit ist umso größer, je größer die aufgebrachte Zugkraft und die zurückgelegte Wegstrecke sind. Die Arbeit ist definiert als:

$$W = \vec{F} \cdot \vec{s}$$

Es handelt sich um das Skalarprodukt zweier Vektoren (► Kap. 1.2.2). Um dies zu verdeutlichen, sind hier Kraft und Weg mit Vektorpfeilen gekennzeichnet.
Wirkt die Kraft nicht genau in die Bewegungsrichtung – wie bei einem Schlitten, der an einem Seil gezogen wird, das schräg nach oben verläuft –, so wird nur die Komponente des Kraftvektors berücksichtigt, die in Richtung der Bewegung verläuft (► Abb. 2.3). Dies ist in der Definition des Skalarprodukts berücksichtigt:

$$W = \vec{F} \cdot \vec{s} = |\vec{F}| \cdot |\vec{s}| \cdot \cos\alpha$$

Wenn für $F_s = |\vec{F}| \cdot \cos\alpha$ als Komponente der Kraft in Richtung des Wegs gesetzt wird, lässt sich abkürzend unter Verzicht auf Vektorpfeile auch schreiben:

$$W = F_s \cdot s$$

Ist die Kraft entlang des Wegs nicht konstant, muss die Arbeit für einzelne Teilstücke des Wegs berechnet und die Summe der Teilergebnisse gebildet werden. Werden die Intervalle Δs immer kleiner gewählt, wird aus der Summation eine Integration. Es resultiert die allgemeine, **integrale Definition** der Arbeit:

$$W = \int_{s_1}^{s_2} F_s \cdot ds$$

Die Integrationsgrenzen s_1 und s_2 sind Anfangs- und Endpunkt der Bewegung. Die Einheit der Arbeit ist N · m, abkürzend wird dafür die Einheit **Joule (J)** eingeführt: 1 N · m = 1 J.

2.4.2 Potenzielle Energie

Wird ein Gegenstand senkrecht hochgehoben, muss die Gewichtskraft $F_g = m \cdot g$ aufgebracht werden. Der zurückgelegte Weg verläuft in der Vertikalen und wird deshalb als Höhe h bezeichnet. Die Arbeit beträgt dann:

$$W_{pot} = m \cdot g \cdot h$$

Diese „Hubarbeit" hat der Gegenstand nun „gespeichert". Sie wird als **potenzielle Energie** oder Lageenergie im Schwerefeld (Gravitationsfeld) bezeichnet. Dieser Energiebetrag wird wieder freigesetzt, wenn der Gegenstand herabfällt.

Merke

Die Begriffe Arbeit und Energie können synonym verwendet werden; beide haben die Einheit N · m. Als Formelzeichen kann W (Work) oder E (Energy) benutzt werden.

Für die Lageenergie eines Körpers ist seine Höhe entscheidend. Es spielt keine Rolle, auf welchem Weg er dorthin gelangt ist: Es muss die gleiche Arbeit aufgewendet werden, um einen Körper senkrecht hochzuheben oder diesen (reibungsfrei) über eine schiefe Ebene auf dieselbe Höhe heraufzuziehen. Im letzteren Fall ist zwar die notwendige Kraft geringer, der zurückgelegte Weg aber entsprechend länger.

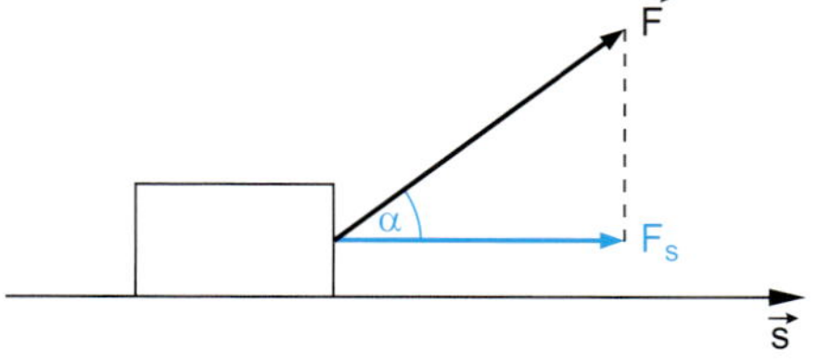

Abb. 2.3 Arbeit ist definiert als Produkt aus der Komponente der Kraft in Richtung des Wegs und der zurückgelegten Wegstrecke.

Die physikalische Definition von Arbeit und potenzieller Energie scheint in einigen Situationen nicht in Übereinstimmung mit alltäglichen Erfahrungen zu stehen. So wird es schon nach kurzer Zeit sehr anstrengend, ein Gewicht mit waagerecht ausgestrecktem Arm zu halten. Das Gewicht verändert die Höhe nicht, seine potenzielle Energie bleibt unverändert. Es muss deshalb für diesen Vorgang keine Energie aufgewendet werden. Um die Haltekraft aufzubringen, laufen in der Muskulatur Stoffwechselprozesse ab, die ihrerseits wieder Energie verbrauchen. Ein eventueller Energieaufwand zum Erzeugen statischer Kräfte ist in der physikalischen Definition der Arbeit jedoch nicht berücksichtigt.

2.4.3 Kinetische Energie

Ein Körper, der sich mit der Geschwindigkeit v bewegt, besitzt aufgrund seiner Bewegung Energie. Diese Energie wird **kinetische Energie** oder **Bewegungsenergie** genannt:

$$W_{kin} = \frac{1}{2} \cdot m \cdot v^2$$

Merke

Die kinetische Energie eines Körpers ist proportional zu seiner Masse und proportional zum Quadrat der Geschwindigkeit. Eine Verdopplung der Geschwindigkeit bedeutet demnach die vierfache kinetische Energie.

Beispiel

Ein Pkw bremst von $v_1 = 100\,\text{km/h}$ auf $v_2 = 50\,\text{km/h}$ ab. Um welchen Prozentsatz vermindert er seine kinetische Energie?

Die Aufgabe lässt sich auch bei unbekannter Masse und ohne Einsetzen der Zahlenwerte lösen. Es wird die Beziehung $v_1 = 2 \cdot v_2$ benutzt.

$$\frac{W_2}{W_1} = \frac{\frac{1}{2} \cdot m \cdot v_2^2}{\frac{1}{2} \cdot m \cdot v_1^2} = \frac{v_2^2}{v_1^2} = \frac{v_2^2}{(2 \cdot v_2)^2} =$$

$$= \frac{v_2^2}{4 \cdot v_2^2} = \frac{1}{4} = 0{,}25 = 25\%$$

Nach dem Abbremsen besitzt der Pkw nur noch 25 % seiner ursprünglichen kinetischen Energie. Er hat 100 % – 25 % = 75 % seiner Energie verloren.

2.4.4 Energieerhaltung

Die Erfahrung jahrhundertelanger vergeblicher Versuche, eine Maschine zu konstruieren, die mehr Energie erzeugt, als sie für ihren eigenen Betrieb benötigt – ein so genanntes Perpetuum mobile 1. Art –, hat gezeigt, dass sich Energie nicht aus dem „Nichts" erzeugen lässt. Die Energie ist eine **Erhaltungsgröße**, sie kann weder „erschaffen" noch „vernichtet" werden. Energie wird lediglich von einer Energieform in eine andere Energieform umgewandelt. Dieser Erfahrungsgrundsatz muss inzwischen als universelles Naturgesetz betrachtet werden.

Beispiel

Von einem Turm fällt aus 80 m Höhe ein Stein herab. Mit welcher Geschwindigkeit schlägt der Stein auf dem Erdboden ($h = 0$) auf? Der Luftwiderstand kann vernachlässigt werden.

- Lösung nach dem Energiesatz:
  Vor dem Fall besitzt der Stein potenzielle Energie. Während des Falls nimmt die potenzielle Energie ab, die kinetische Energie zu. Im Augenblick des Aufschlags wurde die gesamte potenzielle Energie in kinetische Energie umgewandelt:

  $$W_{pot} = W_{kin} \Rightarrow m \cdot g \cdot h = \frac{1}{2} \cdot m \cdot v^2$$

  Die Masse des Steins ist unerheblich, sie kürzt sich heraus:

  $$g \cdot h = \frac{1}{2} \cdot v^2$$

  $$v = \sqrt{2 \cdot g \cdot h} = \sqrt{2 \cdot 10\,\text{m/s}^2 \cdot 80\,\text{m}} =$$

  $$= \sqrt{1600\,\text{m}^2/\text{s}^2} = 40\,\text{m/s}$$

  Es wurde näherungsweise $g = 10\,\text{m/s}^2$ verwendet. Beim Aufprall wandelt sich die kinetische Energie dann in andere Energieformen (Schall, Wärme) um.
- Alternativ führt die Lösung über die Bewegungsgleichungen für den freien Fall (► Kap. 2.2.2, ► Kap. 2.3.2) zum gleichen Ergebnis:

  $$v = g \cdot t \Rightarrow t = \frac{v}{g}$$

  wird eingesetzt in:

  $$h = \frac{1}{2} \cdot g \cdot t^2 \Rightarrow h = \frac{1}{2} \cdot g \cdot \frac{v^2}{g^2} \Rightarrow$$

  $$h = \frac{v^2}{2 \cdot g} \Rightarrow v = \sqrt{2 \cdot g \cdot h}$$

2.4.5 Leistung

Für viele Fragestellungen ist es von Interesse, in welcher Zeit eine bestimmte Arbeit verrichtet wird. So wird der Erfolg eines 100-m-Läufers nicht danach bewertet, dass er in der Lage ist, 100 m zu Fuß zurückzulegen, sondern danach, in welcher Zeit er diese Strecke zurücklegt.

Die **Leistung** ist definiert als Quotient aus Arbeit und Zeit:

$$P = \frac{\Delta W}{\Delta t}$$

Ist die Leistung nicht konstant, beschreibt der so berechnete Wert die durchschnittliche Leistung während des Zeitintervalls Δt. Der **Momentwert** der Leistung wird mit dem differenziellen Ansatz ermittelt:

$$P = \frac{dW}{dt} = \dot{W}$$

Die Einheit der Leistung ist J/s, hierfür wird die Einheit **Watt (W)** eingeführt: 1 J/s = 1 kg · m² · s⁻¹ = 1 W.

Das Produkt aus Leistung und Zeit gibt wieder die geleistete Arbeit an.

Die bei der Abrechnung des Stromverbrauchs übliche Angabe in Kilowattstunden (kWh) ist ein Maß für die vom elektrischen Strom verrichtete Arbeit: 1 kWh = 1.000 J/s · 3.600 s = 3.600.000 J = 3,6 MJ.

Klinik

In der Medizin erfolgt eine Leistungsmessung bei der **Ergometrie.** Das Ergometer ist meist ein Fahrrad, seltener ein Laufband mit einstellbarem Widerstand. Während der körperlichen Belastung werden beim Patienten Herz-Kreislauf-Parameter – in der Regel als Belastungs-EKG – gemessen. Bei der **Spiroergometrie** werden zusätzlich respiratorische Parameter wie die Atemvolumina und die arteriellen Blutgase bestimmt. Die kurzzeitig erreichbare Maximalleistung liegt bei einem gesunden und trainierten Patienten bei etwa 250 W.

In vielen technischen Geräten wird eine Energieform in eine andere umgewandelt. Ein Elektromotor (► Kap. 5.10.5.2) nimmt elektrische Energie auf und gibt Energie in Form mechanischer Arbeit wieder ab. In der Praxis geht bei einer Energieumwandlung leider immer Energie in nicht nutzbaren Formen verloren. Beim Elektromotor erfolgt dieser Energieverlust als durch Reibung verursachte Wärme.

Das Verhältnis zwischen abgegebener und aufgenommener Leistung wird als **Wirkungsgrad** η bezeichnet:

$$\eta = \frac{P_{abgegeben}}{P_{aufgenommen}}$$

Lerntipp

Sie sollten die Begriffe Arbeit, Leistung und Energie erklären können und die zugehörigen Einheiten wissen.

2.5 Impuls, Stoßvorgänge

2.5.1 Impuls

Neben der Energie ist der Impuls eine weitere Erhaltungsgröße. In einem System aus mehreren Teilchen bleibt der Gesamtimpuls erhalten. Der **Impuls** p ist das Produkt aus Masse und Geschwindigkeit:

$$p = m \cdot v$$

Die Einheit des Impulses ist kg · m · s⁻¹ oder N · s.

Die **Impulserhaltung** ist wichtig bei Berechnung von Stoßvorgängen bzw. Kollisionen. Es werden elastische und inelastische Stöße unterschieden.

2.5.2 Inelastischer Stoß

Beim **inelastischen Stoß** bleiben beide Körper nach dem Zusammenstoß miteinander verbunden und bewegen sich mit der gleichen Geschwindigkeit v_n gemeinsam weiter. Die Summe der Impulse vor dem Stoß ist gleich dem Gesamtimpuls nach dem Stoß:

$$m_1 \cdot v_1 + m_2 \cdot v_2 = (m_1 + m_2) \cdot v_n$$

Ein Beispiel für den inelastischen Stoß sind zwei Pkw, die sich nach dem Zusammenprall ineinander verkeilen, oder die Wagen einer Eisenbahn, zwischen denen eine Kupplung einrastet.

Energieerhaltung gilt beim inelastischen Stoß nicht. Beim Zusammenstoß **geht kinetische Energie verloren**. Sie wird in andere Energieformen umgewandelt, z. B. bei einer bleibenden Deformation der Stoßpartner.

2.5.3 Elastischer Stoß

Nach einem **elastischen Stoß** trennen sich beide Partner wieder. Die Geschwindigkeiten nach dem Stoßvorgang v_{1n} und v_{2n} sind im Allgemeinen verschieden.

Die Summe der Impulse vor dem Stoß ist gleich der Summe der Impulse nach dem Stoß (**Impulserhaltungssatz**):

$$m_1 \cdot v_1 + m_2 \cdot v_2 = m_1 \cdot v_{1n} + m_2 \cdot v_{2n}$$

Allein mit dem Impulserhaltungssatz kann ein elastischer Stoßprozess nicht berechnet werden, da in obiger Gleichung die beiden Geschwindigkeiten nach dem Stoß nicht bekannt sind.

Beim elastischen Stoß gilt **Energieerhaltung**. Die Summe der kinetischen Energie vor dem Stoß ist gleich der Summe der kinetischen Energie danach:

$$\frac{1}{2} \cdot m_1 \cdot v_1^2 + \frac{1}{2} \cdot m_2 \cdot v_2^2 = \frac{1}{2} \cdot m_1 \cdot v_{1n}^2 + \frac{1}{2} \cdot m_2 \cdot v_{2n}^2$$

Unter Verwendung von Energie- und Impulserhaltungssatz stehen 2 Gleichungen zur Verfügung, um die beiden unbekannten Variablen v_{1n} und v_{2n} zu ermitteln. Die Lösung dieses Gleichungssystems soll im Rahmen der hier vorgesehenen kurzen Darstellung nicht im Detail gezeigt werden. Es wird nur das Ergebnis angegeben:

$$v_{1n} = \frac{2 \cdot m_2 \cdot v_2 + (m_1 - m_2) \cdot v_1}{m_1 + m_2}$$

$$v_{2n} = \frac{2 \cdot m_1 \cdot v_1 + (m_2 - m_1) \cdot v_2}{m_1 + m_2}$$

- Für den Sonderfall gleicher Massen $m_1 = m_2$ vereinfacht sich dieses Ergebnis ganz entscheidend; es ist:
  $v_{1n} = v_2$ und $v_{2n} = v_1$.
  Die beiden Körper „tauschen" ihre Geschwindigkeiten. Dies lässt sich anschaulich beim Billardspiel beobachten. Wird die angespielte Kugel zentral von der weißen Kugel getroffen, so bleibt die weiße Kugel nach dem Zusammenprall liegen und die angespielte Kugel läuft in gleicher Richtung und mit gleicher Geschwindigkeit, wie sie die weiße Kugel zuvor hatte.
- Prallt ein kleiner Körper auf einen ruhenden Körper sehr viel größerer Masse $m_2 >> m_1$, wird v_{1n} negativ; der kleinere Körper prallt zurück.

Auch eine **Reflexion** lässt sich unter dem Aspekt der Impulserhaltung betrachten. Trifft z. B. ein Tennisball senkrecht auf eine Wand, so prallt er mit gleicher Geschwindigkeit zurück. Er hat vor dem Auftreffen den Impuls $p = m \cdot v$ und danach den Impuls $p_n = m \cdot v_n = m \cdot (-v) = -p$. Die Impulsänderung beträgt:

$$\Delta p = p - p_n = p - (-p) = 2 \cdot p$$

Die Wand muss daher den zweifachen Impuls des Tennisballs aufnehmen.

Da die Masse der Wand gegenüber dem Tennisball praktisch „unendlich groß" ist, wird ihre Geschwindigkeit nach dem Stoß „unendlich klein". Obwohl die Wand einen Impuls aufgenommen hat, bewegt sie sich nicht.

Merke

Bei den bisherigen Überlegungen wurden ausschließlich **zentrale Stöße** betrachtet, d. h., beide Stoßpartner bewegen sich vor und nach dem Zusammenprall entlang einer Linie. Bei einem **schrägen Zusammenstoß** wird eine Berechnung wesentlich komplizierter. Das Problem wird dann für jede Dimension separat betrachtet und in Komponenten entlang den Koordinatenachsen zerlegt. Die Summe der Impulse bleibt in jeder Raumrichtung erhalten.

Ein völlig elastischer oder inelastischer Stoß kann wie zuvor dargestellt berechnet werden. Dabei handelt es sich aber um idealisierte Fälle, die in der Praxis nur näherungsweise erfüllt sind. Viele reale Stoßvorgänge sind **teilelastisch** bzw. **teilweise inelastisch** und sind rein rechnerisch nicht mehr auswertbar.

2.5.4 Kraftstoß

Wirkt auf einen Körper eine äußere Kraft, wird er beschleunigt (► Kap. 2.3.1). Es ändern sich die Geschwindigkeit des Körpers und damit auch sein Impuls. Es soll hier nur ein kurzes Zeitintervall Δt betrachtet werden, in dem die Kraft F konstant ist:

$$F = m \cdot a = m \cdot \frac{\Delta v}{\Delta t} = \frac{\Delta(m \cdot v)}{\Delta t} = \frac{\Delta p}{\Delta t}$$

Die Multiplikation mit Δt ergibt:

$$F \cdot \Delta t = \Delta p$$

Der Ausdruck $F \cdot \Delta t$ wird als **Kraftstoß** bezeichnet, seine Einheit ist entsprechend kg · m · s^{-1}.

Beispiel

Ein Sportschütze feuert eine Pistole ab. Die Pistole hat die Masse $m_p = 500$ g. Das Projektil hat die Masse $m_k = 2$ g und verlässt den Lauf mit der Mündungsgeschwindigkeit $v_k = 250$ m/s.
Wie groß ist die Rückstoßgeschwindigkeit der Pistole? Wenn der Rückstoß innerhalb von 10 Millisekunden abgefangen wird, welche Kraft wirkt dann auf die Hand des Schützen?
Zunächst wird die Rückstoßgeschwindigkeit der Pistole berechnet. Der Abschuss wird wie ein inelastischer Stoß betrachtet, nur mit umgekehrtem zeitlichem Verlauf. Pistole und Projektil sind vor dem Schuss zusammen und haben beide die Geschwindigkeit 0 und den Gesamtimpuls 0. Es muss also auch die Summe der Impulse nach dem Schuss gleich 0 sein:

$$0 = m_p v_p + m_k v_k$$

$$v_p = -\frac{m_k \cdot v_k}{m_p} = -\frac{2\,\text{g} \cdot 250\,\text{m/s}}{500\,\text{g}} = -1\,\text{m/s}$$

Die Einheit für die Masse kürzt sich bei der Rechnung heraus. Nur deshalb konnten, wie hier ausnahmsweise gezeigt, die Massen in Gramm eingesetzt werden. Im Allgemeinen müssen immer die SI-Einheiten verwendet und Massen in Kilogramm angegeben werden.
v_p ist negativ, denn die Pistole bewegt sich in die entgegengesetzte Richtung als das Projektil.
Für die weitere Berechnung der Rückstoßkraft reicht es aus, den Betrag der Rückstoßgeschwindigkeit zu verwenden:

$$F = \frac{\Delta p}{\Delta t} = \frac{0{,}5\,\text{kg} \cdot 1\,\text{m/s}}{0{,}01\,\text{s}} = 50\,\text{N}$$

2.6 Rotationsbewegung

2.6.1 Winkelgeschwindigkeit

Bei einer **Rotation** handelt es sich um eine periodische Bewegung, d. h., der gleiche Bewegungsablauf wiederholt sich immer wieder.
► Abb. 2.4 zeigt die Bewegung eines Körpers auf einer Kreisbahn. Die Bewegung wird beschrieben durch die Angabe des Radius r der Kreisbahn und der Geschwindigkeit. Diese kann als **Bahngeschwindigkeit** v angegeben werden. Dies ist die Geschwindigkeit, mit der sich der Körper entlang seiner Bahn bewegt.
Unter Umständen ist es vorteilhaft, die Geschwindigkeit durch den in einem Zeitintervall dt überstrichenen Winkel α zu beschreiben. Dies führt zur Definition der **Winkelgeschwindigkeit** ω:

$$\omega = \frac{d\alpha}{dt} = \dot{\alpha}$$

Der Winkel wird in Radiant (► Kap. 1.4.2) angegeben, er ist eine dimensionslose Zahl. Die Winkelgeschwindigkeit hat demnach die Einheit s^{-1}. Die Winkelgeschwindigkeit ist eine vektorielle Größe. Die Richtungsdefinition legt ein „**Rechtssystem**" zugrunde, der Vektor zeigt in die Vorschubrichtung einer Schraube mit Rechtsgewinde. Einfacher lässt sich die Richtung mit der „Rechte-Hand-Regel" bestimmen (► Abb. 1.3): Weisen die Finger der rechten Hand in die Richtung der Drehung, zeigt der abgespreizte Daumen in die Richtung von $\vec{\omega}$. In ► Abb. 2.4 würde die Richtung der Winkelgeschwindigkeit aus der Papierebene heraus auf den Leser zeigen.
Die Winkelgeschwindigkeit ist unabhängig vom Radius der Kreisbahn, ihre Angabe ermöglicht den einfachen Vergleich von Umläufen mit unterschiedlichen Bahnradien. So bewegen sich alle Teilchen einer rotierenden CD mit der gleichen Winkelgeschwindigkeit, die Bahngeschwindigkeit auf den einzelnen Spuren unterscheidet sich jedoch abhängig von ihrem Abstand zum Mittelpunkt.
Zwischen Bahn- und Winkelgeschwindigkeit besteht der Zusammenhang:

$$v = \omega \cdot r$$

Für die Kreisbewegung kann auch die **Umlauffrequenz** f angegeben werden. Sie ist definiert als die Anzahl der Umläufe pro Sekunde. Zwischen der

Frequenz und der für einen Umlauf benötigten Zeit T besteht der Zusammenhang:

$$f = \frac{1}{T}$$

Für die Frequenz wird die Einheit **Hertz (Hz)** eingeführt: $1\,\text{Hz} = 1\,\text{s}^{-1}$.

Lerntipp

Die Formel zur Definition der Frequenz taucht auch in der Elektrizitätslehre sowie bei Schwingungen und Wellen auf. Auch wird sie Ihnen in der Physiologie wieder begegnen. Lernen lohnt sich!

Klinik

Der Begriff Frequenz gibt allgemein an, wie oft sich ein periodischer Vorgang in der Sekunde wiederholt. In der Medizin von Bedeutung sind z. B.:

- **Pulsfrequenz:** in Ruhe beim Erwachsenen ca. 1,2 Hz (≈ 70/min), beim Kind ca. 1,7 Hz (≈ 100/min) und beim Neugeborenen ca. 2,2 Hz (≈ 130/min)
- **Atemfrequenz:** in Ruhe beim Erwachsenen ca. 0,25 Hz (≈ 15/min), beim Kind ca. 0,5 Hz (≈ 30/min) und beim Neugeborenen ca. 0,8 Hz (≈ 50/min)

Bei jedem Umlauf wird der Winkel 2π überstrichen. Damit ist die Winkelgeschwindigkeit:

$$\omega = 2 \cdot \pi \cdot f = \frac{2 \cdot \pi}{T}$$

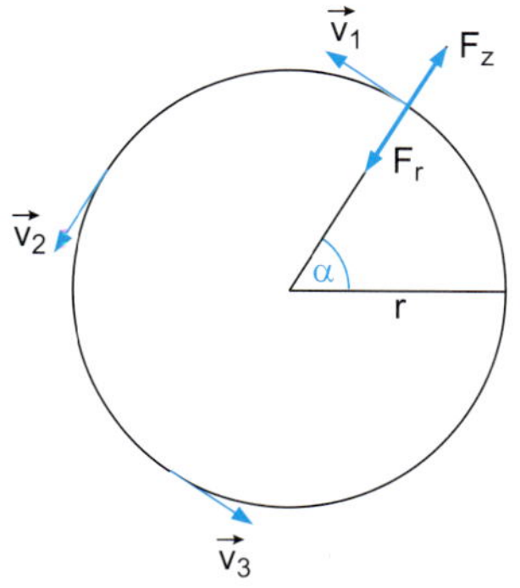

Abb. 2.4 Kreisbewegung, Zentrifugalkraft (F_z) und Zentripetalkraft (F_r).

Aufgrund dieser Beziehung wird die Winkelgeschwindigkeit ω auch als **Kreisfrequenz** bezeichnet. Die Einheit der Kreisfrequenz ω wird stets als s^{-1} angegeben, während für die Frequenz f die Einheit Hertz verwendet wird.
Ändert sich die Geschwindigkeit entlang der Kreisbahn, lässt sich eine **Winkelbeschleunigung** definieren:

$$a_\alpha = \frac{d\omega}{dt} = \ddot{\alpha}$$

Ihre Einheit ist s^{-2}.

2.6.2 Zentripetal- und Zentrifugalkraft

Ohne die Einwirkung einer Kraft bewegt sich ein Körper geradlinig und gleichförmig. Um den Körper auf einer Kreisbahn zu halten, ist eine entlang dem Radius zum Kreismittelpunkt gerichtete Radialkraft F_r notwendig. Diese Kraft wird als **Zentripetalkraft** bezeichnet. Ohne diese Kraft würde die Masse m in ▸ Abb. 2.4 die Kreisbahn verlassen und sich tangential in Richtung der eingezeichneten Vektoren $\vec{v}$ weiterbewegen.
Dies lässt sich anschaulich erfahren, wenn ein Gegenstand an einem Seil befestigt und im Kreis herumgeschleudert wird. Man muss mit der Zentripetalkraft am Seil ziehen, um den Gegenstand auf der Kreisbahn zu halten. Reißt das Seil, wird der Gegenstand tangential weggeschleudert.
Bewegt sich ein Beobachter selbst auf einer Kreisbahn, z. B. im Auto bei einer Kurvenfahrt, verspürt er eine Scheinkraft F_z, die **Zentrifugalkraft** („Fliehkraft"), die entlang dem Radius nach außen gerichtet ist.

Merke

Zentripetal- und Zentrifugalkraft haben den gleichen Betrag $|\vec{F}_z| = |\vec{F}_r|$. Die sprachliche Differenzierung kennzeichnet die unterschiedliche Richtung, je nachdem, ob sich der Beobachter ruhend im Kreismittelpunkt befindet oder sich selbst auf der Kreisbahn bewegt.

Die Zentrifugal- bzw. Zentripetalkraft ist abhängig vom Radius der Kreisbahn sowie von Masse und Geschwindigkeit des bewegten Körpers:

$$F_z = m \cdot \frac{v^2}{r}$$

Unter Verwendung von $v = \omega \cdot r$ kann die Zentrifugalkraft auch durch die Winkelgeschwindigkeit ausgedrückt werden:

$$F_z = \frac{v^2}{r} = \omega^2 \cdot r$$

Eine Kreisbewegung ist immer eine beschleunigte Bewegung. In ▶ Abb. 2.4 ist als $\vec{v}_1$, $\vec{v}_2$ und $\vec{v}_3$ der Vektor der Bahngeschwindigkeit zu verschiedenen Zeitpunkten eingezeichnet. Der Betrag der Bahngeschwindigkeit ist konstant, es ändert sich jedoch ständig die Richtung.

Ein Vergleich der Formel für die Trägheitskraft $F = m \cdot a$ mit den oben angegebenen Ausdrücken für die Zentrifugalkraft ergibt die **Zentrifugalbeschleunigung** als:

$$a_z = \frac{v^2}{r} = \omega^2 \cdot r$$

Beispiel

Ein Düsenflugzeug fliegt mit einer Geschwindigkeit von 600 m/s (fast zweifache Schallgeschwindigkeit) eine Kurve mit einem Radius von 5 km. Welche Beschleunigung wirkt dabei auf den Piloten?

$$a_z = \frac{v^2}{r} = \frac{(600\,m/s)^2}{5000\,m} = \frac{360000\,m^2/s^2}{5000\,m} = 72\,m/s^2$$

Ein Vergleich mit der Erdbeschleunigung ergibt:

$$\frac{72\,m/s^2}{9{,}81\,m/s^2} = 7{,}3$$

Man sagt hier auch, die Beschleunigung beträgt 7,3 *g*, d. h., die auf den Piloten wirkende Kraft entspricht dem 7,3fachen seines Körpergewichts. Eine solche Belastung kann auch der trainierte menschliche Körper in einem speziellen Druckanzug nur kurzzeitig tolerieren.

Klinik

Die **Zentrifugation** ist ein wichtiges Verfahren zur Stofftrennung in der Labormedizin und Molekularbiologie. Aufgrund ihres Sedimentationsverhaltens können Zellen von der sie umgebenden Lösung getrennt werden, z. B. Blutzellen vom Blutplasma. Als Analysemethode werden bei der Zentrifugation 2 Verfahren unterschieden:

- Geschwindigkeitszentrifugation: Die Sinkgeschwindigkeit in einer Flüssigkeit ist abhängig von der Dichte eines Stoffs. Nach einer vorgewählten Zentrifugationsdauer haben Teilchen verschiedener Dichte unterschiedliche Strecken zurückgelegt.
- Gleichgewichtszentrifugation: Die Probe wird auf einen Dichtegradienten gegeben, d. h., die Dichte der Flüssigkeit im Zentrifugenröhrchen nimmt von oben nach unten zu. Die Teilchen der Probe kommen in einer Flüssigkeitsschicht zum Stillstand, die ihrer eigenen Dichte entspricht.

In der Molekularbiologie verwendete Ultrazentrifugen erreichen Geschwindigkeiten von mehr als 130.000 Umdrehungen pro Minute. Es wirken Zentrifugalbeschleunigungen von bis $10^6\,g$. Makromoleküle werden nach ihrer **Sedimentationskonstanten** klassifiziert. Sie beschreibt das Verhältnis aus Sedimentationsgeschwindigkeit und Zentrifugalbeschleunigung. Ihre Einheit ist Svedberg (S): $1\,S = 10^{-13}\,s$. Proteine haben Werte im Bereich 1–100 S.

2.6.3 Drehmoment

Greift an einem Drehpunkt eine Kraft über einen **Hebelarm** an, so übt sie ein Drehmoment aus. Das **Drehmoment** *M* ist abhängig von dem Betrag der angreifenden Kraft *F*, der Länge des Hebelarms *r* und dem Winkel α zwischen beiden:

$$\vec{M} = \vec{r} \times \vec{F}$$

$$|\vec{M}| = |\vec{r}| \cdot |\vec{F}| \cdot \sin\alpha$$

Die Einheit des Drehmoments ist **Newtonmeter (Nm)**. Hier wird nicht wie bei der Arbeit 1 Nm = 1 J gesetzt, sondern das Drehmoment wird stets in Nm angegeben.

Ein Beispiel für die Ausübung eines Drehmoments ist das Anziehen bzw. Lösen einer Schraube mit einem Schraubenschlüssel. Ob sich eine Schraube lösen lässt, hängt von der aufgewendeten Kraft und der Länge des verwendeten Schraubenschlüssels ab. Intuitiv zieht man im rechten Winkel am Schraubenschlüssel, so wird das maximale Drehmoment aufgebracht.

Ein drehbar aufgehängter Körper, z. B. die früher in Apotheken verwendete Balkenwaage, befindet sich im Gleichgewicht, wenn kein resultierendes Drehmoment wirkt, d. h. die Summe der am Drehpunkt angreifenden Drehmomente gleich null ist. Dieser Zusammenhang wird auch als **Hebelgesetz** bezeichnet:

$$F_1 \cdot l_1 = F_2 \cdot l_2$$

Darin sind F_1 und F_2 die Kräfte und l_1 und l_2 die Länge der Hebelarme.

Eine Balkenwaage bildet einen zweiarmigen Hebel. Links und rechts des Drehpunkts greifen Kräfte an. Bei einem einarmigen Hebel greifen die Kräfte nur auf einer Seite an. Beispiele für einarmige Hebel finden sich in der Biomechanik des menschlichen Skeletts (► Abb. 2.5).

Beispiel

Eine Last von 10 kg (gerundet 100 N) soll am waagerecht ausgestreckten Unterarm gehalten werden. Es sei wie in ► Abb. 2.5 der Abstand vom Angriffspunkt der Last zum Drehpunkt des Gelenks 30 cm. Der Abstand vom Ansatz des Bizeps zum Drehpunkt sei 3 cm. Welche Kontraktionskraft muss der Bizeps aufbringen? Bei Zug senkrecht nach oben:

$$-100\,\text{N} \cdot 0{,}3\,\text{m} + F \cdot 0{,}03\,\text{m} = 0$$

$$F = \frac{100\,\text{N} \cdot 0{,}3\,\text{m}}{0{,}03\,\text{m}} = 1000\,\text{N}$$

Da der Bizeps in Wirklichkeit schräg nach oben zieht, ist unter Berücksichtigung des Winkels die Muskelkraft größer als 1.000 N.

Lerntipp

Im Physikum wird vor allem das Verständnis des Hebelgesetzes abgefragt: Die Summe beider Drehmomente ist gleich null. Es wird dann oft – wie auch in ► Abb. 2.5 und im Beispiel – der menschliche Unterarm gezeigt, auf den eine Kraft einwirkt!

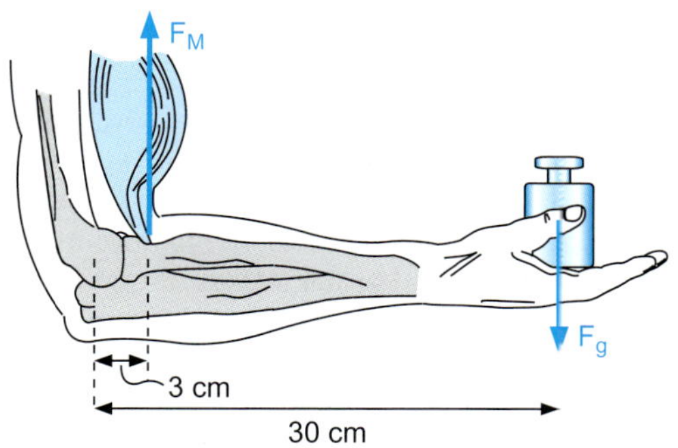

Abb. 2.5 Einarmiger Hebel am Beispiel des menschlichen Unterarms.

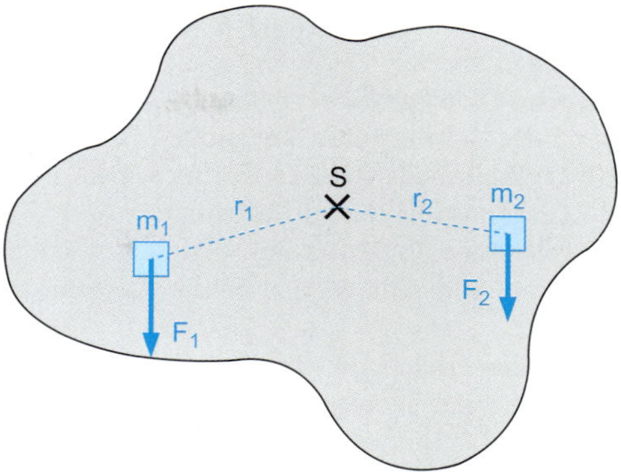

Abb. 2.6 Schwerpunkt eines Körpers. Bezüglich des Schwerpunkts *S* heben sich die Drehmomente der Teilmassen auf.

2.6.4 Schwerpunkt

Jeder Körper kann als aus kleinen Teilmassen m_i zusammengesetzt betrachtet werden. An jedem dieser Teilstücke können Kräfte angreifen. Diese Teilkräfte können zu einer Kraft zusammengesetzt werden, die am Schwerpunkt des Körpers angreift (► Abb. 2.6). Der **Schwerpunkt** eines Körpers ist der Punkt, bezüglich dessen sich die Drehmomente aller Masseteilchen ausgleichen. Wirkt auf den Körper eine gleichmäßige Schwerkraft, so ist der Schwerpunkt gleich dem **Massenmittelpunkt** des Körpers. Sind die Koordinaten x_i, y_i, z_i der Teilmassen bekannt, kann seine Lage berechnet werden; die x-Koordinate des Schwerpunkts x_s ist:

$$m \cdot x_s = \sum m_i \cdot x_i$$

$$x_s = \frac{\sum m_i \cdot x_i}{m}$$

Auf die gleiche Weise können auch die Schwerpunktskoordinaten y_s und z_s ermittelt werden.

Bei einem regelmäßigen Körper mit uniformer Dichte liegt der Schwerpunkt in seinem Symmetriezentrum. Unter Umständen kann der Schwerpunkt auch außerhalb des Körpers liegen, z. B. bei einem Hufeisen.

Eine komplexere Bewegung eines Körpers kann aus 2 Teilbewegungen zusammengesetzt betrachtet werden: der Bewegung des Schwerpunkts und einer Rotation des Körpers um eine Achse durch den Schwerpunkt.

Ein Körper befindet sich im **Gleichgewicht**, wenn der Unterstützungspunkt unterhalb seines Schwerpunkts liegt. Es werden 3 Arten des Gleichgewichts unterschieden:

- **Stabiles Gleichgewicht:** Bei einer Lageänderung wird der Schwerpunkt angehoben. Es entsteht ein Drehmoment, das den Körper wieder in seine Ausgangsposition zurückbringt.
  Beispiel: Eine Kiste wird auf einer Seite leicht angehoben und fällt wieder in die Ausgangslage zurück.
- **Instabiles Gleichgewicht:** Bei einer Lageänderung wird der Schwerpunkt abgesenkt. Das entstehende Drehmoment entfernt den Körper weiter aus seiner Ruhelage.
  Beispiel: Eine Kiste balanciert auf einer Kante. Jede kleine Lageänderung führt zum Kippen.
- **Indifferentes Gleichgewicht:** Die Schwerpunktslage bleibt bei einer Lageänderung unverändert. Nach einer Auslenkung befindet sich der Körper erneut im Gleichgewicht.
  Beispiel: Ein auf der Seite liegender Zylinder wird angestoßen. Er rollt ein wenig und befindet sich in seiner neuen Position wieder im Gleichgewicht.

Klinik

Der **aufrechte Gang** des Menschen ist ein instabiles Gleichgewicht. Der Schwerpunkt des menschlichen Körpers liegt recht hoch und die Aufstandsfläche der Füße ist ziemlich klein. Zur Erhaltung des Gleichgewichts sind ständige Korrekturen durch den Muskelapparat notwendig. Die Fähigkeit des Stehens und Gehens muss vom Menschen erst erlernt werden.

2.6.5 Rotationsenergie, Trägheitsmoment

In der Rotation eines Körpers ist Bewegungsenergie gespeichert. Jedes Teilchen des Körpers besitzt die kinetische Energie (► Kap. 2.4.3):

$$E_i = \frac{1}{2} \cdot m_i \cdot v_i^2$$

Die individuellen Teilchen unterscheiden sich in ihrer Bahngeschwindigkeit, sie haben aber alle die gleiche Winkelgeschwindigkeit. Das Einsetzen von $v = \omega \cdot r$ (► Kap. 2.6.1) liefert:

$$E_i = \frac{1}{2} \cdot m_i \cdot r_i^2 \cdot \omega^2$$

Es ist nicht nur die Masse des Teilchens, sondern auch sein Abstand r zur Drehachse von Bedeutung. Für einen ausgedehnten Körper lassen sich die Beiträge seiner einzelnen Teilchen summieren:

$$J = \sum m_i \cdot r_i^2$$

J wird als **Trägheitsmoment** des Körpers bezeichnet, seine Einheit ist $kg \cdot m^2$.
Für die **Rotationsenergie** eines Körpers folgt dann:

$$E_{rot} = \frac{1}{2} \cdot J \cdot \omega^2$$

Beispiel

Aus unterschiedlichen Materialien werden zwei Zylinder gleicher Masse und identischer äußerer Abmessungen hergestellt. Einer ist ein Hohlzylinder, der andere ein Vollzylinder. Von außen können beide nicht unterschieden werden. Kann trotzdem festgestellt werden, bei welchem Zylinder es sich um den Hohl- bzw. Vollzylinder handelt?
Lösung: Man lässt beide Zylinder eine schiefe Ebene herunterrollen. Der Vollzylinder kommt schneller an, denn er hat das geringere Trägheitsmoment. Beide Zylinder haben zwar die gleiche Masse, beim Hohlzylinder sind die Teilchen jedoch im Mittel weiter von der Drehachse entfernt.

2.6.6 Drehimpuls

Jeder rotierende Körper besitzt einen **Drehimpuls** I:

$$\vec{I} = J \cdot \vec{\omega}$$

Der Drehimpuls ist ein Vektor. Er zeigt in die gleiche Richtung wie die Winkelgeschwindigkeit $\vec{\omega}$. Seine Einheit ist $kg \cdot m^2 \cdot s^{-1}$.
Wie der lineare Impuls ist auch der Drehimpuls eine **Erhaltungsgröße**. Anschaulich kann dies beim Turmspringen oder Kunstturnen bei einem mehrfachen Salto beobachtet werden. Beim Einleiten der Drehung hat der Athlet seinen Körper gestreckt. Dann zieht er die Extremitäten eng an die Körpermitte an. Damit wird das Trägheitsmoment des Körpers verringert, der Drehimpuls bleibt aber erhalten. Die Winkelgeschwindigkeit nimmt entsprechend zu und der Körper wird in eine schnelle Drehung versetzt. Streckt sich der

Athlet am Ende der Übung wieder, wird die Rotation abgebremst.

Klinik

Die Änderung der Richtung des Drehimpulses erfordert Energie. Die Energieänderung bei der Ausrichtung der Drehimpulse von Protonen in Richtung eines starken äußeren magnetischen Felds wird bei der **Kernspintomografie** (**NMR** – Nuclear Magnetic Resonance) gemessen.

Zusammenfassend werden für die Translations- und Rotationsbewegung die einander entsprechenden Größen in ► Tab. 2.1 gegenübergestellt.

Lerntipp

Die Definitionsgleichungen der Größen von Translations- und Rotationsbewegung sind recht ähnlich. Sie sind leichter zu merken, wenn Sie, wie in ► Tab. 2.1, einander entsprechende Größen gegenüberstellen.

2.7 Druck

2.7.1 Definition und Einheiten

Eine auf eine Oberfläche einwirkende Kraft F, bezogen auf die Größe der Fläche A, wird als **Druck** P bezeichnet:

$$P = \frac{F}{A}$$

Die SI-Einheit des Drucks ist das **Pascal (Pa)**: $1\ \text{Pa} = 1\ \text{N/m}^2$.

In der Technik sind Druckangaben in bar oder in Vielfachen des Atmosphärendrucks (atm) gebräuchlich. Früher wurde beim Vergleich von Drücken – etwa der Angabe des Überdrucks in einem Autoreifen – auch von atü (Atmosphären-Überdruck) gesprochen:

$$1\ \text{bar} = 1\ \text{atm} = 1\ \frac{\text{kg}}{\text{cm}^2} \cong \frac{10\text{N}}{10^{-4}\text{m}^2} = 10^5\ \text{Pa} = 100\ \text{kPa}$$

In dieser Umrechnung werden die unterschiedlichen Größen Kraft und Masse verglichen. Deshalb wurde nicht das Gleichheitszeichen verwendet, sondern ≙ für „entspricht" oder bei der gerundeten Angabe ≅ für „entspricht ungefähr".

Merke

1 kg entspricht 9,81 N; der normale Luftdruck in Meereshöhe beträgt 1,013 bar = 1.013 mbar.
1 mbar = 1 hPa, deshalb wird heute im Wetterbericht der aktuelle Luftdruck oft in **Hektopascal (hPa)** angegeben. Somit wird die aktuelle SI-Einheit verwendet und es ist trotzdem keine Umstellung bei den bisher gewohnten Zahlenwerten notwendig.

Tab. 2.1 Größen der Translations- und der Rotationsbewegung

Translation			Rotation		
Größe	Symbol bzw. Definition	Einheit	Größe	Symbol bzw. Definition	Einheit
Geschwindigkeit	v	$\text{m} \cdot \text{s}^{-1}$	Winkelgeschwindigkeit	ω	s^{-1}
Beschleunigung	a	$\text{m} \cdot \text{s}^{-2}$	Winkelbeschleunigung	α_α	s^{-2}
Masse	m	kg	Trägheitsmoment	J	$\text{kg} \cdot \text{m}^2$
Kraft	$F = m \cdot a$	$\text{N} = \text{kg} \cdot \text{m} \cdot \text{s}^{-2}$	Drehmoment	$M = r \times F$	$\text{N} \cdot \text{m} = \text{kg} \cdot \text{m}^2 \cdot \text{s}^{-2}$
Impuls	$p = m \cdot v$	$\text{N} \cdot \text{s} = \text{kg} \cdot \text{m} \cdot \text{s}^{-1}$	Drehimpuls	$l = J \cdot \omega$	$\text{N} \cdot \text{m} \cdot \text{s}^{-1} = \text{kg} \cdot \text{m}^2 \cdot \text{s}^{-1}$
Kinetische Energie	$E_{kin} = \frac{1}{2} \cdot m \cdot v^2$	$\text{J} = \text{N} \cdot \text{m} = \text{kg} \cdot \text{m}^2 \cdot \text{s}^{-2}$	Rotationsenergie	$E_{rot} = \frac{1}{2} \cdot J \cdot \omega^2$	$\text{J} = \text{N} \cdot \text{m} = \text{kg} \cdot \text{m}^2 \cdot \text{s}^{-2}$

Die für die Druckmessung verwendeten Geräte heißen **Manometer**.

Früher wurde der Druck mittels eines mit Quecksilber gefüllten u-förmigen Rohrs gemessen. Der Druckunterschied an beiden Enden des Rohrs kann als Höhendifferenz des Quecksilberspiegels in den Schenkeln des Rohrs abgelesen werden. Aus diesem Verfahren resultierte die lange Zeit verwendete Angabe des Drucks in Millimeter Quecksilbersäule (mmHg). Hierfür wurde auch die Einheit **Torr** verwendet: 1 Torr = 1 mmHg.

Für die Umrechnung von Torr (mmHg) in Millibar bzw. Pascal gilt: 1 mmHg = 1.33 mbar = 1.33 hPa.

Lerntipp

Druckangaben begegnen Ihnen auch in der Physiologie immer wieder. Lassen Sie sich durch die vielen verschiedenen gebräuchlichen Einheiten des Drucks nicht verwirren. Die Mediziner messen den Blutdruck in mmHg. SI-Einheit ist das Pascal (Pa). In der Technik ist die Angabe in bar üblich. Merken Sie sich den Faktor 1,33 für die Umrechnung von mmHg in mbar bzw. hPa.

Der Wert des Luftdrucks auf Meereshöhe (1.013 mbar) wird vom IMPP als bekannt vorausgesetzt!

Klinik

Das Verfahren der **Blutdruckmessung** mittels einer aufblasbaren Manschette am Oberarm des Patienten wurde vor etwa 100 Jahren von dem italienischen Arzt Scipione Riva-Rocci entwickelt. Abgeleitet von seinem Namen wird der Blutdruck in RR angegeben, z. B. der physiologische Normalwert als **RR 120/80.** Die erste Zahl steht für die Angabe des **systolischen** Werts (in der Kontraktionsphase des Herzens), die zweite Zahl für den **diastolischen** Wert (in der Erschlaffungsphase des Herzens), gemessen in mmHg.

Die bekannten Zahlenwerte für Normwerte und Abweichungen des Blutdrucks sind derart in den gängigen medizinischen Sprachgebrauch eingegangen, dass hier nicht mit einer baldigen und vollständigen Umstellung auf SI-Einheiten zu rechnen ist.

Soll der Blutdruck in SI-Einheiten angegeben werden, ist die Kenntnis des Umrechnungsfaktors 1,33 für den Mediziner wichtig. So ist der Normwert für den systolischen Druck: 120 mmHg = 120 · 1,33 hPa = 160 hPa = 16 kPa.

2.7.2 Schweredruck in Flüssigkeiten

Beim Eintauchen in eine Flüssigkeit nimmt der Druck wegen des Gewichts der darüberliegenden Flüssigkeitsschicht zu. Der Schweredruck wird auch als **hydrostatischer Druck** bezeichnet. Im Allgemeinen gilt:

$$P = \rho \cdot g \cdot h$$

ρ ist die Dichte der Flüssigkeit, *h* die Höhe der Flüssigkeitsschicht und *g* die Erdbeschleunigung. Die Druckzunahme erfolgt mit wachsender Eintauchtiefe linear, denn die Dichte von Flüssigkeiten ist unabhängig vom Druck. Flüssigkeiten sind nicht kompressibel, d. h., die oberen Flüssigkeitsschichten können die unteren nicht durch ihr Gewicht zusammendrücken (► Kap. 2.8.6).

Die Dichte des Wassers beträgt 1 g/cm^3. Über einer gedachten Messfläche von 1 cm^2 muss daher eine 1.000 cm = 10 m hohe Wassersäule stehen, um einen **Schweredruck** von 1 bar zu erzeugen. 1 bar entspricht 10 m Wassersäule, 1 mbar 1 cm Wassersäule.

Der hydrostatische Druck des Wassers beträgt 1 bar pro 10 m Wassertiefe:

$$P = 1\,\text{bar} \cdot \frac{\text{Wassertiefe}}{10\,\text{m}}$$

Der Druck in einer Flüssigkeit hängt nur von der Eintauchtiefe ab und nicht von der Form des Gefäßes. Diese Regel erscheint auf den ersten Blick nicht selbstverständlich und wird deshalb als hydrostatisches Paradoxon bezeichnet. In dem Gefäß in ► Abb. 2.7 herrscht überall am Boden bzw. in einer jeweils gleichen Tiefe derselbe Druck.

Beispiel

Ein Taucher befindet sich in 30 m Wassertiefe. Welcher Umgebungsdruck herrscht dort?

Der Druck ist nur von der Tiefe abhängig. Es ist unerheblich, ob der Taucher in seiner Badewanne (soweit möglich), in einem Schwimmbecken oder im Atlantik eine bestimmte Tiefe aufsucht:

$$P_{hydrostatisch} = 1\,\text{bar} \cdot \frac{30\,\text{m}}{10\,\text{m}} = 3\,\text{bar}$$

Für die Physiologie des Tauchers ist von Interesse, welcher **Umgebungsdruck** auf ihn wirkt. Dies ist aber nicht nur der hydrostatische Druck, sondern auf die Wasseroberfläche wirkt zusätzlich noch der Luftdruck von 1 bar:

$$P_{Umgebung} = 1\,\text{bar} \cdot \frac{30\,\text{m}}{10\,\text{m}} + 1\,\text{bar} = 4\,\text{bar}$$

Lerntipp

Hier ist das Verständnis wichtig, dass der Wasserdruck mit zunehmender Wassertiefe linear ansteigt. Prägen Sie sich den Wert des Druckanstiegs von 1 bar pro 10 m Wassersäule ein!

2.7.3 Kolbendruck

In einer Flüssigkeit sind die einzelnen Moleküle gegeneinander beweglich. Ein von außen ausgeübter Druck wird innerhalb der gesamten Flüssigkeit übertragen. In ► Abb. 2.8 wirkt die Kraft F_1 auf den kleinen Kolben auf der linken Seite. Auf die Flüssigkeit wird der Druck

$$P = \frac{F_1}{A_1}$$

ausgeübt. Innerhalb des Flüssigkeitsvolumens herrscht überall der gleiche Druck. Es bestehen natürlich kleine Unterschiede wegen des zuvor beschriebenen zusätzlich wirkenden Schweredrucks innerhalb der Flüssigkeit. Der Schweredruck soll jedoch an dieser Stelle gegenüber dem wesentlich höheren äußeren **Kolbendruck** vernachlässigt werden.
Auf den rechten Kolben wirkt die Kraft:

$$F_2 = P \cdot A_2 = F_1 \cdot \frac{A_2}{A_1}$$

Es ist somit nicht nur eine Kraftübertragung möglich, sondern die Kraft kann auch verstärkt werden. Dieses Prinzip liegt der **hydraulischen Presse** zugrunde.
Eine Übersetzung verändert aber nur den Betrag der wirkenden Kraft, es kann damit keine Energie gewonnen werden. Wird der linke Kolben nach unten gedrückt, bewegt sich der rechte Kolben um eine um das Verhältnis A_1/A_2 kleinere Strecke nach oben. Die Arbeit, d. h. das Produkt aus Kraft und zurückgelegtem Weg, ist – im Idealfall der verlustfreien Kraftübertragung – auf beiden Seiten gleich.
Eine hydraulische Kraftübertragung wird z. B. in Automobilen verwendet, um die Kraft vom Bremspedal auf die Radbremszylinder zu übertragen.

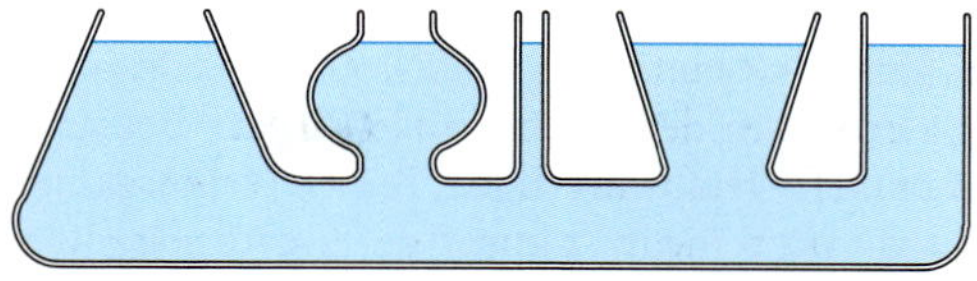

Abb. 2.7 Hydrostatisches Paradoxon: Der Druck am Boden des Gefäßes ist überall gleich.

2.7.4 Luftdruck

Im Unterschied zu Flüssigkeiten sind Gase komprimierbar (► Kap. 4.4.2). Die **Dichte** der Luft ist abhängig von der Höhe, denn die oberen Schichten der Atmosphäre drücken durch ihr Gewicht die unteren Schichten zusammen.
Der **Luftdruck** nimmt exponentiell mit der Höhe h über dem Erdboden ab (► Abb. 2.9).
Dies wird durch die **barometrische Höhenformel** beschrieben:

$$P_{(h)} = P_0 \cdot e^{-\frac{\rho_0 \cdot g}{P_0} \cdot h}$$

Darin sind P_0 der Luftdruck und ρ_0 die Dichte der Luft in Meereshöhe (1.013 hPa und 1,29 kg/m³ bei 0 °C).
Wird $H = \frac{P_0}{\rho_0 \cdot g}$ gesetzt, vereinfacht sich die Formel zu:

$$P_{(h)} = P_0 \cdot e^{-\frac{h}{H}}$$

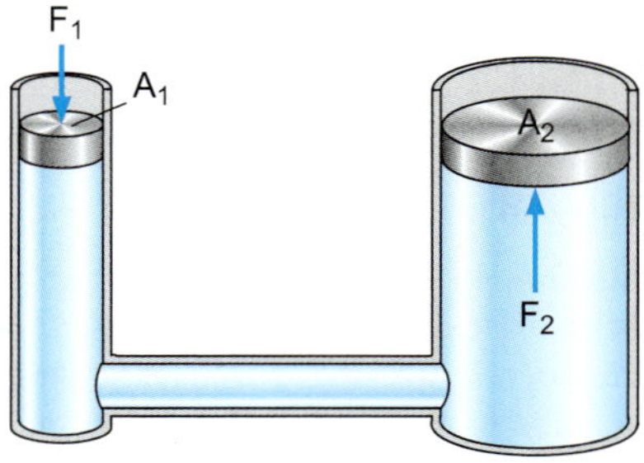

Abb. 2.8 Hydraulische Kraftübertragung.

Für H errechnet sich der Wert von 8.004 m, d. h., bei einem Höhenunterschied von 8 km nimmt der Luftdruck um den Faktor $e^{-1} = 0{,}37$ ab. Bei der so genannten **Halbwertshöhe**, einem Höhenunterschied von 5,55 km, nimmt der Luftdruck jeweils um die Hälfte ab.
Mit der barometrischen Höhenformel kann der Luftdruck nur näherungsweise berechnet werden. Für eine genauere Rechnung muss beachtet werden, dass die Dichte der Luft temperaturabhängig ist und die Temperatur mit wachsender Höhe abnimmt.

Merke

Für geringere Höhen kann der Luftdruck auf einfache Weise **abgeschätzt** werden. Die in ► Abb. 2.9 gestrichelt eingezeichnete Linie zeigt die Approximation des anfänglichen Teils der Exponentialfunktion durch eine Gerade. Der Luftdruck nimmt etwa 0,1 bar pro 1.000 Höhenmeter ab. Diese Abschätzung ist für die Höhenbereiche, die in Europa beim Bergsteigen oder Skifahren erreichbar sind, ausreichend.

Beispiel

Wie hoch ist der Luftdruck in 2.500 m Höhe?
Abschätzung: $P = 1$ bar – 2,5 · 0,1 bar = 0,75 bar.
Die Berechnung nach der barometrischen Höhenformel ergibt: $P = 741$ mbar = 0,74 bar.

Merke

Der Wasserdruck nimmt linear mit der Tiefe zu, der Luftdruck exponentiell mit der Höhe ab.

Die Tauch- und Flugmedizin sowie die Höhenphysiologie beschäftigen sich mit der Auswirkung von Druckänderungen auf den menschlichen Körper.

2.8 Verformung fester Körper

2.8.1 Dehnung

Äußere Kräfte können einen festen Körper verformen. Die Dehnung eines Stabs zeigt ► Abb. 2.10. Das Verhältnis der Zugkraft F zur Querschnittsfläche A des Stabs wird als **Spannung** σ bezeichnet:

$$\sigma = \frac{F}{A}$$

Die Einheit der Spannung ist $N/m^2 = kg \cdot m^{-1} \cdot s^{-2}$. Der Stab wird um die Strecke Δl gedehnt. Die **Dehnung** ε ist das Verhältnis der Längenänderung zur ursprünglichen Länge:

$$\varepsilon = \frac{\Delta l}{l}$$

Jede einseitige elastische Deformation ist mit einer Verformung des dazu senkrechten Querschnitts verbunden. Eine Dehnung eines Materials ist stets mit einer Querkontraktion verbunden. Umgekehrt würde eine einseitige **Stauchung** eine Querschnittsvergrößerung zur Folge haben. Innerhalb gewisser Grenzen sind Längs- und Querdeformation einander proportional:

$$\frac{\Delta A}{A} = -\mu \cdot \frac{\Delta l}{l}$$

Der Proportionalitätsfaktor μ wird **Poisson-Zahl** oder auch **Querkontraktionsfaktor** genannt. Er ist eine materialabhängige Konstante, deren Wert für die meisten Stoffe zwischen 0,2 und 0,5 liegt.
Für geringe Verformungen ist das Verhältnis von Spannung zu Dehnung bei vielen Stoffen eine Konstante:

$$E = \frac{\sigma}{\varepsilon} = \frac{F / A}{\Delta l / l} = \frac{F \cdot l}{A \cdot \Delta l}$$

E wird als **Elastizitätsmodul** oder kurz als **E-Modul** bezeichnet. Es ist eine Materialkonstante des jeweiligen Stoffs. Die Einheit von E ist, ebenso wie die der Spannung, N/m^2.

Klinik

Im **Muskel** wirken innere Kräfte, die den Muskel verkürzen. Analog zur Dehnung lässt sich hier eine Kontraktion definieren. Die maximale Spannung, die eine Muskelfaser erzeugen kann, ist in der gesamten Muskulatur annähernd gleich. Größere Kräfte können deshalb nur von Muskeln mit größerem Querschnitt aufgebracht werden.

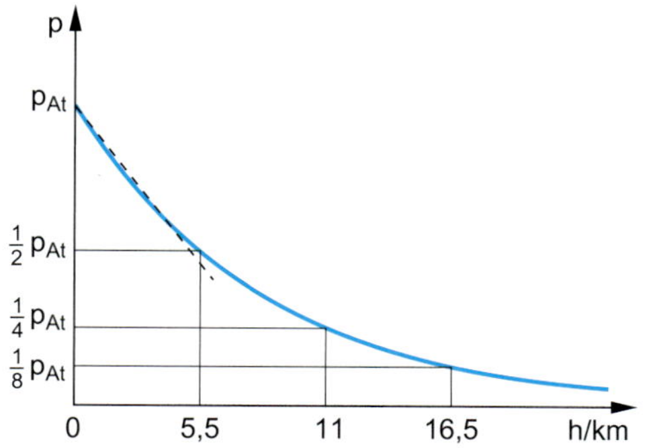

Abb. 2.9 Der Luftdruck nimmt exponentiell mit der Höhe ab, er fällt alle 5,5 km um die Hälfte. Die gestrichelte Linie zeigt eine lineare Näherung für geringe Höhen.

2.8.2 Verformungsbereiche

- Bei einer **elastischen Verformung** nimmt der Körper nach dem Verschwinden der äußeren Kräfte seine ursprüngliche Gestalt wieder an. Die Gitterbausteine des Körpers werden aus ihrer Gleichgewichtslage verschoben. Es treten innere elastische Kräfte auf, die mit den äußeren Kräften im Gleichgewicht stehen und nach deren Verschwinden die Teilchen wieder in ihre Ausgangslage zurückkehren. Wie in ► Kap. 2.8.1 bereits erwähnt, zeigen viele Stoffe bei geringen Verformungen eine Proportionalität zwischen Spannung und Dehnung. Diese Linearität wird **Hooke-Gesetz** genannt. Bei einer stärkeren Verformung ist das Verhältnis von Spannung zu Dehnung nicht mehr linear.
- Höhere Spannungen führen zu einer **plastischen Verformung**. Hier erfolgt eine irreversible Verschiebung der Gitterbausteine. Es kommt zum „Fließen" des Materials. Der Körper nimmt nach dem Wegfall der äußeren Kräfte seine ursprüngliche Form nicht wieder ein, er bleibt dauerhaft gedehnt.

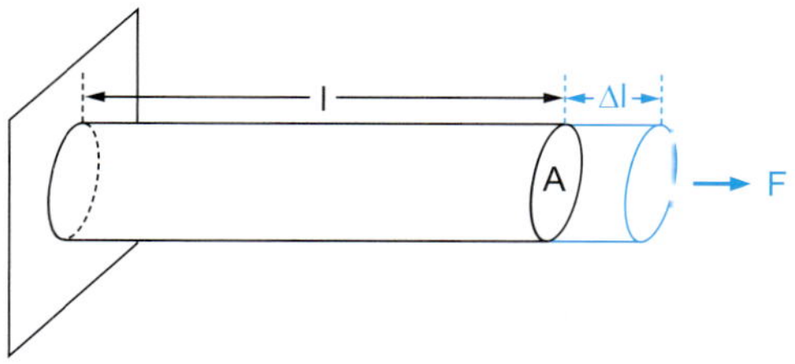

Abb. 2.10 Dehnung eines Stabs.

- Noch größere Spannung führt zum **Reißen oder Bruch** des Materials.

Ein Spannungs-Dehnungs-Diagramm eines typischen Metallstabs zeigt ► Abb. 2.11. Bis zum Punkt P reicht der Gültigkeitsbereich des Hooke-Gesetzes. Zwischen den Punkten E und R findet eine plastische Verformung statt.

Ist ein Körper in alle Raumrichtungen gesehen gleich aufgebaut, wie es beim Atomgitter von Metallen der Fall ist, wird er als **isotrop** bezeichnet. Die Materialeigenschaften sind unabhängig von der Orientierung des Körpers. **Anisotrope** Stoffe besitzen dagegen eine richtungsabhängige Struktur. Dies trifft in der Regel auf Polymere zu, die aus langen Fasern aufgebaut sind. Zum Verständnis stelle man sich ein Holzbrett vor: Dieses zeigt längs und quer zur Faserrichtung eine unterschiedliche Belastbarkeit.

Die Verformungsbereiche wurden hier am Beispiel der Dehnung erklärt. Die gleichen Überlegungen gelten grundsätzlich aber auch für die in den folgenden Abschnitten beschriebenen anderen Arten der Verformung.

2.8.3 Biegung

Eine Kraft, die senkrecht zur Längsachse eines Stabs wirkt, verursacht eine **Biegung** (► Abb. 2.12). Bei einer Biegung treten die Phänomene Dehnung und Stauchung nebeneinander auf. Auf der Außenseite der Krümmung wird das Material gedehnt, auf der Innenseite gestaucht. In der Mitte des Stabs befindet sich die so genannte **neutrale Faser**, sie behält ihre ursprüngliche Länge bei.

Der Betrag der Dehnung bzw. Stauchung wächst mit dem in Biegerichtung gesehenen Abstand zur neutralen Faser. Eine außen liegende Faser setzt

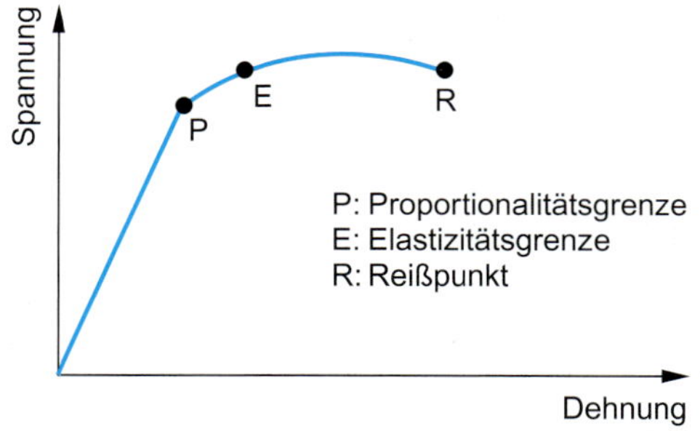

Abb. 2.11 Spannungs-Dehnungs-Diagramm eines typischen Metallstabs.

der Biegung einen größeren Widerstand entgegen als eine weiter innen liegende Faser. Ein hohles, dünnwandiges Rohr besitzt deshalb eine wesentlich höhere Biegefestigkeit als ein gleich schwerer Stab geringeren Durchmessers aus Vollmaterial.

Klinik

Dieses Konstruktionsprinzip ist im **menschlichen Skelett** verwirklicht. Die Diaphyse (Schaft) der Knochen hat die Form eines hohlen Rohrs.

Wird ein an beiden Enden gehaltener Stab zusammengedrückt und wirkt die Kraft nicht genau entlang der Symmetrieachse des Stabs, so wird dieser seitlich ausweichen. Diese Form der Biegung wird auch als **Knickung** bezeichnet.

2.8.4 Scherung

Eine Kraft, die tangential an einem festgehaltenen Körper angreift, bewirkt eine **Scherung** (► Abb. 2.13). Parallele Schichten des Körpers werden gegeneinander verschoben, ohne ihre Dimension zu verändern.
Die Scherung γ ist:

$$\gamma = \frac{\Delta x}{l} = \tan\alpha$$

Dabei ist α der **Scherwinkel**.
Die **Scherspannung** τ wird als Verhältnis von Scherkraft *F* und Querschnittsfläche *A* definiert:

$$\tau = \frac{F}{A}$$

Das Verhältnis *G* von Scherspannung und Scherung ist für kleine Scherwinkel konstant und heißt **Schubmodul** oder **Torsionsmodul**:

$$G = \frac{\tau}{\gamma} = \frac{F/A}{\Delta x / l} = \frac{F \cdot l}{A \cdot \Delta x} = \frac{F}{A \cdot \tan\alpha}$$

Der Schubmodul ist ebenfalls eine Materialkonstante. Er hat die Einheit N/m^2 und ist ein Maß für die Formelastizität eines Körpers.

2.8.5 Torsion

Bei einer **Torsion** (Verdrillung) werden parallele Querschnitte gegeneinander verdreht. Eine Torsion erfolgt, wenn ein Stab an einem Ende festgehalten und am anderen Ende ein Drehmoment ausgeübt wird (► Abb. 2.14) oder wenn an beiden Enden Drehmomente in unterschiedliche Richtungen wirken.
Wird der Stab als aus einzelnen Hohlzylindern aufgebaut betrachtet, so findet eine Verschiebung der achsenparallelen Ebenen des Zylindermantels gegeneinander statt. Eine Torsion um den Winkel Φ kann somit auf eine Scherung um den Winkel α zurückgeführt werden. Für kleine Winkel α ≈ tanα besteht zwischen beiden der Zusammenhang:

$$\alpha = \frac{\varphi \cdot r}{l}$$

r ist der Radius, *l* die Länge des Stabs.
Zwischen dem Drehmoment $\vec{M} = \vec{r} \times \vec{F}$ und dem Torsionswinkel Φ (phi) besteht der Zusammenhang:

$$M = \frac{\pi \cdot G \cdot r^4}{2 \cdot l} \cdot \varphi$$

Dabei ist *G* der Torsions- bzw. Schubmodul (► Kap. 2.8.4). Auf die Herleitung dieser Beziehung wird hier verzichtet. Man beachte im Ergebnis die mit der 4. Potenz sehr starke Abhängigkeit des Drehmoments vom Radius des Stabs.

Klinik

Bei einer **Knochenfraktur** kann aus der charakteristischen Form der Bruchenden darauf geschlossen werden, ob der Bruch durch eine überstarke Biegebeanspruchung oder eine Torsion entstanden ist.

2.8.6 Kompression

Durch einen allseitig wirkenden Druck *P* ändert sich das Volumen eines Körpers. Es gilt:

$$P = K \cdot \frac{\Delta V}{V}$$

K ist der **Volumenelastizitätsmodul** oder der **Kompressionsmodul** des Körpers. *P* und *K* haben die Einheit N/m^2. Stoffe mit kleinem Kompressionsmodul sind leicht komprimierbar, Stoffe mit großem *K* sind schwer zu komprimieren.

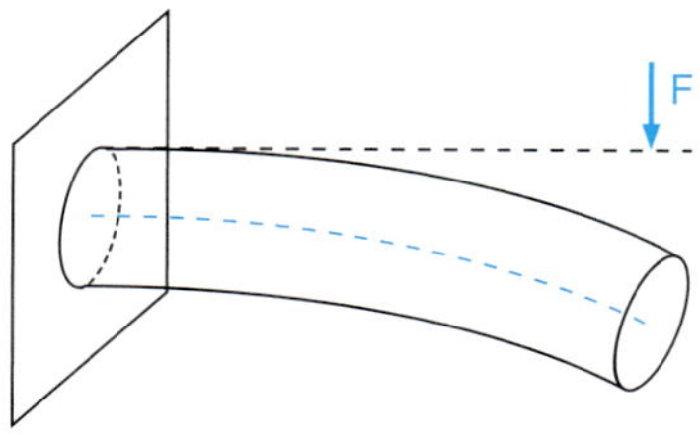

Abb. 2.12 Biegung eines Stabs, die neutrale Faser (gestrichelt) behält ihre ursprüngliche Länge bei.

Der Kehrwert des Kompressionsmoduls $1/K$ wird als **Kompressibilität** κ bezeichnet.

Merke

Der Begriff Kompressibilität wird häufig bei Gasen und Flüssigkeiten verwendet. Die Kompressibilität von Gasen (► Kap. 2.7.4) und Flüssigkeiten (► Kap. 2.7.2) unterscheidet sich um vier Größenordnungen (10^4). Für die meisten praktischen Anwendungen kann eine Flüssigkeit in sehr guter Näherung als nicht komprimierbar angesehen werden. Das Volumen eines Gases kann dagegen relativ leicht verändert werden.

Klinik

Das **Blut** wird vom Herzen stoßweise ausgeworfen, kann aber nicht komprimiert werden. Der Blutstrom wird durch die Dehnung der großen Gefäße aufgefangen. Die Arterien können modellhaft als elastischer Schlauch betrachtet werden. Die rhythmische Ausdehnung des Querschnitts kann an verschiedenen Stellen des Körpers als **Puls** getastet werden.

2.8.7 Dehnung einer Feder

Bei der Dehnung oder beim Zusammendrücken einer Feder ist die Längenänderung x der auf die Feder wirkenden Kraft F proportional. Für die **Federkraft** lautet das Hooke-Gesetz:

$$F = D \cdot x$$

Die **Federkonstante** D gibt die Härte der Feder an, ihre Einheit ist N/m. Das Hooke-Gesetz gilt nur für den linearen elastischen Bereich der Verformung (► Kap. 2.8.2).

Die notwendige Arbeit, um die Länge einer Feder um die Strecke x zu ändern, bzw. die in einer gespannten Feder gespeicherte Energie lässt sich durch Integration des Hooke-Gesetzes nach dem Weg x berechnen. Die **Spannenergie** einer Feder beträgt:

$$W = \frac{1}{2} \cdot D \cdot x^2$$

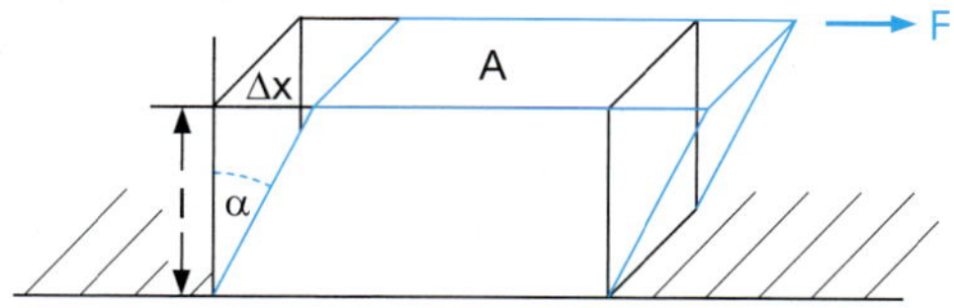

Abb. 2.13 Scherung eines Körpers: $\Delta x / l = \tan\alpha$.

In der Theorie wird die Verformung einer Feder – zumindest solange sich eine Näherung noch vertreten lässt – meist als linear betrachtet, um eine Berechnung nach dem Hooke-Gesetz zu erlauben. In der Praxis ist jedoch häufig eine progressive Federkennlinie erwünscht. So soll z. B. die Federung eines Kraftfahrzeugs aus Gründen des Komforts zunächst weich ansprechen und dann zunehmend härter werden, sodass auch stärkere Stöße bei gröberen Fahrbahnunebenheiten abgefangen werden.

2.8.8 Viskoelastizität

Einige Stoffe zeigen ein **amorphes** Verhalten; ihre Moleküle sind gegeneinander verschiebbar. Die molekulare Anordnung eines amorphen Festkörpers ähnelt eher der einer sehr zähen Flüssigkeit als der eines kristallinen Festkörpers. Dies trifft auf Glas, aber auch auf die meisten Polymere zu. Solche Stoffe zeigen ein **viskoelastisches Verhalten**, es treten geschwindigkeitsabhängige Reibungskräfte auf. Die Deformation wird zeitabhängig: Nach dem Anlegen äußerer Kräfte wird der Endwert der Verformung

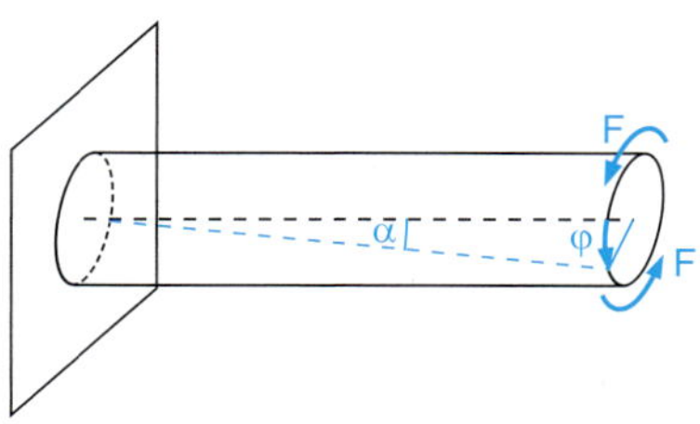

Abb. 2.14 Torsion eines Stabs; das angreifende Kräftepaar übt ein Drehmoment aus.

erst mit einer zeitlichen Verzögerung erreicht. Der Zeitverlauf ist exponentiell mit einer für das Material typischen Zeitkonstante, der **Relaxationszeit** τ (tau). Das Gleiche gilt für das Erreichen der ursprünglichen Form nach dem Wegfall der äußeren Kräfte.
Die **Spannungsrelaxation** wird beschrieben durch:

$$\sigma_{(t)} = \sigma_0 \cdot e^{-\frac{t}{\tau}}$$

Dabei ist σ die konstante Ausgangsspannung und τ die Zeit, nach der sich die Spannung um den Faktor $e^{-1} = 0{,}37$ reduziert hat.
Amorphe Stoffe zeigen viskoelastisches Verhalten besonders bei langsamen Verformungen. Bei plötzlich auftretenden, „ruckartigen" Kräften ähnelt die Deformation eher dem elastischen Verhalten eines kristallinen Festkörpers nach dem Hooke-Gesetz.

Klinik

Im **menschlichen Körper** zeigen Muskulatur, Sehnen, Bänder und Knorpel viskoelastisches Verhalten. Viskoelastizität spielt auch bei der Stoßdämpfung eine wichtige Rolle. Hier seien besonders die Zwischenwirbelscheiben der Wirbelsäule (Bandscheiben) oder auch die Menisken der Kniegelenke erwähnt.

2.9 Kräfte an Grenzflächen

2.9.1 Oberflächenspannung

An der Oberfläche von Flüssigkeiten treten besondere Effekte auf. Die Moleküle einer Flüssigkeit ziehen sich gegenseitig an. Auf ein Molekül im Inneren der Flüssigkeit wirken diese Kräfte von allen Seiten, sodass sie sich in ihrer Wirkung gegenseitig kompensieren. Die Moleküle sind deshalb frei beweglich (► Abb. 2.15). Dagegen wirkt auf ein Molekül an der Flüssigkeitsoberfläche eine resultierende Kraft, die es in Richtung des Flüssigkeitsinneren zieht.
Soll die Oberfläche der Flüssigkeit vergrößert werden, muss gegen diese Anziehungskraft Arbeit verrichtet werden. Eine Flüssigkeit hat daher stets das Bestreben, eine möglichst kleine Oberfläche zu bilden. Wegen der Oberflächenspannung nimmt ein Wassertropfen die Gestalt einer Kugel an. Eine Kugel hat bei gegebenem Volumen von allen geometrischen Körpern die kleinste Oberfläche.

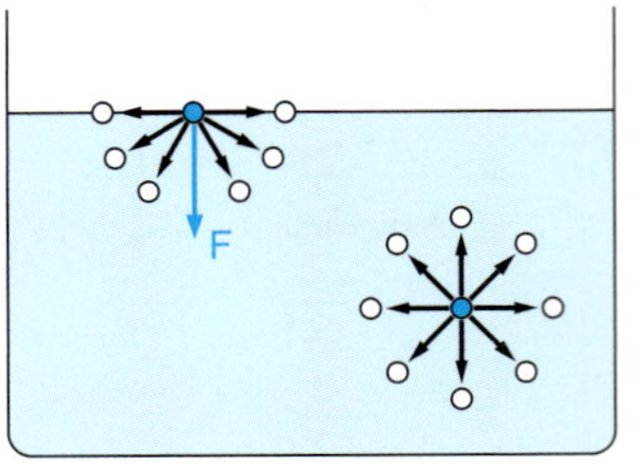

Abb. 2.15 Oberflächenspannung: Auf ein Teilchen an der Oberfläche einer Flüssigkeit wirkt eine resultierende Kraft in Richtung des Flüssigkeitsinneren.

Die **Oberflächenspannung** σ ist der Quotient aus der aufgewendeten Arbeit W und der erzielten Oberflächenvergrößerung A:

$$\sigma = \frac{W}{A}$$

Die Oberflächenspannung wird auch **Grenzflächenspannung** genannt, sie wird in N/m angegeben. Der Wert der Oberflächenspannung ist eine für die jeweilige Flüssigkeit typische Materialkonstante. Mit steigender Temperatur nimmt die Oberflächenspannung ab. Für Wasser beträgt die Oberflächenspannung 0,0756 N/m bei 0 °C und 0,0678 N/m bei 50 °C.
Die Oberflächenspannung wirkt auch auf eine **Gasblase**, die sich im Inneren einer Flüssigkeit befindet. Die Oberfläche der Blase hat das Bestreben, sich zusammenzuziehen und damit die Gasblase zu verkleinern. Bei einer Verkleinerung der Blase steigt der Druck im Inneren so lange, bis die Wirkung der Oberflächenspannung kompensiert wird. Bei einer Änderung des Radius um einen kleinen Betrag dr ändern sich die Oberflächenenergie $W = \sigma \cdot A$ und die Druck-Volumen-Energie (► Kap. 2.10.3) des Gases $W = P \cdot V$ um den gleichen Betrag:

$$\frac{d}{dr}(P \cdot V) = \frac{d}{dr}(\sigma \cdot A)$$

Es werden die Ausdrücke für Volumen und Oberfläche einer Kugel eingesetzt:

$$P \cdot \frac{d}{dr}\left(\frac{4}{3} \cdot \pi \cdot r^3\right) = \sigma \cdot \frac{d}{dr}\left(4 \cdot \pi \cdot r^2\right)$$

d/dr bedeutet die Bildung der Ableitung nach r:

$$P \cdot 4 \cdot \pi \cdot r^2 = \sigma \cdot 8 \cdot \pi \cdot r$$

Damit beträgt der Überdruck in der Gasblase:

$$P = \frac{2 \cdot \sigma}{r}$$

Der Druck in einer Gasblase wird umso größer, je kleiner der Radius der Gasblase ist. Verbinden sich zwei unterschiedlich große Gasblasen, würde die kleinere Blase sich zusammenziehen und die größere sich weiter aufblasen.
So genannte **oberflächenaktive Substanzen**, wie Seifen, die Tenside in Waschmitteln oder Lipoproteine, können die Oberflächenspannung deutlich herabsetzen. Es wird eine höhere Reinigungswirkung erzielt, da das Wasser nun in kleine Spalten zwischen den Gewebefasern und zwischen Schmutzteilchen eindringen kann.

Klinik

Für die **Alveolen** in der menschlichen Lunge gelten die gleichen Druckverhältnisse wie für eine Gasblase. Aufgrund der Oberflächenspannung hätten die Alveolen die Tendenz, sich zusammenzuziehen. Schon kleinste Druckunterschiede innerhalb der Lunge würden bewirken, dass kleine Alveolen weiter kontrahieren und andere weiter aufblasen. Ein solches Kollabieren der Alveolen wird als **Atelektase** bezeichnet.
In den Alveolen wird ein oberflächenaktives Sekret, der **Surfactant** (Surface active agent) gebildet, der die Oberflächenspannung herabsetzt, um eine Atelektase zu verhindern.
Bei Frühgeborenen besteht ein Surfactant-Mangel, der ein lebensbedrohliches Atemnotsyndrom zur Folge hat.

Oberflächenaktive Stoffe sind meist als langkettige Moleküle aufgebaut, die an einem Ende eine polare, d. h. geladene Gruppe tragen. Der polare Teil tritt in Kontakt mit den Wassermolekülen, er verhält sich **hydrophil** bzw. **lipophob**. Der langkettige apolare Teil zeigt das Verhalten eines wasserunlöslichen Stoffs, dieses wird **hydrophob** oder **lipophil** genannt.
An der Wasseroberfläche bildet sich dadurch ein Film. Die polaren Teile zeigen ins Flüssigkeitsinnere, die apolaren Ketten nach außen. Im Inneren der Flüssigkeit bilden oberflächenaktive Stoffe **Mizellen**, kleinste kugelförmige Gebilde, an deren Wand die hydrophilen Molekülenden nach außen zeigen und die lipophilen Teile nach innen.

Klinik

Im Inneren von Mizellen können ansonsten wasserunlösliche Stoffe transportiert werden, wie winzige Fett- bzw. Öltröpfchen. In Mizellen aus Gallensäuren werden z. B. Abbauprodukte der Nahrungsfette im Darmlumen transportiert.

2.9.2 Kapillarwirkung

An der Grenzfläche einer Flüssigkeit zu einem Festkörper werden 2 Kräfte unterschieden:

- **Kohäsionskräfte** sind die Kräfte zwischen gleichartigen Molekülen, z. B. den Molekülen der Flüssigkeit.
- **Adhäsionskräfte** sind die Kräfte zwischen verschiedenartigen Molekülen, d. h. zwischen den Molekülen der Flüssigkeit und des Festkörpers.

Sind die Adhäsionskräfte größer als die Kohäsionskräfte, ist es für die Flüssigkeit energetisch günstiger, die Kontaktfläche zum Festkörper zu vergrößern. Man spricht von einem **benetzenden System.** Die auch als Meniskus bezeichnete Krümmung der Flüssigkeitsoberfläche an der Gefäßwand ist nach oben gerichtet. Es tritt **Kapillaraszension** auf, in einem dünnen Rohr steigt die Flüssigkeit nach oben (► Abb. 2.16a). Wasser und Glas bilden ein solches benetzendes System.
Das Gegenbeispiel eines **nichtbenetzenden Systems** bilden Quecksilber und Glas. Hier wird **Kapillardepression** beobachtet. In einer Kapillare wird der Flüssigkeitsspiegel nach unten gedrückt und die Menisken am Rand sind nach unten gekrümmt (► Abb. 2.16b).
Durch die Kapillarwirkung steigt das flüssige Paraffin im Docht einer Kerze nach oben, ebenso das Wasser in den kleinen Kanälchen im Inneren einer Pflanze. Auch das Aufsaugen von Tinte durch Löschpapier beruht auf der Kapillarwirkung.

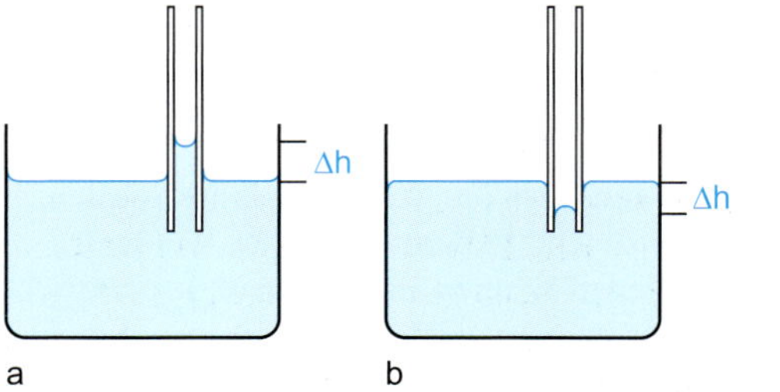

Abb. 2.16 (**a**) Kapillaraszension einer benetzenden Flüssigkeit und (**b**) Kapillardepression einer nichtbenetzenden Flüssigkeit.

2.10 Strömung von Flüssigkeiten und Gasen

Lerntipp

Die Inhalte dieses Abschnitts werden im Examen sehr häufig im Zusammenhang mit der Strömung in (Blut-) Gefäßen abgefragt. Eine intensive Auseinandersetzung mit diesem Thema lohnt sich, da Ihnen die zugehörigen Formeln auch in der Physiologie des Kreislaufs begegnen!

2.10.1 Definitionen und Einheiten

Für bewegte Flüssigkeiten und Gase lässt sich die **Volumenstromstärke** I als das pro Zeitintervall transportierte Volumen V definieren:

$$I = \frac{\Delta V}{\Delta t}$$

oder in differenzieller Schreibweise:

$$I = \frac{dV}{dt} = \dot{V}$$

Die SI-Einheit der Volumenstromstärke ist m^3/s, gebräuchlich sind aber auch Vielfache davon, z. B. Liter/min.

Eine Strömung lässt sich in Form von **Stromlinien** bildlich darstellen. Stromlinien lassen sich bei aerodynamischen Versuchen in einem Windkanal gut verfolgen, wenn die Luftströmung durch Rauch oder Nebel sichtbar gemacht wird. In einem Stromlinienbild kennzeichnen eng benachbarte Stromlinien eine hohe Strömungsgeschwindigkeit, während große Abstände zwischen benachbarten Linien für eine niedrige Geschwindigkeit stehen.

Man spricht von einer **stationären Strömung**, wenn an jedem Ort zeitlich aufeinanderfolgende Teilchen die gleiche Geschwindigkeit haben. Eine Stromlinie ist dann identisch mit der Bahnkurve eines Teilchens.

2.10.2 Kontinuitätsbedingung

Es soll zunächst die Strömung eines idealen, inkompressiblen Mediums betrachtet werden.

Flüssigkeiten können in den meisten praktischen Fällen als inkompressibel angesehen werden. In einem **idealen Medium** beeinflussen sich die einzelnen Teilchen gegenseitig nicht. Eine ideale Flüssigkeit ist daher reibungsfrei.

Die **Volumenstromstärke** lässt sich auch durch den Rohrquerschnitt A und die Strömungsgeschwindigkeit $v = ds/dt$ ausdrücken:

$$\frac{dV}{dt} = \frac{d(A \cdot s)}{dt} = \frac{A \cdot ds}{dt} = A \cdot v$$

Da die Flüssigkeit nicht komprimiert werden kann, muss an jeder Stelle eines Rohrs durch den Querschnitt in der gleichen Zeit das gleiche Volumen transportiert werden. Die Volumenstromstärke ist konstant.

Damit ergibt sich bei einer Veränderung des Rohrquerschnitts (► Abb. 2.17) folgende **Kontinuitätsbedingung:**

$$A_1 \cdot v_1 = A_2 \cdot v_2$$

An einer Engstelle nimmt die Strömungsgeschwindigkeit des Mediums zu. Dieses Ergebnis wurde unter der Voraussetzung eines inkompressiblen Mediums abgeleitet.

Obwohl Gase komprimiert werden können (► Kap. 2.7.4), zeigen sie – zumindest solange die Strömungsgeschwindigkeit klein gegen die Schallgeschwindigkeit in dem betreffenden Gas ist (► Kap. 6.4.1.2) – das gleiche Verhalten.

Klinik

An einer **Stenose** (Einengung) einer Arterie steigt die Fließgeschwindigkeit des Bluts. Dies kann mittels der **Doppler-Sonografie** diagnostisch nachgewiesen werden (► Kap. 6.4.4).

2.10.3 Bernoulli-Gleichung

Bei einer Verengung des Rohrquerschnitts ändert sich nicht nur die Geschwindigkeit, sondern auch der Druck innerhalb des strömenden Mediums. Dies wird verständlich, wenn die im vorigen Abschnitt aufgestellte Kontinuitätsbedingung näher betrachtet wird.

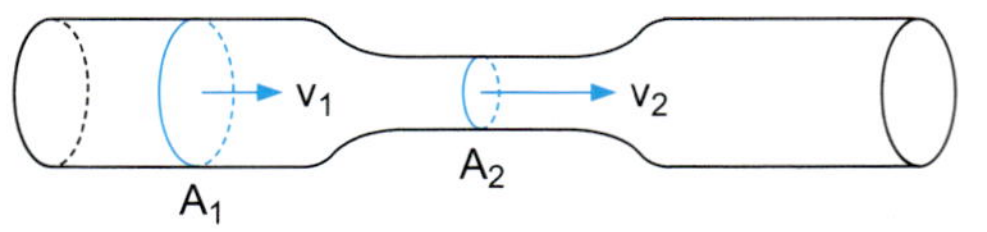

Abb. 2.17 Kontinuität der Volumenstromstärke bei verändertem Rohrquerschnitt.

Das Produkt aus Druck und Volumen hat die Dimension einer Energie [$(N/m^2) \cdot m^3 = N \cdot m = J$]; es steht für die „innere Energie" („**Druck-Volumen-Energie**") des Mediums:

$$W = P \cdot V$$

Wenn die Teilchengeschwindigkeit an einer Rohrverengung zunimmt, steigt die kinetische Energie der Teilchen. Die innere Energie des Mediums und damit der Druck müssen entsprechend abnehmen, damit die Gesamtenergie konstant bleibt und der Energiesatz nicht verletzt wird:

$$\frac{1}{2} \cdot m \cdot v_1^2 + P_1 \cdot V = \frac{1}{2} \cdot m \cdot v_2^2 + P_2 \cdot V = \text{const.}$$

Wenn die Strömungsgeschwindigkeit zunimmt, fällt der Druck. Dieses Ergebnis wird als **Venturi-Effekt** bezeichnet.
Die Division des oben stehenden Ausdrucks durch das Volumen ergibt die **Bernoulli-Gleichung**:

$$\frac{1}{2} \cdot \rho \cdot v_1^2 + P_1 = \frac{1}{2} \cdot \rho \cdot v_2^2 + P_2 = \text{const.}$$

Die Division von Masse durch Volumen ergibt die Dichte ρ des Mediums (► Kap. 2.3.4).
Die Bernoulli-Gleichung lässt sich auch schreiben als:

$$\frac{1}{2} \cdot \rho \cdot v^2 + P = P_{ges}$$

Der Gesamtdruck P_{ges} setzt sich dabei zusammen aus

- dem **dynamischen Druck** (Staudruck) $\frac{1}{2} \cdot \rho \cdot v^2$ und
- dem statischen Druck P.

Beispiel: Die Geschwindigkeit von Flugzeugen relativ zur umgebenden Luft (Airspeed) wird durch die Messung des Staudrucks der anströmenden Luft bestimmt.

Klinik

Auch an einer **Arterienstenose** tritt mit dem Anstieg der Fließgeschwindigkeit des Bluts ein Druckabfall auf. Wegen des im folgenden Abschnitt erklärten Strömungswiderstands ist ein bestimmter Druck zur Funktion des Blutkreislaufs erforderlich. Es muss daher vor der Einengung ein entsprechend höherer Druck erzeugt werden. Eine fortgeschrittene Arteriosklerose mit daraus resultierender Stenosierung verursacht deshalb eine **Hypertonie** (Bluthochdruck).

Beispiel

Die Arbeit des Herzens (linker Ventrikel) soll abgeschätzt werden. Es werden folgende Daten zugrunde gelegt: Schlagvolumen 70 ml; systolischer Blutdruck 120 mmHg; das Schlagvolumen wird ausgeworfen innerhalb von 0,2 s; Durchmesser der Aortenklappe 2,5 cm; Dichte des Bluts 1 g/cm³.
Druck-Volumen-Arbeit:

$$W = P \cdot V = 1{,}33 \cdot 120\,\text{hPa} \cdot 70 \cdot 10^{-6}\,\text{m}^3$$
$$= 160 \cdot 10^2 \frac{\text{N}}{\text{m}^2} \cdot 70 \cdot 10^{-6}\,\text{m}^3 = 1{,}12\,\text{J}$$

Die Strömungsgeschwindigkeit des Bluts an der Aortenklappe beträgt:

$$v = \frac{\dot{V}}{A} = \frac{\Delta V}{\Delta t \cdot A} = \frac{\Delta V}{\Delta t \cdot \pi \cdot r^2}$$
$$= \frac{70 \cdot 10^{-6}\,\text{m}^3}{0{,}2\,\text{s} \cdot 3{,}14 \cdot (1{,}25 \cdot 10^{-2}\,\text{m})^2} = 0{,}71\,\text{m/s}$$

Es ist die Beschleunigungsarbeit erforderlich:

$$W = \frac{1}{2} \cdot m \cdot v^2 = \frac{1}{2} \cdot \rho \cdot V \cdot v^2$$
$$= \frac{1}{2} \cdot 1 \cdot \frac{10^{-3}\,\text{kg}}{10^{-6}\,\text{m}^3} \cdot 70 \cdot 10^{-6}\,\text{m}^3 \cdot (0{,}71\,\text{m/s})^2 = 0{,}018\,\text{J}$$

Die Druck-Volumen-Arbeit ist wesentlich größer als die Beschleunigungsarbeit. Die gesamte Arbeit ist die Summe beider Anteile. Sie beträgt in diesem Beispiel etwa 1,14 J pro Herzschlag. Wird eine Pulsfrequenz von 60 min^{-1} angenommen, erfolgt ein Herzschlag pro Sekunde. Die mechanische Herzleistung beträgt dann 1,14 W.
In der Realität muss noch der Wert des rechten Herzens hinzugezählt werden. Er beträgt etwa 20 % des Werts für die linke Herzhälfte.

2.10.4 Strömungswiderstand

In einem **realen Medium** geht Bewegungsenergie durch innere Reibung verloren. Die Reibung in Flüssigkeiten und Gasen ist geschwindigkeitsabhängig.

2.10.4.1 Laminare Strömung

Bei einer **laminaren Strömung** verhält sich das bewegte Medium wie aus einzelnen Schichten aufgebaut. Diese Schichten gleiten aneinander vorbei, ohne sich zu durchmischen. Wegen der Reibung zwischen den Schichten kann jede Schicht eine bestimmte Geschwindigkeitsdifferenz zur benachbarten Schicht nicht überschreiten.

Wird nun die Strömung einer Flüssigkeit durch ein Rohr betrachtet, so kann die am Rand liegende Flüssigkeitsschicht nur eine geringe Geschwindigkeit erreichen. Die nächste weiter innen liegende Schicht bewegt sich etwas schneller als die äußere Schicht. Das Gleiche gilt für jede weitere Schicht. Es entsteht das für eine laminare Strömung typische Geschwindigkeitsprofil mit der größten Strömungsgeschwindigkeit in der Mitte (► Abb. 2.18).

Dieses Geschwindigkeitsprofil lässt sich auch an jedem Fluss beobachten: Direkt am Ufer ist nur eine leichte Bewegung des Wassers zu spüren, während es in der Flussmitte unter Umständen kaum möglich wäre, gegen die Strömung anzuschwimmen.

Für eine ideale, reibungsfreie Strömung wäre entlang eines Rohrs konstanten Durchmessers nach der Bernoulli-Gleichung der Druck überall gleich. Wegen des durch Reibung auftretenden Energieverlusts nimmt der Druck entlang des Rohrs kontinuierlich ab.

Zwischen beiden Enden des Rohrs besteht eine Druckdifferenz ΔP.

Die Volumenstromstärke I einer Strömung ist zu dem Druckunterschied ΔP proportional. Es lässt sich für das Rohr ein **Strömungswiderstand** R definieren als:

$$R = \frac{\Delta P}{I}$$

Dieser Ausdruck wird hier analog zum Widerstand in der Elektrizitätslehre (► Kap. 5.6.2.1) als **Ohm-Gesetz** bezeichnet.

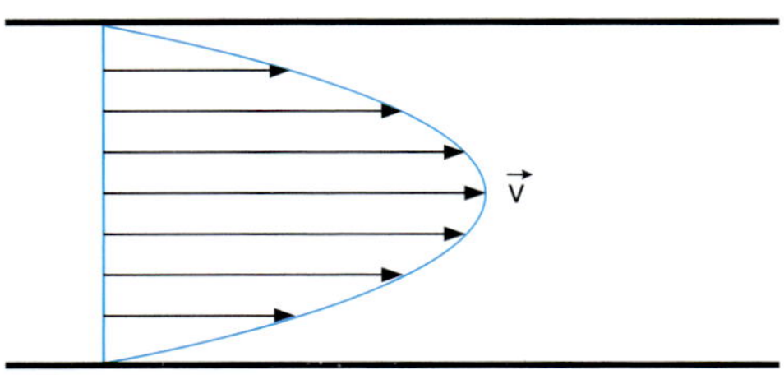

Abb. 2.18 Geschwindigkeitsprofil einer laminaren Strömung.

Lerntipp

Die Formel für den Strömungswiderstand kann gut auf den menschlichen Kreislauf übertragen werden: ΔP = Blutdruck; I = Volumenstärke (oder Herzzeitvolumen); R = Gefäßwiderstand. Bei erhöhtem Gefäßwiderstand steigt bei gleichbleibendem Herzzeitvolumen der intravaskuläre Blutdruck.

Der **Leitwert** L eines Rohrs ist der Kehrwert des Widerstands: $L = 1/R$.

Für eine laminare Strömung in einem zylindrischen Rohr mit dem Durchmesser r und der Länge l gibt das **Gesetz von Hagen-Poiseuille** den Strömungswiderstand an:

$$R = \frac{8 \cdot \eta \cdot l}{\pi \cdot r^4}$$

Merke

Besonders zu beachten ist die Abhängigkeit des Strömungswiderstands von der 4. Potenz des Radius:

$$R \approx \frac{1}{r^4}$$

Ändert sich der Radius um den Faktor 2, so verändert sich der Strömungswiderstand um den Faktor 16. So führen z. B. schon geringe Einengungen eines Gefäßdurchmessers zu einer spürbar reduzierten Durchblutung.

Beispiel

Der Durchmesser eines Blutgefäßes sei durch Arteriosklerose um 5 % verringert. Es soll geschätzt werden, um welchen Prozentsatz sich der Strömungswiderstand des Gefäßes verändert.

Für kleine Änderungen kann aus der Binomialentwicklung die Näherung $(1 \pm x)^n \approx 1 \pm n \cdot x$ angewendet werden:

$$(1+0{,}05)^4 \approx 1+4\cdot 0{,}05 = 1+0{,}2 = 1{,}2$$

Der Strömungswiderstand steigt um etwa 20 %.

Eine genaue Rechnung ergibt mit $1{,}05^4 = 1{,}216$ eine Änderung um 21,6 %.

Lerntipp

Das Gesetz von Hagen-Poiseuille scheint ein absoluter Liebling des IMPP zu sein, da es in fast jedem Examen gefragt wird. Einmal verstanden, bleiben bei der Hämodynamik des Menschen keine Fragen mehr offen! Besonders wichtig ist die Abhängigkeit des Strömungswiderstands zur 4. Potenz des Radius bzw. Durchmessers. Merken Sie sich die Abschätzung im Beispiel: Die prozentuale Änderung des Radius des Blutgefäßes mal 4 ergibt in etwa die prozentuale Änderung des Strömungswiderstands.

Die Größe η (eta) ist ein Maß für die „Zähigkeit" eines Mediums, sie wird als **dynamische Viskosität** bezeichnet. Die SI-Einheit der Viskosität ist Pa · s. Gelegentlich findet sich in der Literatur noch die ältere Einheit **Poise (P)**: 1 Pa · s = 10 P. Häufig wird auch der Begriff Fluidität verwendet, eine umgangssprachliche Übersetzung des Begriffs wäre „Fließfähigkeit". Die **Fluidität** ist der Kehrwert der Viskosität, ihre Einheit ist $(\mathrm{Pa} \cdot \mathrm{s})^{-1}$. Die Viskosität eines Stoffs ist temperaturabhängig, sie nimmt mit steigender Temperatur ab.
Im Gesetz von Hagen-Poiseuille ist die Viskosität eine Konstante, sie ist unabhängig von Druck und Strömungsgeschwindigkeit. Eine Flüssigkeit, auf die diese Voraussetzungen zutreffen, wird **Newton-Flüssigkeit** genannt.

Merke

Das Gesetz von Hagen-Poiseuille gilt nur für laminare Strömungen von Newton-Flüssigkeiten durch ein starres Rohr (r = const.).

Klinik

Die **Fluiddynamik des menschlichen Blutkreislaufs** wird in der Physiologie mithilfe des Hagen-Poiseuille-Gesetzes beschrieben. Streng genommen kann es sich jedoch stets nur um eine Näherung handeln, denn das Blut ist eine Nicht-Newton-Flüssigkeit. Bei langsamer Strömung nimmt die Viskosität des Bluts stark zu.

2.10.4.2 Turbulente Strömung

Eine **turbulente Strömung** entsteht, wenn sich Wirbel bilden, d. h., die Schichten des strömenden Mediums gleiten nicht mehr störungsfrei aneinander vorbei. Turbulenzen bilden sich an Verzweigungen, scharfen Biegungen oder Unebenheiten der Rohrwand und erhöhen den Strömungswiderstand. Bei gleicher Druckdifferenz ist die Volumenstromstärke einer turbulenten Strömung immer geringer als die einer laminaren Strömung.
Einen Hinweis auf den Strömungszustand gibt die **Reynolds-Zahl** *Re*. Sie ist dimensionslos, für ein gerades zylindrisches Rohr der Länge l beträgt sie:

$$Re = \frac{l \cdot v \cdot \rho}{\eta}$$

Darin ist v die mittlere Geschwindigkeit der Strömung. Für den Quotienten aus der dynamischen Viskosität und der Dichte des Mediums wird die **kinematische Viskosität** ν eingeführt:

$$\nu = \frac{\eta}{\rho}$$

Die Einheit der kinematischen Viskosität ist m^2/s. Mit der kinematischen Viskosität kann die Reynolds-Zahl ausgedrückt werden als:

$$Re = \frac{l \cdot v}{\nu}$$

Lerntipp

In Examensfragen wird im Zusammenhang mit der Reynolds-Zahl oft auch von einer „kritischen Strömungsgeschwindigkeit" gesprochen, da ab dieser Geschwindigkeit aus einer laminaren Strömung eine turbulente Strömung wird.

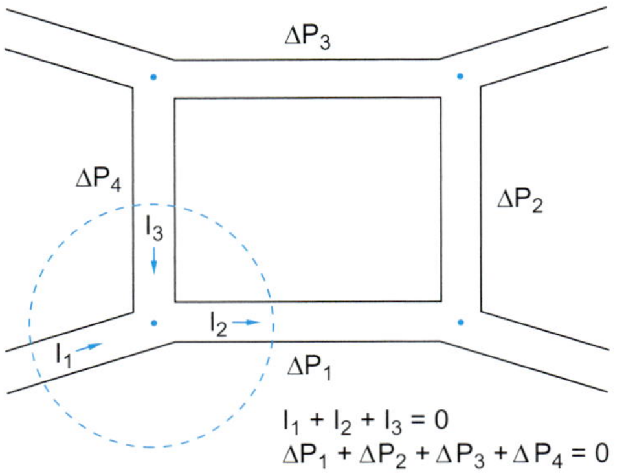

Abb. 2.19 Netzwerk verzweigter Kapillaren und Kirchhoff-Regeln.

2.10.5 Kirchhoff-Gesetze

Eine Strömung durch ein Netzwerk verzweigter Röhren bzw. Kapillaren (► Abb. 2.19) lässt sich mit Hilfe der **Kirchhoff-Gesetze** analysieren. Sie geben zwei Regeln an:

- **Knotenregel:** Die Summe der in eine Verzweigung ein- und ausfließenden Ströme ist gleich null:

$$\sum_i I_i = 0$$

  Bei der Knotenregel handelt es sich um eine Kontinuitätsbedingung: Jedes Teilchen, das in eine Verzweigung hineinfließt, muss diese an einer anderen Stelle auch wieder verlassen.
- **Maschenregel:** In einem geschlossenen Umlauf addieren sich die Druckgefälle zu null:

$$\sum_i \Delta P_i = 0$$

  Für die Maschenregel ist die Richtung des Umlaufs beliebig. Wird Druck erzeugt, etwa durch eine Pumpe, wird dieser Beitrag als negativ gezählt.

Die Kirchhoff-Regeln lassen sich in gleicher Weise auch auf den elektrischen Stromkreis anwenden. Ebenso wie in der Elektrizitätslehre der Gesamtwiderstand bei Reihen- und Parallelschaltung von Widerständen ermittelt wird (► Kap. 5.6.5), kann auch bei entsprechender Anordnung mehrerer Kapillaren der Strömungswiderstand berechnet werden:

- **Reihenschaltung** (Serienschaltung, Hintereinanderschaltung): Die Widerstände der einzelnen Kapillaren addieren sich:

$$R_{ges.} = R_1 + R_2 + R_3 + \dots$$

- **Parallelschaltung:** Es addieren sich die Leitwerte der Kapillaren:

$$L_{ges.} = L_1 + L_2 + L_3 + \dots$$

  Werden anstelle der Leitwerte die Widerstände eingesetzt, folgt:

$$\frac{1}{R_{ges.}} = \frac{1}{R_1} + \frac{1}{R_2} + \frac{1}{R_3} + \dots$$

Lerntipp

Die Kirchhoff-Regeln finden in der Physiologie bei Verzweigungen und Netzwerken von Blutgefäßen Anwendung. Sie begegnen Ihnen aber auch in der Elektrizitätslehre bei verzweigten Schaltungen.

Struktur der Materie

03

IMPP-Hits

- Das Atom (► Kap. 3.2.1)
- Elemente und Isotope (► Kap. 3.2.2)

3.1 Wegweiser

Alle uns bekannten Stoffe sind aus kleinsten Teilchen aufgebaut. Es sind etwa 112 chemische Elemente bekannt. Sie sind aus **Atomen** aufgebaut (► Kap. 3.2). Atome können sich zu **Molekülen** verbinden. Moleküle sind die kleinsten Bestandteile einer chemischen Verbindung. Diese können in verschiedenen Aggregatzuständen (fest, flüssig, gasförmig) vorliegen (► Kap. 3.3).

3.2 Aufbau der Atome und Atomkerne

3.2.1 Das Atom

Der Begriff **Atom** vom griechischen atomos für „das Unteilbare" wurde im 5. Jahrhundert v. Chr. von den Philosophen Demokrit und Leukipp geprägt.
Heute ist bekannt, dass das Atom aus noch kleineren **Elementarteilchen** besteht: aus **Neutronen, Protonen** und **Elektronen** (► Tab. 3.1). Protonen und Elektronen sind elektrisch geladen. Sie tragen die **Elementarladung** $e = 1{,}6 \cdot 10^{-19}$ Coulomb (C). Dies ist der kleinste mögliche Betrag einer elektrischen Ladung.
Alle Ladungen sind Vielfache der Elementarladung:

$$Q = n \cdot e$$

Proton und Neutron haben ungefähr die gleiche Masse. Sie sind etwa 2.000-mal schwerer als das Elektron ($m_p/m_e = 1.836$).
Protonen und Neutronen werden als **Nukleonen** bezeichnet, denn sie bilden den Kern (Nukleus) des Atoms. Die Elektronen bewegen sich um den Kern herum. Einen groben Vergleich hierzu bildet die Bewegung der Planeten um die Sonne. Die möglichen Aufenthaltsorte der Elektronen bilden die **Elektronenhülle** des Atoms.

Merke

Nahezu die gesamte Masse des Atoms ist in seinem Kern konzentriert. Die Masse der Elektronen kann demgegenüber vernachlässigt werden. Die Elektronenhülle ist aber wesentlich größer als der Atomkern, d.h., das Atom besteht zum größten Teil aus leerem Raum. Die Durchmesser der Atomkerne liegen im Bereich von Femtometern (10^{-15} m), während typische Atomdurchmesser in der Größenordnung von 10^{-10} m liegen.

Konstruierte man das maßstabgerechte Modell eines Atoms, in dem der Kern die Größe eines Stecknadelkopfs hätte (Durchmesser 1 mm), so müsste der Durchmesser des gesamten Atoms $10^{-3}\,\text{m} \cdot 10^5 = 10^2\,\text{m} = 100$ m betragen.
Die moderne Teilchenphysik zeigt, dass Protonen und Neutronen aus weiteren Teilchen aufgebaut

Tab. 3.1 Bausteine des Atoms		
	Ladung/C	Masse/kg
Elektron	$-1{,}6 \cdot 10^{-19}$	$9{,}1093897 \cdot 10^{-31} \approx 9{,}1 \cdot 10^{-31}$
Proton	$+1{,}6 \cdot 10^{-19}$	$1{,}6726231 \cdot 10^{-27} \approx 1{,}67 \cdot 10^{-27}$
Neutron	0	$1{,}6749286 \cdot 10^{-27} \approx 1{,}67 \cdot 10^{-27}$

sind. In der Hochenergiephysik wurden inzwischen über 200 verschiedene **subatomare Teilchen** gefunden. Auf diese speziellen Themen soll aber hier nicht weiter eingegangen werden.

3.2.2 Elemente und Isotope

Die Zahl der Protonen legt das jeweilige **chemische Element** fest. Im Periodensystem der Elemente entspricht die **Ordnungszahl** der Protonenzahl der Atome des Elements.

Die Masse des Atoms wird durch die Zahl der Nukleonen (d. h. Protonen und Neutronen) bestimmt. Die Nukleonenzahl heißt deshalb auch **Massenzahl**.

Ein durch Ordnungszahl und Massenzahl spezifizierter Kern wird als **Nuklid** bezeichnet. Die Schreibweise für ein Nuklid lautet:

$$^{\text{Nukleonenzahl}}_{\text{Protonenzahl}}\text{Elementsymbol}$$

Beispiele: $^{14}_{6}C$, $^{16}_{8}O$.

Das Element wird bereits durch das zugehörige **Elementsymbol** beschrieben, deshalb kann die Angabe der Ordnungszahl entfallen:

$$^{\text{Nukleonenzahl}}\text{Elementsymbol}$$

Beispiele: ^{14}C, ^{16}O.

Bei gleicher Protonenzahl existieren verschiedene Nuklide mit unterschiedlicher Neutronenzahl. Diese werden **Isotope** des Elements genannt, abgeleitet vom griechischen isos topos für „am gleichen Ort". So besitzt Wasserstoff drei Isotope: ^{1}H (Wasserstoff), ^{2}H (Deuterium, „schwerer Wasserstoff") und ^{3}H (Tritium, „überschwerer Wasserstoff").

Merke

Von allen Elementen sind Isotope bekannt. Die Isotope eines Elements haben die gleichen chemischen Eigenschaften, deshalb sind sie im Periodensystem auch am gleichen Ort zusammengefasst, sie unterscheiden sich jedoch in ihren physikalischen Eigenschaften. Man unterscheidet zwischen **stabilen** und **radioaktiven** Isotopen; Letztere zerfallen in einer für sie charakteristischen Halbwertszeit (► Kap. 8.2.1).

Für die jeweiligen Isotope existieren in der Regel keine eigenen Bezeichnungen (mit Ausnahme der zuvor genannten Wasserstoffisotope), sie werden lediglich durch die Angabe von Elementsymbol und Nukleonenzahl klassifiziert.

Lerntipp

Das Elementsymbol ändert sich nur, wenn sich die Protonenzahl ändert, nicht aber, wenn sich die Nukleonenzahl ändert. Dann sind es Isotope des gleichen Elements. Beachten Sie, dass sich die Nukleonenzahl aus der Anzahl von Protonen und Neutronen zusammensetzt. Häufig wird – auch in der Chemie – nach der Anzahl der Neutronen gefragt, die mit Hilfe der Nukleonen- und Protonenzahl ausgerechnet werden kann.

Klinik

Die Unterschiede in den physikalischen Eigenschaften der Isotope macht sich die **Nuklearmedizin** zunutze. Die Applikation radioaktiver Isotope ermöglicht die Funktionsdiagnostik einzelner Organe oder sogar das Nachverfolgen einzelner Stoffwechselschritte. Alle Isotope eines Elements werden vom Stoffwechsel in gleicher Weise behandelt. So sammelt sich **Iod** z. B. in der Schilddrüse an. Wird dem Patienten ein radioaktives Iodisotop verabreicht, kann dessen Strahlung von außen registriert werden. Bei Gewebeveränderungen kann somit zwischen stoffwechselaktiven Bereichen, den so genannten „heißen Knoten", und stoffwechselinaktiven Bereichen, den „kalten Knoten", unterschieden werden.

Wegen der geringeren Strahlenbelastung werden allerdings heute bei der Funktionsdiagnostik der Schilddrüse anstelle von radioaktivem Iod mit **Technetium** (► Kap. 8.2.3) markierte Pharmaka verabreicht.

Die Angabe der Masse der Atome in Kilogramm führt wegen der kleinen Zahlen und der notwendigen Zehnerpotenzschreibweise zu unanschaulichen und schlecht zu merkenden Werten. Deshalb wird die Masse häufig als **relative Atommasse** in

Vielfachen der Einheit u (unit) angegeben. 1 u ist definiert als ¹⁄₁₂ der Masse des Kohlenstoff-12-Isotops.
Alle natürlichen Elemente sind Isotopengemische. Die Massenzahlen des Periodensystems geben die durchschnittliche Masse des Gemischs an, sie sind deshalb keine ganzen Zahlen.

Merke

Die relative Masse eines Stoffs und seine molare Masse sind über die **Avogadro-Zahl** N_A (auch: Avogadro-Konstante) verknüpft: Ein Mol eines Stoffs enthält immer $6{,}022 \cdot 10^{23}$ Teilchen.
Die Molmasse des Stoffs, angegeben in Gramm besitzt den gleichen Zahlenwert wie die relative Masse eines Atoms bzw. Moleküls dieses Stoffs in u.

Die Masse eines Atoms ist kleiner als die Summe der Massen seiner Elementarteilchen: Es wird ein **Massendefekt** beobachtet. Nach der bekannten Formel:

$$E = m \cdot c^2$$

(E: Energie, c: Lichtgeschwindigkeit) sind Masse und Energie einander äquivalent. Beide können prinzipiell ineinander umgewandelt werden. Die beim Massendefekt fehlende Masse wurde in die **Bindungsenergie des Atoms** umgewandelt. Diese Energie muss aufgebracht werden, um das Atom wieder in seine Bestandteile zu zerlegen.
Die Bindungsenergie pro Nukleon ist bei mittelschweren Elementen am höchsten. Es kann Energie gewonnen werden, indem schwere Atomkerne gespalten oder leichte Elemente zu mittelschweren fusioniert werden.

3.2.3 Die Elektronenhülle

Der Vergleich der Elektronenbahnen mit den Bahnen der Planeten um die Sonne liefert zwar eine erste anschauliche Vorstellung der Verhältnisse in der Elektronenhülle, stellt aber nur eine sehr grobe Näherung dar. Im **Bohr-Atommodell** bewegt sich ein Elektron bei Energieaufnahme von einer inneren auf eine weiter außen gelegene Schale. Das Elektron kann aber nur bestimmte, so genannte **diskrete Energiezustände** einnehmen. Es existiert daher kein Zwischenzustand zu den unterschiedlichen Elektronenbahnen. Die Elektronen „springen" von einer Bahn auf eine andere. Bei Energieabgabe „fällt" das Elektron von einer äußeren auf eine innere Bahn.
Detailliertere Modelle zeigen, dass sich das Elektron – im Gegensatz zur ebenen Planetenbahn – in einer bestimmten Entfernung vom Atomkern in allen drei Dimensionen bewegen kann. Sein Aufenthaltsort liegt auf einer **Schale** um den Atomkern.
Die Elektronenhülle ist aus mehreren solcher Schalen aufgebaut. Jede Schale hat Plätze für mehrere Elektronen. Die einzelnen Plätze entsprechen etwas unterschiedlichen Energiezuständen des Elektrons. Es wird zuerst die innerste Schale mit zwei Elektronen besetzt, dann werden nacheinander die äußeren Schalen belegt.
Darüber hinaus sagt das **Pauli-Prinzip**: Es können keine zwei Elektronen den gleichen Energiezustand bzw. den gleichen Bindungsplatz in der Elektronenhülle einnehmen.
Anschaulich lässt sich die Besetzung der Elektronenhülle mit der Ausgabe von nummerierten Theaterkarten vergleichen: Die Reihen werden nacheinander besetzt und die gleiche Nummer kann nicht mehrfach vergeben werden.
Die **chemische Bindung** zwischen Atomen beruht auf Wechselwirkungen der Elektronenhüllen. Daran nehmen nur die Elektronen auf der jeweils äußersten Schale teil. Diese werden als **Valenzelektronen** bezeichnet. Ein energetisch besonders günstiger und damit stabiler Zustand ist erreicht, wenn die äußere Schale mit acht Elektronen besetzt ist. Dies ist die so genannte **Edelgaskonfiguration**. Eine Ausnahme bilden die beiden ersten Elemente des Periodensystems, Wasserstoff und Helium. Die erste Schale besitzt nur Plätze für zwei Elektronen. Dem Wasserstoffatom fehlt daher nur noch ein Elektron zum Erreichen der Edelgaskonfiguration. Helium hat mit zwei Elektronen seine äußere Schale bereits abgeschlossen und gehört damit zur Gruppe der Edelgase.
Die Kenntnis des Aufbaus und der Wechselwirkungen der Elektronenhülle ist für das Verständnis der chemischen Bindung unerlässlich.
Das Atom besitzt in der Hülle die gleiche Anzahl von Elektronen wie Protonen in seinem Kern. Daher ist das Atom nach außen hin elektrisch neutral. Das Atom kann aber Elektronen abgeben oder zusätzliche Elektronen aufnehmen. Es ist dann nicht mehr elektrisch neutral und wird als **Ion** bezeichnet. Die **Ionisierungsenergie** eines Atoms ist der

Energiebetrag, der notwendig ist, um ein Elektron aus dem Atom zu entfernen.

Lerntipp

Die Kenntnis des Aufbaus des Atoms und der Struktur seiner Elektronenhülle ist wichtige Grundlage für die Chemie. Das Thema Isotope begegnet Ihnen später wieder in der Radiologie und Nuklearmedizin.

3.3 Aggregatzustände der Materie

Festkörper, Flüssigkeiten und Gase sind makroskopische Erscheinungsformen der Materie. Fest, flüssig oder gasförmig ist der **Aggregatzustand** eines Stoffs. Der Aggregatzustand wird auch als **Phase** eines Stoffs bezeichnet. Der Begriff der Phase ist jedoch umfassender, er bezeichnet einen Bereich, in dem sich die Stoffeigenschaften nicht sprunghaft ändern. So bilden Wasser und Öl zwei flüssige, voneinander getrennte Phasen.

3.3.1 Festkörper

Festkörper nehmen eine definierte äußere Form ein, die sie ohne Wirkung einer Kraft nicht ändern. Es lassen sich Festköper kristalliner und amorpher Struktur unterscheiden:

- In einem **kristallinen Festkörper** sind die einzelnen Bausteine (Atome oder Moleküle) in einer regelmäßigen Gitterstruktur angeordnet. Der Aufbau der meisten Kristalle ist entlang den unterschiedlichen Raumrichtungen verschieden, die Kristallstruktur ist **anisotrop**. Ein Kristall ist durch regelmäßige geometrische Flächen begrenzt. Die meisten Festkörper sind **polykristallin**, d. h., sie bestehen aus vielen kleinen Kristallen. Größere **Einkristalle** finden sich in der Natur nur selten. Anschaulich denke man an Salz, dessen Kristalle die Größe kleiner Salzkörnchen haben. Durch langsames Eindampfen einer Salzlösung lassen sich größerer Einkristalle gewinnen. Die Bausteine eines Festkörpers sind durch zwischenmolekulare Bindungen in ihrer Lage fixiert und gegeneinander nicht verschiebbar. Die Teilchen können jedoch Schwingungen um ihre Ruhelage ausführen.
- **Amorphe Festkörper** zeigen keine regelmäßige Struktur. Es zeigt sich in mikroskopischen Dimensionen eine sich über mehrere Moleküldurchmesser erstreckende Nahordnung. Amorphe Stoffe ähneln einer unterkühlten Flüssigkeit. Sie haben keinen scharf definierten Schmelzpunkt. Bei Temperaturerhöhung beginnen amorphe Stoffe zu erweichen und zu fließen. Beispiele für amorphe Stoffe sind Gläser, Harze, Wachs und einige Kunststoffe.

3.3.2 Flüssigkeiten

In einer Flüssigkeit wirken zwischenmolekulare Kräfte, die die Moleküle zu einem Verband zusammenhalten. Die Moleküle bewegen sich nicht vollkommen frei, es existiert in kleinen Bereichen eine **Nahordnung**, in der Bindungskräfte zu den unmittelbar benachbarten Molekülen wirken. Die Moleküle sind jedoch gegeneinander verschiebbar. Die Flüssigkeit passt sich der Form eines äußeren Behältnisses an. In der Schwerelosigkeit würde sich eine Flüssigkeit aufgrund der Oberflächenspannung zur Kugelform zusammenziehen (► Kap. 2.9.1).

3.3.3 Gase

Gase füllen jeden ihnen zur Verfügung stehenden Raum aus. Die Abstände zwischen den Molekülen betragen ein Vielfaches der Moleküldurchmesser. Die Dichte von Gasen ist unter Normalbedingungen (1.013 hPa, 0 °C) etwa 1.000-mal geringer als die von Flüssigkeiten (► Tab. 3.2).

Zwischenmolekulare Wechselwirkungen haben nur geringe Bedeutung. Die Gasmoleküle können sich unabhängig voneinander frei bewegen. Beim so genannten **idealen Gas** werden zwischenmolekulare Kräfte und der Raum, den die Gasmoleküle selbst einnehmen, als völlig vernachlässigbar betrachtet.

Bei Temperaturerhöhung nimmt die kinetische Energie der Gasmoleküle zu. Die Summe der Stöße der Gasmoleküle gegen die Wand eines Behälters summiert sich zu einer resultierenden Kraft, so entsteht der **Gasdruck** auf die Gefäßwand.

Das Verhalten von Gasen wird in ► Kap. 4.4 noch ausführlicher beschrieben.

Tab. 3.2 Beispiele für die Dichte einiger Stoffe

Feststoffe	$\rho/10^3 \cdot kg/m^3$ (bei 20 °C)
Aluminium	2,702
Blei	11,34
Diamant	2,6
Eis (0 °C)	0,917
Eisen	6,6... 7,4
Gold	19,29
Holz (trocken)	0,4...0,8
Kupfer	8,933
Plexiglas	1,2
Silber	10,5
Flüssigkeiten	**$\rho/10^3 \cdot kg/m^3$ (bei 20 °C)**
Aceton	0,791
Benzin	0,68...0,78
Benzol	0,879
Dieselöl (leichtes Heizöl)	0,85...0,88
Erdöl	0,73...0,94
Ethanol	0,798
Glycerin	1,261
Quecksilber	13,546
Wasser (H_2O rein)	0,9982
Salzwasser (Meer)	1,01...1,03
Gase	**$\rho/kg/m^3$ (0 °C, 1.013 hPa)**
Argon	1,784
Dimethylether	2,1098
Helium	0,1785
Kohlendioxid	1,977
Kohlenmonoxid	1,250
Luft	1,2928
Sauerstoff	1,2505
Stickstoff	1,2505
Wasserstoff	0,0899
Xenon	5,897

Wärmelehre

04

IMPP-Hits

- Zustandsgleichung des idealen Gases (► Kap. 4.4.2)
- Gasgemische (► Kap. 4.4.4)
- Phasengleichgewichte (► Kap. 4.5.2)
- Transportphänomene (► Kap. 4.7.3)
- Wärmekapazität (► Kap. 4.3.1)
- Temperaturskalen (► Kap. 4.2.1)

4.1 Wegweiser

Die Temperatur ist eine makroskopisch erfassbare Größe (► Kap. 4.2), die mit der mittleren kinetischen Energie der molekularen Bausteine eines Körpers verknüpft ist. Wärme ist eine Form der Energie, die in bestimmten Grenzen in andere Energieformen umgewandelt werden kann (► Kap. 4.3). Grundlegende Zusammenhänge thermischer Prozesse werden zunächst anhand des Gaszustands dargestellt (► Kap. 4.4), daran anschließend werden Änderungen des Aggregatzustands besprochen (► Kap. 4.5).
Wärmeenergie wird durch verschiedene Mechanismen transportiert (► Kap. 4.6). Thermodynamische Effekte spielen auch bei der Mischung verschiedener Stoffe eine Rolle (► Kap. 4.7).

4.2 Temperatur

4.2.1 Temperaturskalen

Die Eigenschaften vieler Stoffe ändern sich abhängig von der Temperatur. Zur Festlegung einer **Temperaturskala** ist es sinnvoll, jederzeit einfach reproduzierbare Temperaturen als Fixpunkte zu wählen.

- Die Fixpunkte der **Celsius-Skala** sind die Temperatur des schmelzenden Eises mit 0 °C und der Siedepunkt des Wassers bei 100 °C, jeweils gemessen bei normalem Atmosphärendruck von 1.013 hPa. Bei dieser Festlegung wurde jedoch das Wasser willkürlich als Bezugssubstanz zugrunde gelegt. Auf einem von den thermischen Eigenschaften eines bestimmten Stoffs unabhängigen Fixpunkt basiert die Kelvin-Skala:

- Der **Kelvin-Skala** liegt ein universeller, von der Natur vorgegebener Fixpunkt zugrunde. Den Nullpunkt der Kelvin-Skala bildet die tiefste physikalisch mögliche Temperatur, der **absolute Nullpunkt** bei −273,15 °C. Bei tiefen Temperaturen verlangsamt sich die Temperaturschwingung der Moleküle. Am absoluten Nullpunkt würde diese Bewegung zum Stillstand kommen. Eine weitere Energieabnahme und damit eine tiefere Temperatur sind nicht möglich.

Merke

Die Celsius- und die Kelvin-Skala sind in **gleiche Intervalle** geteilt. Die Nullpunkte beider Skalen sind gegeneinander verschoben. Für die Umrechnung von Grad Celsius in Kelvin gilt:

$$T/\text{K} = T/°\text{C} + 273$$

und umgekehrt:

$$T/°\text{C} = T/\text{K} - 273$$

Für die meisten praktischen Fälle ist es ausreichend, für den absoluten Nullpunkt von dem gerundeten Wert −273 °C auszugehen. Soll die Temperatur aber auf Dezimalstellen genau angegeben werden, so müssen bei der gezeigten Umrechnung selbstverständlich ebenfalls die Dezimalen berücksichtigt werden und es muss mit 273,15 gerechnet werden.

Bei der Schreib- und Sprechweise von Temperaturangaben ist zu beachten, dass bei den Celsius-Angaben das Grad Zeichen (°) verwendet wird (gesprochen: Grad Celsius), dieses bei der Kelvin-Skala jedoch nicht verwendet wird (gesprochen: Kelvin).

Die Temperatur in Kelvin wird auch als **thermodynamische Temperatur** bezeichnet, sie ist eine Basisgröße im internationalen Einheitensystem.

Merke

In allen physikalischen Gesetzen und Gleichungen müssen daher bei Berechnungen die Temperaturen in Kelvin eingesetzt werden.

Eine Ausnahme kann bei der Angabe von Temperaturdifferenzen gemacht werden, denn wegen der gleichen Skalierung ergeben sich für Differenzen auf der Celsius- und der Kelvin-Skala die gleichen Zahlenwerte, z. B.:

$$\Delta T = 39\,°\text{C} - 37\,°\text{C} = 312\,\text{K} - 310\,\text{K} = 2\,\text{K}$$

4.2.2 Temperaturabhängige Stoffeigenschaften

Alle Stoffeigenschaften, die sich abhängig von der Temperatur ändern, sind prinzipiell zur Temperaturbestimmung geeignet. Einige dieser Eigenschaften sind nachfolgend kurz beschrieben.

4.2.2.1 Längenausdehnung

Die lineare Ausdehnung eines festen Körpers der Länge l_0 beträgt bei einer Temperaturerhöhung um ΔT:

$$\Delta l = \alpha \cdot l_0 \cdot \Delta T$$

Die materialspezifische Größe α ist der **Längenausdehnungskoeffizient** oder lineare Ausdehnungskoeffizient. Seine Einheit ist K^{-1}. Für nicht zu große Temperaturänderungen kann α als Konstante betrachtet werden. Über größere Temperaturbereiche hinweg ist für die meisten Stoffe der Ausdehnungskoeffizient selbst wieder temperaturabhängig.

Anstelle des Zuwachses kann auch die neue Länge des Körpers angegeben werden:

$$l = l_0 + \Delta l = l_0 \cdot (1 + \alpha \cdot \Delta T)$$

Werden zwei Streifen verschiedener Metalle mit unterschiedlichen linearen Ausdehnungskoeffizienten miteinander verbunden, erhält man einen so genannten **Bimetallstreifen**, der sich bei Temperaturänderung verbiegt. Wenn der Streifen bei der Verbiegung einen elektrischen Stromkreis öffnet oder schließt, lässt sich auf diese Weise eine temperaturabhängige Regelung konstruieren.

4.2.2.2 Volumenausdehnung

Eine Längenausdehnung erfolgt in alle drei Raumrichtungen, deshalb vergrößert sich bei Temperaturerhöhung um ΔT das Volumen um ΔV:

$$\Delta V = \gamma \cdot V_0 \cdot \Delta T$$

γ ist der **Volumenausdehnungskoeffizient** oder kubische Ausdehnungskoeffizient. Seine Einheit ist ebenfalls K^{-1}.
Der Volumenausdehnungskoeffizient von Flüssigkeiten variiert im Allgemeinen stärker mit der Temperatur als der von Festkörpern. Eine vergleichsweise geringe Variation zeigt sich bei Quecksilber. Aus diesem Grund wird Quecksilber häufig in **Flüssigkeitsthermometern** benutzt.

4.2.2.3 Gasdruck

Bei einem idealen Gas ist der Druck proportional zur Temperatur (► Kap. 4.4.2). Der Druck eines eingeschlossenen Gasvolumens kann leicht gemessen werden. Wegen der Linearität der Temperaturabhängigkeit ist mit einem solchen **Gasthermometer** eine sehr genaue Temperaturbestimmung möglich. Theoretisch würde der Druck des Messgases bis zum absoluten Nullpunkt auf 0 abfallen. In der Praxis wird das Gas aber schon vorher zu einer Flüssigkeit kondensieren (► Kap. 4.5.2).

4.2.2.4 Elektrischer Widerstand

Der elektrische Widerstand eines Materials ändert sich mit der Temperatur. Die meisten Metalle sind gute elektrische Leiter. Bei ihnen erhöht sich der elektrische Widerstand mit zunehmender Temperatur.
Halbleiter sind Materialien, die den elektrischen Strom bei Raumtemperatur nur schlecht leiten. Bei Temperaturerhöhung werden zusätzliche Ladungsträger freigesetzt. Damit steigt die Leitfähigkeit und der Widerstand nimmt ab. Die bekanntesten Halbleiter sind die Metalle Germanium und Silizium (► Kap. 5.6.2.2).

4.2.2.5 Kontaktspannung

An der Verbindungsstelle verschiedener Metalle entsteht eine elektrische Spannung. Diese Kontaktspannung ist temperaturabhängig.
Diese Temperaturabhängigkeit kann ebenso wie die Änderung des elektrischen Widerstands zur Konstruktion eines **elektrischen Thermometers** benutzt werden.

Klinik

Im Inneren des menschlichen Körpers wird eine **Kerntemperatur** von 37 °C (310 K) aufrecht erhalten. Die Messung der Körpertemperatur ist ein bewährtes Diagnoseverfahren der Medizin. Traditionell wurden Quecksilberthermometer verwendet. Da bei deren Beschädigung giftiges Quecksilber austreten konnte, sind die Fieberthermometer alter Bauart heute weitgehend durch einfacher handhabbare elektrische Thermometer ersetzt.

4.3 Wärme, Wärmekapazität

4.3.1 Wärmekapazität

Wird einem Körper Energie in Form von Wärme zugeführt, erhöht sich im Allgemeinen seine Temperatur. Eine Ausnahme bildet die Änderung des Aggregatzustands. Dieser Fall soll aber nicht hier, sondern an späterer Stelle diskutiert werden (► Kap. 4.5).
Die Temperaturänderung ΔT ist proportional zur Änderung der **Wärmeenergie** ΔQ des Körpers:

$$\Delta Q = C \cdot \Delta T$$

Meist wird in der Literatur, wie es historisch üblich ist, Q als Formelzeichen für die Wärmemenge verwendet. Wärme ist aber eine unter mehreren anderen Energieformen. Es könnten daher auch die Formelzeichen W oder E benutzt werden.
Die Proportionalitätskonstante C ist die **Wärmekapazität** des Körpers. Die für eine bestimmte Temperaturerhöhung erforderliche Wärmeenergie ist abhängig von der Menge des zu erwärmenden Materials m und von spezifischen Materialeigenschaften. Beide Faktoren können separat betrachtet werden:

$$\Delta Q = c \cdot m \cdot \Delta T$$

Dabei ist c die **spezifische Wärmekapazität** oder kurz **spezifische Wärme**. Die Einheit dieser materialspezifischen Größe ist $J \cdot kg^{-1} \cdot K^{-1}$.

Merke

Früher wurde die Wärmemenge in der Einheit **Kalorie (cal)** angegeben. Zur Definition dieser Einheit wurde die Erwärmung von Wasser zugrunde gelegt. 1 cal ist die Wärmemenge, die notwendig ist, die Temperatur von 1 g Wasser um 1 °C zu erhöhen:

$$1\,\text{cal} = 4{,}184\,\text{J} \approx 4{,}2\,\text{J}$$

Der Umrechnungsfaktor entspricht der spezifischen Wärmekapazität des Wassers, diese beträgt $4{,}184\ kJ \cdot kg^{-1} \cdot K^{-1}$ bzw. gerundet $4{,}2\ J \cdot g^{-1} \cdot K^{-1}$.

Bei dem Messverfahren der **Kalorimetrie** wird eine Wärmemenge bestimmt, indem die Temperaturerhöhung eines Körpers bekannter Wärmekapazität gemessen wird.
Besonders in der Chemie wird so die bei einer Reaktion freigesetzte Energie gemessen. Dort werden stoffspezifische Kenngrößen eher auf die Stoffmenge in Mol als auf die Masse bezogen (► Kap. 1.2.3.2). Daher kann die Wärmekapazität auch als **molare Wärmekapazität** oder kurz **Molwärme** in $J \cdot mol^{-1} \cdot K^{-1}$ angegeben werden.
Die Wärmekapazität kann selbst wieder temperaturabhängig sein. Bei Temperaturerhöhung dehnt sich eine Substanz aus, es wird Arbeit gegen die zwischenmolekularen Anziehungskräfte verrichtet. Die spezifische Wärmekapazität muss abhängig von der Art der Erwärmung unterschieden werden in:

- c_P, spezifische Wärmekapazität bei konstantem Druck: Die Erwärmung erfolgt **isobar**, d.h. bei konstantem Druck. Zusätzlich zur Erhöhung der mittleren kinetischen Energie wird Arbeit gegen intermolekulare Bindungskräfte geleistet.
- c_V, spezifische Wärmekapazität bei konstantem Volumen: Die Erwärmung erfolgt **isochor**, d.h. bei konstantem Volumen. Die gesamte zugeführte Wärme dient allein der Erhöhung der kinetischen Energie der Moleküle.

Es gilt stets: $c_P > c_V$.
Bei Festkörpern und Flüssigkeiten ist der Unterschied zwischen c_P und c_V nur gering und kann in der Regel vernachlässigt werden. Bei Gasen muss diese Unterscheidung jedoch berücksichtigt werden, so ist z.B. für Luft $c_P/c_V = 1{,}4$. Der Quotient $\gamma = c_P/c_V$ ist der **Adiabatenexponent** eines Stoffs.

Beispiel

2 Liter Wasser der Temperatur $T_1 = 90$ °C werden mit 3 Liter Wasser der Temperatur $T_2 = 30$ °C gemischt. Welche Mischungstemperatur T_m stellt sich ein?
Die Wärmeenergie des Gesamtsystems bleibt erhalten:

$$c \cdot m_1 \cdot T_1 + c \cdot m_2 \cdot T_2 = c \cdot (m_1 + m_2) \cdot T_m$$

Es werden gleiche Substanzen gemischt. Die spezifische Wärme kann herausgekürzt werden. Anstelle der Masse kann vereinfachend das hierzu proportionale Volumen eingesetzt werden:

$$2\,L \cdot 90\,°C + 3\,L \cdot 30\,°C = (2\,L + 3\,L) \cdot T_m$$

$$T_m = \frac{180\,L\,°C + 90\,L\,°C}{5\,L} = \frac{270\,L\,°C}{5\,L} = 54\,°C$$

Da hier Temperaturänderungen berechnet wurden, konnte an dieser Stelle auf die Umrechnung der Temperaturen in Kelvin verzichtet werden und die Werte wurden direkt in Grad Celsius eingesetzt (► Kap. 4.2.1). Die Umrechnung von Liter in die SI-Einheit m^3 konnte ebenfalls entfallen, da sich die Volumenangaben herauskürzen.

Lerntipp

Mischungsaufgaben wie im Beispiel sind beliebte Prüfungs- oder Klausurfragen.

4.3.2 Thermodynamische Systeme

In der Thermodynamik (Wärmelehre) wird ein Teil der Umwelt, z.B. der Versuchsaufbau bei der Kalorimetrie oder ein eingeschlossenes Gasvolumen, herausgegriffen und die Zustandsänderung dieses Systems werden betrachtet.
Es werden drei Arten von thermodynamischen Systemen unterschieden:

- **Offene Systeme** können mit der Umwelt sowohl Materie als auch Energie austauschen.
- In einem **geschlossenen System** ist kein Stoffaustausch mit der Umgebung möglich. Es kann aber Wärmeenergie an die Umwelt abgegeben oder von dort aufgenommen werden.
- Ein **abgeschlossenes** oder **isoliertes System** kann weder Materie noch in irgendeiner Art von Wechselwirkung Energie mit seiner Umgebung austauschen.

Das abgeschlossene System ist thermisch von seiner Umgebung isoliert. Die vollkommene Isolation stellt jedoch einen theoretischen Idealfall dar. In der Praxis wird, selbst wenn eine Reaktion in einem Isoliergefäß abläuft, ein geringer Energieaustausch mit der Umgebung stattfinden, der aber durch geeignete Versuchsbedingungen auf vernachlässigbare Werte minimiert werden kann.

Klinik

Ein lebender Organismus wie der menschliche Körper ist ein **offenes System.** Er steht thermisch in Kontakt mit seiner Umwelt, nimmt aus dieser Materie in Form von Nährstoffen auf und gibt Stoffwechselendprodukte wieder nach außen ab.

4.3.3 Erster Hauptsatz der Wärmelehre

Der **erste Hauptsatz der Thermodynamik** formuliert die Äquivalenz von Wärme und mechanischer Arbeit. Er macht eine Aussage über die **Energieerhaltung**. Die innere Energie U eines Systems kann durch die Zufuhr von Wärmeenergie Q oder die Verrichtung mechanischer Arbeit W erhöht werden. Die Energieänderung ist die Summe aus beiden Anteilen:

$$dU = dQ + dW$$

Definitionsgemäß wird dem System zugeführte Energie **positiv**, vom System abgegebene Energie **negativ** gerechnet.

Ein Prozess, bei dem das System keine Wärmeenergie mit der Umgebung austauscht ($dQ = 0$), heißt **adiabatisch**: $dU = dW$.

Merke

Bei einem abgeschlossenen System findet überhaupt kein Energieaustausch mit seiner Umgebung statt. Aus der Energieerhaltung folgt:
Die **innere Energie** eines abgeschlossenen Systems, d. h. die Summe aus Wärme- und mechanischer Energie, ist konstant.

Anschaulich lässt sich dies bei der adiabatischen Expansion eines Gases beobachten. Es wird Arbeit gegen die zwischenmolekularen Anziehungskräfte geleistet. Da die innere Energie konstant bleibt, wird diese Energie der Wärmeenergie entnommen und das Gas kühlt sich ab (▸ Kap. 4.4.3).

4.3.4 Zweiter Hauptsatz der Wärmelehre

Die im ersten Hauptsatz der Thermodynamik formulierte Energieerhaltung beschreibt die in der Natur beobachteten Prozesse noch nicht ausreichend. So ist es vom Standpunkt der Energieerhaltung aus prinzipiell möglich, jede Energieform beliebig in eine andere umzuwandeln. Die Erfahrung zeigt jedoch, dass nicht alle diese Umwandlungen in der Natur tatsächlich auch stattfinden. Beim Abbremsen eines Fahrzeugs wird dessen Bewegungsenergie an den Bremsen durch die Reibung in Wärme umgewandelt. Es setzt sich aber kein Fahrzeug in Bewegung und gewinnt mechanische Energie ausschließlich dadurch, dass es seine Umgebung abkühlt.

Die **Umwandlung in Wärme** ist irreversibel, d. h. nicht umkehrbar. Es existieren offensichtlich Energieformen „unterschiedlicher Wertigkeit". In die „niedere Energieform" Wärme transformierte Energie kann niemals vollständig zurückgewonnen werden.

Der **zweite Hauptsatz der Thermodynamik** gibt die Richtung vor, in die ein Prozess in einem abgeschlossenen System ablaufen kann. Dieser Erfahrungssatz kann wie folgt formuliert werden: Es ist unmöglich, eine periodisch arbeitende Maschine zu konstruieren, die nichts anderes bewirkt, als mechanische Arbeit durch Abkühlung eines Wärmereservoirs zu erzeugen.

Zur mathematischen Beschreibung, in welche Richtung ein Vorgang abläuft, wird eine neue Größe eingeführt, die **Entropie** S. Zur Beschreibung eines thermodynamischen Prozesses ist die Entropieänderung von Interesse. Die Entropie wird deshalb differenziell durch ihre Änderung definiert:

$$dS = \frac{dQ}{T}$$

Allein die mathematische Formulierung führt hier nicht zu einem praktischen Verständnis des Entropiebegriffs. Anschaulich lässt sich die Entropie verstehen als der **Ordnungsgrad** eines Systems.

- Ein **reversibler** Vorgang ist immer im Gleichgewicht, er verläuft „quasistatisch". Die Entropie ändert sich nicht ($dS = 0$).
- **Irreversible** Prozesse können spontan ablaufen, die Entropie nimmt dabei stets zu ($dS > 0$).

Merke

Die „Unordnung", d. h. die Gesamtentropie des Universums, nimmt beständig zu. Es gibt keinen Vorgang, bei dem sich die Entropie verringert, ohne dass sie dafür an anderer Stelle zunimmt.

Ein unter Druck in einer Flasche „eingesperrtes" Gas befindet sich in einem vergleichsweise geordneten Zustand. Beim Öffnen der Flasche entweicht das Gas und verteilt sich in dem gesamten ihm zur Verfügung stehenden Raum. Die Unordnung und damit die Entropie wachsen. Der Vorgang ist irreversibel: Das Gas wird nicht wieder von selbst in die Flasche zurückkehren.

4.4 Gaszustand

4.4.1 Kinetische Gastheorie

Die Geschwindigkeit der Moleküle eines Gases nimmt mit steigender Temperatur zu. Die einzelnen Moleküle haben zufällig auftretende unterschiedliche Geschwindigkeiten.

Die Geschwindigkeitsverteilung, d.h. die Häufigkeit, mit der bestimmte Geschwindigkeiten auftreten, wird durch die **Maxwell-Boltzmann-Verteilung** beschrieben. ► Abb. 4.1 zeigt diese Verteilung für 2 verschiedene Temperaturen, dabei ist $T_2 > T_1$. Die Häufigkeitsverteilung ist **asymmetrisch**, sie läuft nach rechts zu hohen Geschwindigkeiten hin langsam aus. Deshalb ist die mittlere Geschwindigkeit v_m größer als die am häufigsten auftretende Geschwindigkeit, die beim Maximum der Kurve liegt. Bei steigender Temperatur wird die Verteilung flacher und breiter. Häufigster und mittlerer Wert verschieben sich zu höheren Geschwindigkeiten.

Die mittlere kinetische Energie der Moleküle ist proportional zur Temperatur:

$$E = \frac{1}{2} \cdot m \cdot v_m^2 = \frac{1}{2} \cdot f \cdot k \cdot T$$

k ist die **Boltzmann-Konstante**, $k = 1{,}38 \cdot 10^{-23}\,\mathrm{J} \cdot \mathrm{K}^{-1}$. f gibt die Anzahl der **Freiheitsgrade** der Bewegung an.

- Die Teilchen eines einatomigen Gases können sich in alle 3 Raumrichtungen bewegen, d.h., die Translationsbewegung besitzt 3 Freiheitsgrade. Die mittlere Energie eines Gasmoleküls ist demnach:

$$E = \frac{3}{2} \cdot k \cdot T$$

  Einatomig kommen stabil nur Edelgase vor.
- Alle anderen Gase verbinden sich zu Molekülen, wie z.B. H_2, N_2 oder O_2. Den Aufbau eines zweiatomigen Moleküls kann man sich wie eine Hantel vorstellen. Es kommen jetzt noch 2 Freiheitsgrade der Rotation des Moleküls senkrecht zur Richtung der Verbindungsachse der Atome hinzu. Die mittlere kinetische Energie der Moleküle beträgt daher:

$$E = \frac{5}{2} \cdot k \cdot T$$

- Soll die Energie nicht für ein einzelnes Atom oder Molekül, sondern für ein Mol eines Gases angegeben werden, muss mit der Avogadro-Konstanten N_A multipliziert werden. Die Summe der kinetischen Energien aller Teilchen in einem Mol eines Gases ist dann:

$$E = \frac{1}{2} \cdot f \cdot k \cdot N_A \cdot T = \frac{1}{2} \cdot f \cdot R \cdot T$$

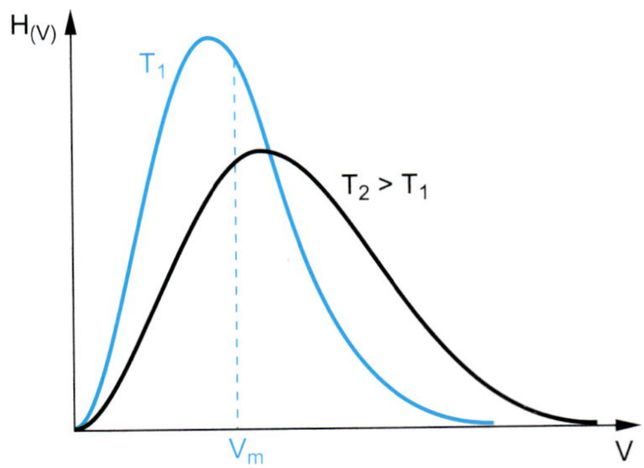

Abb. 4.1 Häufigkeitsverteilung $H_{(v)}$ der Geschwindigkeit der Moleküle eines Gases bei unterschiedlichen Temperaturen. v_m ist die mittlere Geschwindigkeit.

$R = k \cdot N_A$ ist die **universelle Gaskonstante**, sie beträgt $8{,}31\,\mathrm{J} \cdot \mathrm{mol}^{-1} \cdot \mathrm{K}^{-1}$.

4.4.2 Zustandsgleichung des idealen Gases

Der thermodynamische Zustand eines Gases wird durch die Größen Druck P, Volumen V und Temperatur T beschrieben. Diese Größen sind gegenseitig voneinander abhängig. Für ideale Gase (► Kap. 3.3.3) ist der Zusammenhang durch nachstehende **Zustandsgleichung** gegeben:

$$P \cdot V = n \cdot R \cdot T$$

Darin ist n die Stoffmenge in mol und R die universelle Gaskonstante.

Sind von den Größen P, V und T jeweils zwei bekannt, ist das System hinreichend beschrieben. Es stellt sich für den dritten Parameter der nach dem zuvor dargestellten idealen Gasgesetz berechenbare Wert ein.

Die Abhängigkeit zweier Größen kann grafisch übersichtlich dargestellt werden, wenn der Wert für die dritte Größe konstant gehalten wird. Diese speziellen Zustandsänderungen zeigt ► Abb. 4.2.

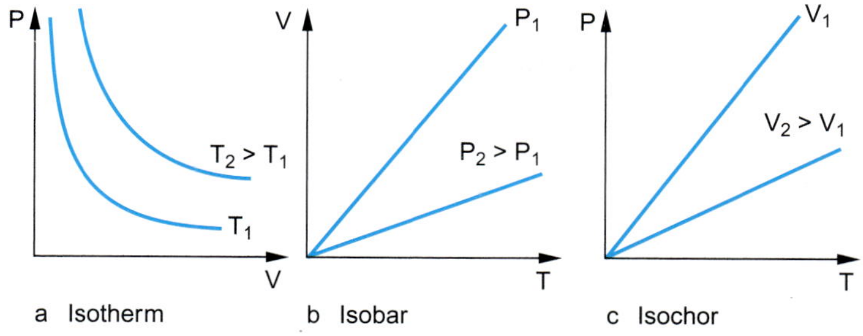

Abb. 4.2 (**a**) Isotherme, (**b**) Isobare und (**c**) Isochore eines idealen Gases.

- **Isotherme** (T = const.): Bei konstanter Temperatur ist das Produkt aus Druck und Volumen eines Gases konstant: $P \cdot V$ = const. (**Gesetz von Boyle und Mariotte**). Im *PV*-Diagramm sind die Isothermen Hyperbeln (► Abb. 4.2a).
- **Isobare** (P = const.): Bei konstantem äußerem Druck nimmt das Volumen eines Gases bei Erwärmung zu. Das Gasvolumen ist proportional zur Temperatur, die Isobaren sind im *VT*-Diagramm Geraden (► Abb. 4.2b). Die Änderung wird berechnet, indem die Zustandsgleichung für beide Temperaturen aufgestellt wird:

$$\frac{P \cdot V_1}{P \cdot V_2} = \frac{n \cdot R \cdot T_1}{n \cdot R \cdot T_2}$$

Bei der Division kürzen sich P, n und R heraus, es bleibt:

$$\frac{V_1}{V_2} = \frac{T_1}{T_2}$$ **(1. Gesetz von Gay-Lussac)**

- **Isochore** (V = const.): Wird bei konstantem Volumen die Temperatur erhöht, steigt der Druck. Dies kann bei der Erwärmung einer Gasflasche beobachtet werden. Die Berechung erfolgt wie zuvor bei den Isobaren beschrieben und ergibt:

$$\frac{P_1}{P_2} = \frac{T_1}{T_2}$$ **(2. Gesetz von Gay-Lussac)**

Im *PT*-Diagramm sind die Isochoren Geraden (► Abb. 4.2c). Die Linearität der Druck-Temperatur-Abhängigkeit wird im **Gasthermometer** zur Temperaturbestimmung benutzt.

Lerntipp

Das Verhalten von Gasen ist auch wichtiges Thema in der Physiologie. Für die meisten Fragestellungen reicht die Betrachtung idealer Gase aus.

Die Zustandsgleichung des idealen Gases spielt eine wichtige Rolle in Prüfungen.
Sie sollten die Begriffe „isobar", „isochor" und „isotherm" kennen. Besonders gerne werden in Examen auch die dazugehörigen Diagramme (► Abb. 4.2) und die daraus resultierenden Zusammenhänge abgefragt!

4.4.3 Reale Gase

Bei einem realen Gas können die Wechselwirkungen zwischen den Gasteilchen und der Raum, den die Moleküle selbst einnehmen, nicht mehr vernachlässigt werden. Das reale Gas wird durch die **Van-der-Waals-Gleichung** beschrieben:

$$\left(P + \frac{a \cdot n^2}{V^2}\right) \cdot (V - n \cdot b) = n \cdot R \cdot T$$

Gegenüber dem idealen Gas ist der innere Druck P durch die Kohäsionskräfte der Moleküle erhöht. Der für die freie Teilchenbewegung zur Verfügung stehende Raum ist um das von den Molekülen selbst beanspruchte Volumen V verringert. a und b sind stoffspezifische Werte für das jeweilige Gas.
Für großes Volumen bzw. geringe Dichte werden die Terme $(a \cdot n^2)/V^2$ und $(n \cdot b)$ immer kleiner und die Van-der-Waals-Gleichung geht in die Zustandsgleichung des idealen Gases über.
Die in ► Kap. 4.3.3 erwähnte Abkühlung eines Gases bei adiabatischer Expansion aufgrund der gegen die zwischenmolekularen Kräfte verrichteten Arbeit lässt sich nur vor dem Hintergrund eines realen Gases verstehen, denn bei der Modellvorstellung des idealen Gases werden ja gerade diese Kräfte vernachlässigt.
Tatsächlich kühlt sich ein reales Gas bei Expansion nur unterhalb einer Inversionstemperatur T_i ab. Oberhalb von T_i tritt Erwärmung auf. Für die Hauptbestandteile der Luft und auch für CO_2 liegt die Inversionstemperatur aber weit über der Raumtemperatur.

Die genaue Begründung dieses Verhaltens würde den hier vorgesehenen Rahmen überschreiten. Auf eine eingehendere Darstellung dieser und anderer Besonderheiten realer Gase wird deshalb verzichtet.

Klinik

Komprimierte Luft und andere in der Medizin verwendete Atemgase verhalten sich bei den üblichen Fülldrücken von Vorratsflaschen von bis zu 200 bar wie ideale Gase. Für Berechnungen ist deshalb die Modellvorstellung des idealen Gases vollkommen ausreichend.

4.4.4 Gasgemische

Ein **Gasgemisch** besteht aus verschiedenen Gasen. Der Gesamtdruck des Gemischs setzt sich additiv zusammen aus den Partialdrücken der einzelnen Komponenten (**Gesetz von Dalton**). Das Verhältnis des Partialdrucks P_i einer Gaskomponente zum Gesamtdruck P ist gleich dem Stoffmengenanteil dieser Komponenten:

$$\frac{P_i}{P} = \frac{n_i}{n}$$

n_i ist die Anzahl der Mole der Gaskomponente, n die Molzahl des gesamten Gemischs.

Atmosphärische Luft ist ein Gasgemisch. Die Zusammensetzung der Luft und die Partialdrücke der einzelnen Komponenten zeigt ▸ Tab. 4.1.
Stickstoff und Edelgase nehmen unter Normaldruck nicht an Stoffwechselreaktionen teil. Sie werden als **Inertgase** (inert = träge) bezeichnet.

Klinik

Der menschliche Körper nimmt bei der **Atmung** Sauerstoff auf und gibt Kohlendioxid ab. In der Ausatemluft beträgt der Sauerstoffpartialdruck nur noch etwa 0,17 bar und der CO_2-Partialdruck ist entsprechend auf 0,04 bar erhöht.
Die physiologische Wirkung eines Atemgases hängt von seinem Partialdruck ab. So zeigt der lebensnotwendige Sauerstoff bei hohen Partialdrücken eine toxische Wirkung. Ein Sauerstoffpartialdruck von etwa 3 bar führt nach kurzer Zeit zu Krämpfen und Bewusstlosigkeit.

Tab. 4.1 Zusammensetzung der Luft und Partialdrücke (Angaben für trockene Luft, gerundet)

	Volumenanteil in %	P_i/bar
Stickstoff (N_2)	78	0,78
Sauerstoff (O_2)	21	0,21
Edelgase (He, Ne, Ar, Kr)	1	0,01
Kohlendioxid (CO_2)	0,03	0,0003
Gesamt	100	1,00

Lerntipp

Zur Interpretation einer Blutgasanalyse ist das Verständnis des Gesetzes von Dalton sowie dessen praktische Umsetzung notwendig. Auf die Zusammensetzung der Luft und deren Veränderung im Blut werden Sie auch in der Physiologie der Atmung treffen.

4.4.5 Normbedingungen

Die Angabe zahlreicher stoffspezifischer Werte bezieht sich auf standardisierte Messungen unter festgelegten Umgebungsbedingungen.
Die physikalischen Normbedingungen sind:

- **STPD** – **S**tandard **T**emperature, **P**ressure, **D**ry: normaler Luftdruck P = 1.013,25 mbar (1.013,25 hPa), Temperatur T = 0 °C (273 K) und trockene Luft.

Merke

Bei diesen Standardbedingungen nimmt ein Mol eines idealen Gases stets das Volumen von 22,414 Litern ein.

In der Atemphysiologie wird darüber hinaus oft von Bedingungen ausgegangen, die den Verhältnissen im Körper näherliegen.

- **BTPS** – **B**ody **T**emperature, **P**ressure, **S**aturated: Aktueller Luftdruck, Körpertemperatur von 37 °C, wasserdampfgesättigte Luft (P_{H_2O} = 62,8 mbar).
- **ATPS** – **A**mbient **T**emperature, **P**ressure, **S**aturated: Aktuell herrschender Luftdruck und Raumtemperatur, wasserdampfgesättigte Luft, z. B. T = 20 °C, (P_{H_2O} = 23,4 mbar).

Lerntipp

Beachten Sie bei Angaben in der Physiologie immer, welche Normbedingungen zugrunde gelegt werden!

4.5 Änderung des Aggregatzustands

4.5.1 Phasendiagramm

Das Erscheinungsbild eines Stoffs in seinen verschiedenen Aggregatzuständen (► Kap. 3.3) lässt sich abhängig von Druck und Temperatur übersichtlich in einem **Phasendiagramm** darstellen. Als Beispiel zeigt ► Abb. 4.3 das Phasendiagramm von Wasser.

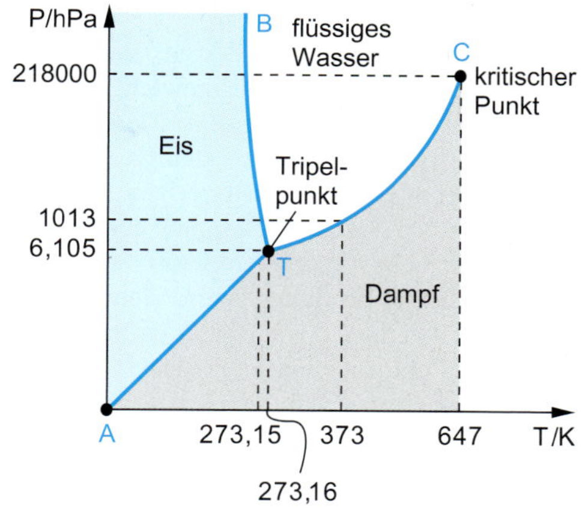

Abb. 4.3 Phasendiagramm des Wassers.

Merke

Für die Änderung des Aggregatzustands sind folgende Bezeichnungen gebräuchlich:

fest	→	flüssig:	schmelzen
flüssig	→	fest:	erstarren, gefrieren
flüssig	→	gasförmig:	verdampfen
gasförmig	→	flüssig:	kondensieren
fest	→	gasförmig:	sublimieren
gasförmig	→	fest:	resublimieren (auch: sublimieren, kondensieren)

In der alltäglichen Erfahrung bewegt man sich im Phasendiagramm auf der Parallele zur Abszisse bei P = 1.013 hPa (1,013 bar). Hier nimmt das Wasser bei Temperaturerhöhung nacheinander die Zustände fest, flüssig und gasförmig ein.

Am **Tripelpunkt** stehen alle drei Phasen eines Stoffs miteinander im Gleichgewicht, dort herrscht eine stabile Koexistenz von Festkörper (Eis), Flüssigkeit und Gas (Dampf). Für Wasser liegt der Tripelpunkt bei 273,16 K (0,01 °C) und 6,105 hPa.

Die Kurven im Phasendiagramm kennzeichnen das Gleichgewicht bei einem Phasenübergang:

- Die Kurve zwischen den Punkten T und C in ► Abb. 4.3 stellt die **Dampfdruckkurve** (Verdampfungskurve) dar. Hier stehen Dampf und Flüssigkeit im Gleichgewicht. Bei Erwärmung nimmt die Dichte der Flüssigkeit ab, die des Dampfes zu. Am **kritischen Punkt** (C) sind beide gleich und Flüssigkeit und Dampf nicht mehr unterscheidbar. Oberhalb der kritischen Temperatur kann ein Stoff nicht mehr verflüssigt werden. Für Wasser liegt die kritische Temperatur bei 647,4 K (374,4 °C).
- Die Kurve zwischen den Punkten A und T ist die **Sublimationskurve**. Bei niedrigen Drücken geht ein Stoff direkt von der festen in die Gasphase über. Beispielsweise liegt der Tripelpunkt von CO_2 bei 216,55 K (–56,45 °C) und 5.170 hPa (5,17 bar). Unterhalb dieses Drucks kann kein flüssiger Zustand existieren. Gefrorenes Kohlendioxid wird deshalb auch als **Trockeneis** bezeichnet.
- Die **Schmelzkurve** zwischen den Punkten T und B des Wassers zeigt eine Anomalie. Anders als bei den meisten anderen Substanzen nimmt die Schmelztemperatur des Wassers bei Druckerhöhung ab. Wasser zeigt auch eine **Dichteanomalie**. Die Dichte des Eises ist geringer als die von flüssigem Wasser. Wasser hat seine höchste Dichte bei einer Temperatur von 4 °C.

Klinik

Hitzeempfindlichen organischen Proben kann nicht einfach durch Erhitzen und Verdampfen das Wasser entzogen werden. Ein schonendes Verfahren ist die **Gefriertrocknung**, hier sublimiert das Eis. Der Dampf wird bei tiefen Temperaturen vom Gefriergut abgepumpt, bis alles Eis verschwunden ist.

4.5.2 Phasengleichgewichte

Entlang den Umwandlungskurven stehen zwei Phasen miteinander im **Gleichgewicht**. In einer Flüssigkeit besitzen immer einige Moleküle eine größere kinetische Energie als der Durchschnitt. Diese können den Flüssigkeitsverband verlassen und es bildet sich über der Flüssigkeit eine Gasphase. Es stellt sich ein von der Temperatur abhängiges Gleichgewicht ein, bei dem genauso viele Moleküle die Flüssigkeit verlassen wie wieder eintreten.
Wenn der Dampfdruck einer Flüssigkeit den äußeren Luftdruck erreicht, können sich auch im Inneren der Flüssigkeit Gasblasen bilden. Die Flüssigkeit beginnt zu sieden.
Wenn sich in einer reinen Flüssigkeit in einem glatten Gefäß keine Kondensationskeime für die Bildung der Gasblasen finden, kann **Siedeverzug** auftreten. Die Flüssigkeit „überhitzt" über den Siedepunkt hinaus. Die Blasenbildung setzt schlagartig ein, wodurch die Flüssigkeit meist explosionsartig aus dem Gefäß herausspritzt. In chemischen Versuchen werden deshalb kleine Kügelchen aus Glas oder Keramik, so genannte „Siedesteine", als Kondensationskeime zugegeben.
Auf die gleiche Weise kann eine Flüssigkeit auch „unterkühlen". Sie gefriert dann plötzlich bei einer Temperatur unterhalb des Gefrierpunkts.
Jede Phasenumwandlung erfordert Energie. Man spricht von der **Umwandlungswärme** (Schmelzwärme, Verdampfungswärme bzw. Sublimationswärme). Die Kristallstruktur des Festkörpers muss aufgebrochen werden bzw. es muss Arbeit gegen Kohäsionskräfte verrichtet werden. Beim Kondensieren, Erstarren oder Resublimieren wird diese Bindungsenergie wieder frei.

Klinik

Schwitzen ist eine sehr effektive Methode zur Temperaturregulation. Die zum Verdampfen des Schweißes erforderliche Umwandlungswärme wird dem Körper entzogen.
Der gleiche Effekt wird bei **Kältesprays** ausgenutzt, die zur kurzzeitigen Lokalanästhesie verwendet werden.

Wird einem Eisblock Energie in Form von Wärme zugeführt, steigt seine Temperatur zunächst bis zum Schmelzpunkt. Weitere Energiezufuhr bricht die Kristallstruktur des Eises auf. Die Temperatur steigt erst weiter, wenn alles Eis geschmolzen ist. Am Siedepunkt bleibt die Temperatur so lange konstant, bis das gesamte Wasser verdampft ist.

Beispiel

100 g Eis der Temperatur −20 °C werden in 1 L Wasser der Temperatur 90 °C geworfen. Welche Temperatur stellt sich ein?

Daten: Schmelzwärme des Eises 334 J · g^{-1}, spezifische Wärme von Eis 2,04 J · g^{-1} · K^{-1} und von Wasser 4,18 J · g^{-1} · K^{-1}.
Benötigte Energie zum Erwärmen des Eises auf 0 °C:

$$W_1 = 2{,}04\,\frac{\mathrm{J}}{\mathrm{g \cdot K}} \cdot 100\,\mathrm{g} \cdot 20\,\mathrm{K} = 4.080\,\mathrm{J}$$

Energie zum Schmelzen des Eises:

$$W_2 = 334\,\frac{\mathrm{J}}{\mathrm{g}} \cdot 100\,\mathrm{g} = 33.400\,\mathrm{J}$$

Diese Energiebeträge werden dem Wasser entzogen und führen zu einer Abkühlung um:

$$\Delta T = \frac{37.480\,\mathrm{J}}{4{,}18\,\frac{\mathrm{J}}{\mathrm{g \cdot K}} \cdot 1.000\,\mathrm{g}} \cong 9\,\mathrm{K}$$

auf $T = 81$ °C.
Nun kann wie bei der Mischung zweier Flüssigkeiten weitergerechnet werden (► Kap. 4.3.1):

$$T = \frac{100\,\mathrm{g} \cdot 0\,°\mathrm{C} + 1.000\,\mathrm{g} \cdot 81\,°\mathrm{C}}{1.100\,\mathrm{g}} = 73{,}6\,°\mathrm{C}$$

Die **Luftfeuchtigkeit** ist der von der Atmosphärenluft aufgenommene Wasserdampf.

- Die Luft kann so viel Wasserdampf aufnehmen, bis der Partialdruck gleich dem Dampfdruck des Wassers bei der entsprechenden Temperatur ist. Dann ist die Luft gesättigt, dies ist die **maximale** Luftfeuchtigkeit f_{max}. Sinkt nun die Temperatur, beginnt der Dampf zu kondensieren bzw. bei Temperaturen unterhalb des Gefrierpunkts Eiskristalle zu bilden.
- Die **absolute** Luftfeuchtigkeit f_{abs} wird als Wasserdampfpartialdruck in gebräuchlichen Druckeinheiten oder als Stoffmenge pro Volumeneinheit in g/m^3 angegeben.
- Bei der **relativen** Luftfeuchtigkeit f_{rel} wird der Absolutwert in Relation zum Maximalwert bei der jeweiligen Temperatur gesetzt. Die Angabe erfolgt als reine Zahl oder in Prozent:

$$f_{rel} = \frac{f_{abs}}{f_{max}}$$

Geräte zur Bestimmung der relativen Luftfeuchtigkeit heißen **Hygrometer**.

Klinik

Bei wasserdampfgesättigter Umgebungsluft kann der Schweiß auf der Haut nicht mehr verdunsten. Eine hohe Luftfeuchtigkeit beeinträchtigt die Wärmeabgabe des Körpers.
Eine relative Luftfeuchtigkeit von 40–70 % wird allgemein als normal und angenehm empfunden.

4.6 Wärmetransport

Wärme kann durch die Transportphänomene Wärmeleitung, Konvektion oder Strahlung übertragen werden, die im Folgenden besprochen werden.

4.6.1 Wärmeleitung

Innerhalb eines Festkörpers wird die Energie durch Stöße von einem Molekül zum nächsten übertragen. Auf diese Weise findet ein Temperaturausgleich statt.
Wird ein Stab an einem Ende auf einer hohen und am anderen Ende auf einer tiefen Temperatur gehalten, stellt sich ein konstanter Wärmestrom von der heißen zur kalten Seite ein. Es lässt sich ein **Wärmestrom** I definieren als pro Zeiteinheit transportierte Wärmemenge:

$$I = \frac{dQ}{dt}$$

Der Wärmestrom ist abhängig vom Temperaturgefälle entlang des Stabs dT/dx, seiner Querschnittsfläche A und der Wärmeleitfähigkeit λ des Materials:

$$I = \frac{dQ}{dt} = \lambda \cdot A \cdot \frac{dT}{dx}$$

λ hat die Einheit $W \cdot m^{-1} \cdot K^{-1}$. Für einen homogenen Stab kann dT/dx durch die Temperaturdifferenz an den Enden des Stabs geteilt durch seine Länge l ersetzt werden:

$$I = \frac{dQ}{dt} = \lambda \cdot A \cdot \frac{T_2 - T_1}{l}$$

Wird dieser Ausdruck umgestellt in

$$\Delta T = \frac{l}{\lambda \cdot A} \cdot I$$

so ist die Formulierung äquivalent zum Ohm-Gesetz, das bereits zuvor für eine Flüssigkeitsströmung aufgestellt wurde (▸ Kap. 2.10.4.1) und das auch den elektrischen Widerstand beschreibt (▸ Kap. 5.6.2.1). Der **Wärmewiderstand** R des Stabs ist:

$$R = \frac{l}{\lambda \cdot A}$$

Wird der Wärmestrom auf die Querschnittsfläche des Stabs bezogen, ergibt sich die **Wärmestromdichte** j als

$$j = \frac{dQ}{A \cdot dt} = \lambda \cdot \frac{dT}{dx} = \frac{\lambda}{l} \cdot (T_2 - T_1)$$

Die Wärmestromdichte hat die Einheit W/m^2.
Metalle zeigen eine hohe Wärmeleitfähigkeit. Die Wärmeleitfähigkeit von Gasen ist dagegen gering. Dort spielt beim Wärmetransport die im nächsten Abschnitt beschriebene Konvektion eine größere Rolle.

4.6.2 Konvektion

Ein Wärmetransport durch Konvektion findet in einem beweglichen Medium statt, d. h. in Flüssigkeiten und Gasen. Bei Erwärmung dehnt sich das Medium aus und seine Dichte wird geringer. Das erwärmte Medium steigt auf und wird durch nachströmendes kälteres ersetzt.
Die Konvektion ist stets mit der Bewegung eines Gases oder einer Flüssigkeit verbunden.

Man unterscheidet zwischen

- **freier Konvektion (Thermokonvektion)**, wenn die Bewegung allein durch das Aufsteigen des wärmeren und Nachströmen des kälteren Mediums entsteht, und
- **erzwungener Konvektion,** bei der das Medium durch äußere Kräfte transportiert wird. Beispiel für eine erzwungene Konvektion ist die Flüssigkeitskühlung eines Automotors. Hier wird die Kühlflüssigkeit mit einer Pumpe durch den Kühlkreislauf befördert.

Klinik

Der **Kreislauf** dient auch der Temperaturregulation. Über die Durchblutung wird die Temperatur einzelner Körperbereiche reguliert, besonders von Haut und

Extremitäten. Das Blut wird durch das Herz angetrieben, es findet eine erzwungene Konvektion statt.

4.6.3 Strahlung

Jeder Körper, dessen Temperatur oberhalb des absoluten Nullpunkts liegt, gibt auch Wärmeenergie in Form **elektromagnetischer Strahlung** ab, die in diesem Zusammenhang auch als Temperaturstrahlung oder **Wärmestrahlung** bezeichnet wird.

Ein Körper, der sämtliche elektromagnetische Strahlung unabhängig von der Wellenlänge absorbiert, wird als **schwarzer Körper** bezeichnet. Dieser schwarze Körper bildet ein idealisiertes Modell, dessen Strahlungseigenschaften theoretisch berechnet werden können. Die Strahlungsleistung *P* eines solchen schwarzen Körpers, d. h. die Energie, die er pro Sekunde und Quadratmeter seiner Oberfläche abstrahlt, wird durch das **Gesetz von Stefan-Boltzmann** angegeben:

$$P = \sigma \cdot T^4$$

σ ist die **Stefan-Boltzmann-Konstante**, $\sigma = 5{,}67 \cdot 10^{-8}\ \mathrm{W} \cdot \mathrm{m}^{-2} \cdot \mathrm{K}^{-4}$.

Merke

Man beachte die Abhängigkeit der Strahlungsleistung zur 4. Potenz der Temperatur. Bei tiefen Temperaturen ist die Strahlungsleistung in der Regel vernachlässigbar, während der Wärmetransport durch Strahlung bei sehr hohen Temperaturen den dominierenden Effekt darstellt.

Die elektromagnetische Strahlung wird gleichzeitig in unterschiedlichen Wellenlängen emittiert (► Abb. 4.4). Das Maximum der Kurven entspricht derjenigen Wellenlänge, bei der die maximale Strahlungsleistung abgegeben wird. Das Maximum verschiebt sich bei höheren Temperaturen zu kürzeren Wellenlängen. Quantitativ drückt dies das **Wien-Verschiebungsgesetz** aus:

$$\lambda_{max} = \frac{2{,}898\ \mathrm{mm} \cdot \mathrm{K}}{\mathrm{T}}$$

Unterhalb von 600 °C erstreckt sich fast die gesamte Strahlung eines schwarzen Körpers auf Wellenlängen größer als 800 nm und ist für das menschliche Auge nicht sichtbar (► Kap. 6.5.2). Höhere

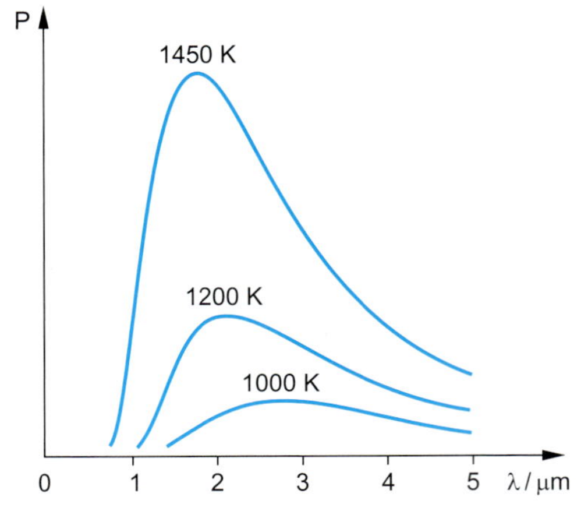

Abb. 4.4 Strahlungsleistung *P* eines schwarzen Körpers, abhängig von der Wellenlänge bei verschiedenen Temperaturen.

Temperaturen sind zunächst als Rotglut und dann als Weißglut wahrnehmbar.

Klinik

Die **Thermografie** ist die Aufnahme eines Wärmebilds, meist mit einer Infrarotkamera. In der Medizin werden aber auch wärmeempfindliche Folien auf die Körperoberfläche aufgelegt und abfotografiert. Bereiche mit gestörter Durchblutung oder erhöhter Stoffwechselaktivität sind im Wärmebild erkennbar.

4.7 Stoffgemische

4.7.1 Gas – Flüssigkeit

Gase lösen sich in Flüssigkeiten. Die Stoffmenge *n* des gelösten Gases ist proportional zum Partialdruck *P* des Gases über der Flüssigkeitsoberfläche (**Gesetz von Henry-Dalton**):

$$n = c \cdot P$$

Die Proportionalitätskonstante *c* ist abhängig von der Temperatur und der Art des Gases. Mit steigender Temperatur nimmt die Menge des gelösten Gases ab.

Die Löslichkeit eines Gases wird experimentell bestimmt. In Tabellenwerken wird für Gase oft als dimensionslose Zahl der **Bunsen-Löslichkeitskoeffizient** angegeben. Er entspricht dem Gasvolumen in cm^3, das sich in 1 cm^3 Flüssigkeit bei Normaldruck (1.013 hPa) löst. Der Löslichkeitskoeffizient ist temperaturabhängig. Im Blut beträgt der Löslichkeitskoeffizient bei 37 °C für O_2 0,024 und für CO_2 0,49.

Klinik

Im **Blutplasma** kann in gelöster Form nicht genügend Sauerstoff für die Versorgung des Organismus transportiert werden. Sauerstoff wird deshalb an das Hämoglobinmolekül gebunden und durch die Erythrozyten transportiert.
Bei der **hyperbaren Therapie** wird Sauerstoff unter erhöhtem Druck geatmet. Es wird mehr Sauerstoff gelöst und dadurch die Versorgung schlecht durchbluteter Bereiche etwas verbessert.

4.7.2 Festkörper – Flüssigkeit

Auch feste Stoffe können in Flüssigkeiten gelöst werden. Die Konzentration einer Lösung kann angegeben werden als:

- **Massenkonzentration** (Partialdichte) in g/L (SI-Einheit: kg/m³) oder als
- **Stoffmengenkonzentration** in mol/L (SI-Einheit: mol/m³). Die Stoffmengenkonzentration wird auch als **Molarität** der Lösung bezeichnet.
- Darüber hinaus ist auch eine Konzentrationsangabe in **Prozent** verbreitet, dies ist die Masse des gelösten Stoffs in Gramm pro 100 g Lösungsmittel. Bei wässrigen Lösungen entsprechen 100 g des Lösungsmittels auch 100 mL.
- Die Angabe kann auch erfolgen als Masse des gelösten Stoffs im Verhältnis zur Gesamtmasse der Lösung („**Massengehalt**") oder Molzahl des gelösten Stoffs im Verhältnis zur Gesamtmolzahl der Lösung („**Molenbruch**").

Durch Ionenbindungen gebildete Moleküle dissoziieren in wässriger Lösung. Die Moleküle zerfallen in negativ geladene Anionen und positiv geladene Kationen (▸ Kap. 5.8.2.1). Eine solche **Dissoziation** tritt bei allen Salzen auf, z. B. $NaCl \rightarrow Na^+ + Cl^-$. Die Ionen sind von Wassermolekülen umlagert, die wegen ihres polaren Aufbaus von den Ionen angezogen werden. Bei einer Bewegung durch die Lösung nehmen die Ionen diese Hydrathülle mit.

Die in der Flüssigkeit gelösten Teilchen üben eine zusätzliche Anziehungskraft auf die Moleküle der Flüssigkeit aus. Bei gleicher Temperatur können deshalb, verglichen mit dem reinen Lösungsmittel, weniger Moleküle den Flüssigkeitsverband verlassen. Der Dampfdruck der Lösung ist gegenüber dem reinen Lösungsmittel erniedrigt (▸ Abb. 4.5). Quantitativ lässt sich diese **Dampfdruckerniedrigung** ΔP durch das **Raoult-Gesetz** beschreiben:

$$\frac{\Delta P}{P} = -\frac{n_l}{n_0}$$

Merke

Die Dampfdruckerniedrigung hängt nur vom Verhältnis der Stoffmenge des gelösten Stoffs n_l zur Stoffmenge des Lösungsmittels n_0 ab und nicht von den sonstigen Eigenschaften von Stoff und Lösungsmittel.

Die Dampfdruckerniedrigung führt zu zwei Effekten:

- **Siedepunkterhöhung:** Der Dampfdruck der Lösung erreicht den Atmosphärendruck erst bei einer höheren Temperatur. Der Siedepunkt der Lösung ist gegenüber dem reinen Lösungsmittel erhöht.
- **Gefrierpunkterniedrigung:** Anderseits schneidet die Dampfdruckkurve die Sublimationskurve erst bei niedrigeren Temperaturen. Der Tripelpunkt der Lösung und die Schmelzkurve sind zu tieferen Temperaturen hin verschoben. Die Lösung besitzt einen im Vergleich zum reinen Lösungsmittel erniedrigten Gefrierpunkt. Aus diesem Grund gefriert Salzwasser erst unterhalb von 0 °C. Der Effekt der Gefrierpunktserniedrigung wird im Winter beim Streuen mit Salz ausgenutzt.

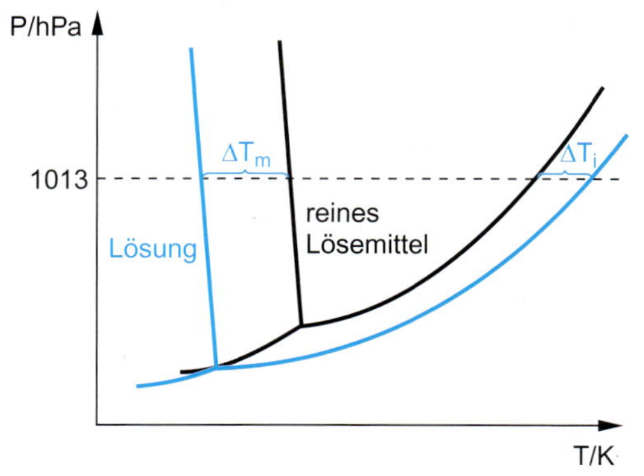

Abb. 4.5 Aus der Verschiebung der Dampfdruckkurve einer Lösung resultieren eine Siedepunkterhöhung ΔT_i und eine Gefrierpunkterniedrigung ΔT_m.

4.7.3 Transportphänomene

Konzentrationsunterschiede in einer Lösung zeigen das Bestreben, sich selbsttätig auszugleichen. Liegen in einem System die gelösten Teilchen an einer Stelle in hoher Konzentration vor, so ist das System in einem **geordneten Zustand**. Die Entropie des Systems ist vergleichsweise gering. Verteilen sich die gelösten Teilchen dagegen zufällig über einen möglichst großen Raum, ist ihre Anordnung **ungeordnet**. Nach dem zweiten Hauptsatz der Thermodynamik (▶ Kap. 4.3.4) laufen Vorgänge, bei denen sich die Unordnung und damit die Entropie erhöhen, spontan ab.

4.7.3.1 Diffusion

Durch thermische Bewegung verteilen sich gelöste Partikel in einer Lösung (▶ Abb. 4.6a). Es findet ein Transport des gelösten Stoffs entlang dem Konzentrationsgefälle vom Ort hoher zum Ort niedriger Konzentration statt.

Betrachtet man eine Fläche A senkrecht zur Bewegungsrichtung x der Teilchen, so gilt:

$$\frac{dn}{dt} = -D \cdot A \cdot \frac{dc}{dx}$$

Die Stoffmenge n, die im Zeitintervall dt durch die Fläche A diffundiert, ist proportional zum Konzentrationsgefälle dc/dx. In dieser Formulierung ähnelt das **Diffusionsgesetz** dem Ausdruck für die Wärmeleitung (▶ Kap. 4.6.1).

dn/dt beschreibt einen **Diffusionsstrom**. Wird dieser Strom auf die Querschnittsfläche A bezogen, ergibt sich eine **Diffusionsstromdichte** j und damit:

$$j = -D \cdot \frac{dc}{dx}$$

D ist der **Diffusionskoeffizient** (Diffusionskonstante) des Systems, seine Einheit ist m^2/s. Er drückt stoffspezifische Eigenschaften von gelöstem Stoff und Lösungsmittel aus. Anschaulich betrachtet wird D durch die **Reibung** bestimmt, die die Teilchen bei ihrer Bewegung durch das Lösungsmittel behindert. Der Diffusionskoeffizient ist temperaturabhängig, d. h., der Diffusionsstrom und damit die Geschwindigkeit des Konzentrationsausgleichs wachsen mit steigender Temperatur.

Mit der Zeit nimmt das Konzentrationsgefälle ab. Ist die Konzentration ausgeglichen, kommt der Diffusionsstrom zum Erliegen.

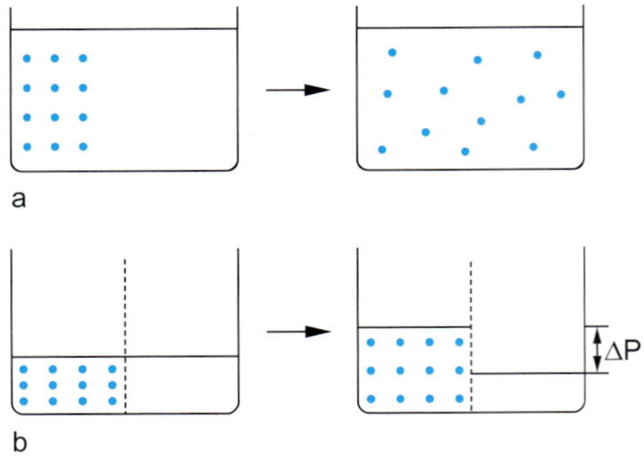

Abb. 4.6 Konzentrationsausgleich durch (**a**) Diffusion und (**b**) Osmose.

Ein Stoff kann auch durch eine Membran hindurch diffundieren. Die Durchlässigkeit einer Membran für einen bestimmten Stoff wird als **Permeabilität** bezeichnet.

4.7.3.2 Osmose

Bei der **Osmose** sind zwei Kompartimente eines Systems durch eine **semipermeable Membran** getrennt. Die Membran ist durchlässig für die Moleküle des Lösungsmittels, nicht aber für die Teilchen des gelösten Stoffs. Es findet ein Konzentrationsausgleich statt, indem das Lösungsmittel vom Bereich niedriger Konzentration durch die Membran in den Bereich höherer Konzentration hinüber diffundiert (▶ Abb. 4.6b). Dadurch entsteht im Bereich der Lösung ein Überdruck, der einen weiteren Zustrom des Lösungsmittels verhindert.

Es stellt sich der **osmotische Druck** P_{osm} ein (**Gesetz von van't Hoff**):

$$P_{osm} \cdot V = n_l \cdot R \cdot T$$

In einer hinreichend verdünnten Lösung bewegen sich die Teilchen des gelösten Stoffs wie die Moleküle eines Gases. Das van't-Hoff-Gesetz gleicht deshalb der Zustandsgleichung des idealen Gases (▶ Kap. 4.4.2). V ist das Volumen der Lösung, n_l die Stoffmenge des gelösten Stoffs, R die Gaskonstante (▶ Kap. 4.4.1) und T die Temperatur.

Der osmotische Druck ist somit gleich dem Druck, den der gelöste Stoff ausüben würde, wenn seine Teilchen im gleichen Raum und bei gleicher Temperatur als Teilchen eines idealen Gases vorlägen.

Merke

Der osmotische Druck ist abhängig von der Teilchenzahl, d. h. vom Konzentrationsunterschied zwischen beiden Kompartimenten, nicht aber von der Art des Lösungsmittels oder der gelösten Substanz.

Stoffeigenschaften spielen lediglich insofern eine Rolle, als dass das **Dissoziationsverhalten** berücksichtigt werden muss. Beispielsweise trennt sich Kochsalz in wässriger Lösung auf in Na^+ und Cl^- und erzeugt so den doppelten osmotischen Druck, als wenn es in undissoziierter Form als NaCl vorläge.

Der osmotische Druck lässt sich anschaulich in einem Experiment bestimmen. Werden in einem u-förmigen Rohr eine wässrige Zuckerlösung und reines Wasser durch eine semipermeable, d. h. für die Zuckermoleküle undurchlässige Membran getrennt, so werden aufgrund des Konzentrationsunterschieds Wassermoleküle durch die Membran in die Zuckerlösung strömen. Der osmotische Druck kann durch die Höhendifferenz der Wassersäule in den Schenkeln des Rohrs nachgewiesen werden.

Klinik

Diffusion und Osmose sind wichtige Vorgänge des **Stofftransports** in biologischen Systemen. Beide Vorgänge führen zu einem Konzentrationsausgleich und laufen selbsttätig ab. Es handelt sich um so genannte **passive Transportphänomene.**

- Im menschlichen Körper diffundieren die Atemgase durch die Wände der Alveolen.
- Aus den Kapillargefäßen diffundieren kleine Moleküle in das umliegende Gewebe. Plasmaproteine können die Kapillarwände nicht passieren. Es baut sich ein osmotischer Druck auf, der ein „Leerlaufen" des Kreislaufsystems verhindert.
- In der Medizin diffundieren bei der **Hämodialyse** (Blutwäsche) niedermolekulare Stoffe durch eine semipermeable Membran, die Zellen und Proteine zurückhält.

Daneben existieren in der Biologie auch Mechanismen eines **aktiven Transports.** Diese benötigen Energiezufuhr. Sie können entgegen einem Konzentrationsgefälle verlaufen und einen Konzentrationsunterschied weiter erhöhen.

Elektrizitätslehre

05

IMPP-Hits

- Widerstand, Ohm-Gesetz (► Kap. 5.6.2)
- Der Kondensator (► Kap. 5.7.1)
- Elektrische Leistung (► Kap. 5.6.3)
- Auf- und Entladevorgänge am Kondensator (► Kap. 5.7.3)
- Elektrische Stromstärke (► Kap. 5.5.1)
- Schaltungen von Widerständen (► Kap. 5.6.5)
- Magnetische Kraftwirkung, Lorenzkraft (► Kap. 5.10.3)

5.1 Wegweiser

Die Elektrizität mit ihrer Vielzahl von technischen Anwendungen hat das Leben des Menschen revolutioniert. Als Grundlagen der Elektrizitätslehre werden zunächst Ladungen und elektrische Felder behandelt (► Kap. 5.2), daran anschließend die Begriffe des elektrischen Potenzials und der elektrischen Spannung (► Kap. 5.3) definiert. Elektrische Spannungen treten auch an den Grenzflächen zwischen verschiedenen Medien auf (► Kap. 5.9).
Je nach Art der Materie verhält sich diese in einem elektrischen Feld unterschiedlich (► Kap. 5.4). Sie kann den Strom (► Kap. 5.5) auf verschiedene Weise leiten (► Kap. 5.8).
Der elektrische Stromkreis mit einigen Schaltungsbeispielen wird besprochen (► Kap. 5.6). Spezielle Bauelemente, wie der Kondensator (► Kap. 5.7), werden eingehender behandelt.
Elektrischer Strom erzeugt stets auch magnetische Felder und Kräfte (► Kap. 5.10), deren Wirkung besonders im Wechselstromkreis (► Kap. 5.11) von Bedeutung ist.

5.2 Ladung, elektrisches Feld

5.2.1 Ladung

Jeder Körper kann eine **elektrische Ladung** tragen; bei Elektronenüberschuss ist diese negativ, bei Elektronenmangel positiv. Die Einheit der Ladung wird in **Coulomb (C)** angegeben (1 C = 1 A · s; zur Herleitung dieser Einheit ► Kap. 5.5.1).

Merke

Der kleinste mögliche Betrag einer elektrischen Ladung ist die Elementarladung $1{,}6 \cdot 10^{-19}$ C (► Kap. 3.2.1). Alle auftretenden Ladungen sind ganzzahlige Vielfache dieses Werts.

Lerntipp

Der Wert der Elementarladung wird im Examen als bekannt vorausgesetzt!

Zwischen Ladungen wirken elektrostatische Kräfte. Ladungen mit ungleichem Vorzeichen ziehen sich an, solche mit gleichem Vorzeichen stoßen sich ab. Die **Anziehungskraft** zwischen zwei Ladungen Q_1 und Q_2 im Abstand r gibt das **Coulomb-Gesetz** an:

$$F = \frac{1}{4 \cdot \pi \cdot \varepsilon_0} \cdot \frac{Q_1 \cdot Q_2}{r^2}$$

$\varepsilon_0 = 8{,}85 \cdot 10^{-12} \frac{\text{A} \cdot \text{s}}{\text{V} \cdot \text{m}}$ ist die **elektrische Feldkonstante,** auch **Dielektrizitätskonstante** genannt.
Die Coulomb-Kraft ist proportional zum Produkt beider Ladungen und nimmt mit dem Quadrat ihres Abstands ab.

Lerntipp

Die Formeln für das Coulomb-Gesetz und für das Gravitationsgesetz (► Kap. 2.3.2) haben die gleiche Struktur: eine Konstante mal dem Produkt der Ladungen bzw. Massen, geteilt durch das Quadrat des Abstands. So lassen sich beide Formeln leichter merken.

5.2.2 Elektrisches Feld

Jede Ladung erzeugt in ihrer Umgebung ein **elektrisches Feld.** Der physikalische Begriff des Felds kennzeichnet die Eigenschaft des Raums, eine Kraft auszuüben. In einem elektrischen Feld wirkt auf eine Ladung q die Kraft:

$$\vec{F} = q \cdot \vec{E}$$

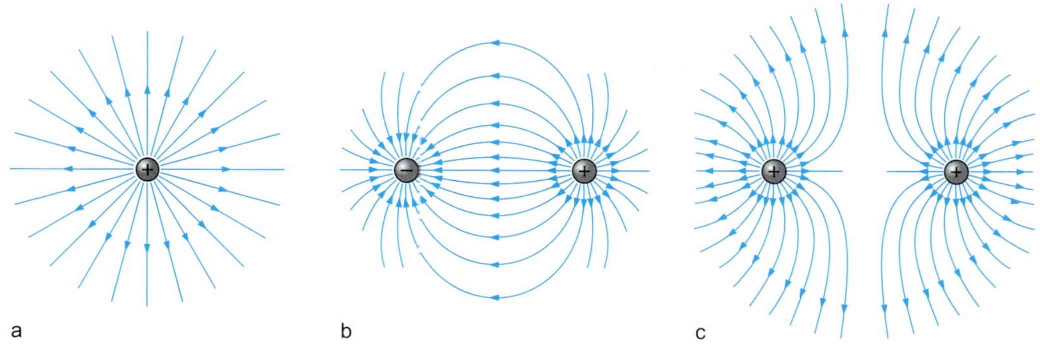

Abb. 5.1 Das elektrische Feld (**a**) einer Punktladung, (**b**) zwischen ungleichnamigen Ladungen und (**c**) zwischen gleichnamigen Ladungen.

E ist die **elektrische Feldstärke**, sie wird in Newton pro Coulomb (N/C) oder Volt pro Meter (V/m) angegeben, 1 N/C = 1 V/m. Die Richtung des elektrischen Felds ist definiert als die Richtung der Kraft, die auf eine positive Ladung im Feld wirken würde.

Ein elektrisches Feld kann anschaulich im **Feldlinienbild** dargestellt werden (▸ Abb. 5.1):

- Die Feldlinien verlaufen gemäß der Richtungsdefinition des elektrischen Felds von der positiven zur negativen Ladung.
- Grafisch entspricht die Dichte der gezeichneten Feldlinien der Feldstärke.
- Die auf eine in das Feld eingebrachte Probeladung wirkende Kraft ist tangential zu den Feldlinien gerichtet.

Merke

Ist die Feldstärke an jeder Stelle des Felds gleich, spricht man von einem **homogenen** Feld. Ein solches homogenes Feld herrscht im Inneren eines Plattenkondensators (▸ Kap. 5.7.1). Die in ▸ Abb. 5.1 dargestellten Felder sind dagegen **inhomogen.**

Unter Anwendung des Feldbegriffs wird das Coulomb-Gesetz so verstanden, dass die Ladung Q_1 am Ort der Ladung Q_2 ein elektrisches Feld erzeugt, das auf Q_2 eine Kraft ausübt. Desgleichen gilt auch im umgekehrten Sinne für die Kraft auf Q_1, hervorgerufen durch das Feld von Q_2.

Der Vergleich der oben angegebenen Gleichung mit dem Coulomb-Gesetz ergibt für das elektrische Feld einer Punktladung Q im Abstand r die Feldstärke:

$$E = \frac{1}{4 \cdot \pi \cdot \varepsilon_0} \cdot \frac{Q}{r^2}$$

5.3 Elektrisches Potenzial, elektrische Spannung

5.3.1 Elektrisches Potenzial

Eine elektrische Ladung besitzt im elektrischen Feld eine **potenzielle Energie**. Man stelle sich eine kleine positive Ladung vor, die in die Nähe der felderzeugenden Ladung in ▸ Abb. 5.1a gebracht wird. Dazu muss Arbeit gegen die elektrostatische Abstoßung der Ladungen aufgewendet werden. Diese Arbeit hat die Ladung als potenzielle Energie gespeichert. Wird die kleine Ladung losgelassen, so bewegt sie sich von der anderen Ladung weg, d. h., die potenzielle Energie wird in **Bewegungsenergie** umgewandelt.

Die notwendige Arbeit, um eine Ladung im elektrischen Feld von einem Ort 1 zu einem Ort 2 zu verschieben, kann allgemein berechnet werden als:

$$W = \int_1^2 F\, dr = \int_1^2 q \cdot E\, dr$$

Wird als Bezugspunkt ein Punkt im Unendlichen gewählt, kann für jeden Punkt r des Felds die Arbeit berechnet werden, die erforderlich ist, um die Ladung q aus dem Unendlichen zum Punkt r zu bewegen:

$$W = \int_\infty^r q \cdot E\, dr$$

Dieser Betrag hängt noch von der Größe der Probeladung q ab. Um davon unabhängig zu werden, wird das **elektrische Potenzial** Φ definiert als der Quotient aus der zuvor berechneten Arbeit W und der Ladung q:

$$\phi = \frac{W}{q} = \int_{\infty}^{r} E\, dr$$

Jedem Punkt im elektrischen Feld kann somit ein Wert für das elektrische Potenzial zugeordnet werden. Das elektrische Potenzial wird in **Volt (V)** angegeben, es gilt: 1 J/C = 1 V.

Definitionsgemäß liegt ein von allen felderzeugenden Ladungen unendlich weit entfernter Bezugspunkt auf dem Potenzial 0 V.

Die Arbeit zur Verschiebung einer Ladung q von einem Ort 1 zu einem Ort 2 kann nun durch das elektrische Potenzial ausgedrückt werden als:

$$W = q \cdot \phi_2 - q \cdot \phi_1 = q \cdot (\phi_2 - \phi_1)$$

5.3.2 Elektrische Spannung

Die Arbeit ist unabhängig davon, auf welchem Weg die Ladung im Feld vom Anfangs- zum Endpunkt bewegt wird. Die Potenzialdifferenz $\Phi_2 - \Phi_1$ zwischen zwei Punkten wird als **elektrische Spannung** U bezeichnet. Damit wird die Arbeit im elektrischen Feld zu:

$$W = q \cdot U$$

Merke

Eine Spannung wird stets zwischen zwei **Referenzpunkten** bestimmt. Das Produkt aus Ladung und Spannung gibt den Unterschied der potenziellen Energie dieser Ladung zwischen beiden Bezugspunkten an.

Existieren mehrere felderzeugende Ladungen, überlagern sich die Felder der einzelnen Ladungen. Die jeweiligen Beiträge der Feldstärken können für jeden Punkt zunächst einzeln berechnet und dann addiert werden. In der Praxis kann eine solche Berechnung jedoch recht kompliziert werden. ► Abb. 5.1a und ► Abb. 5.1b zeigen das Feld zweier Ladungen gleichen Betrags mit gleichem (a) und entgegengesetztem (b) Vorzeichen.

Exkurs:

Das elektrische Potenzial einer Punktladung Q soll berechnet werden.

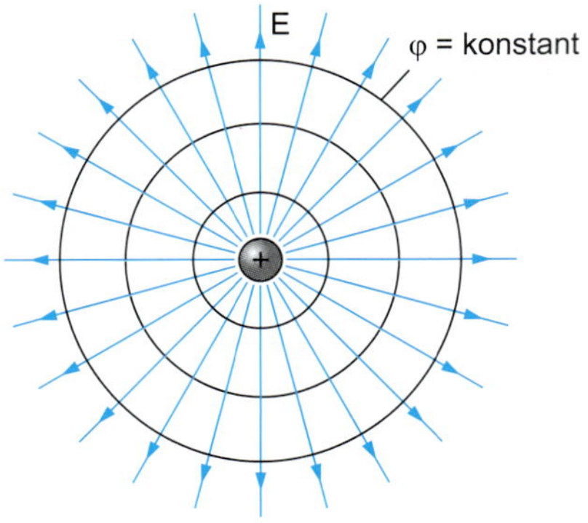

Abb. 5.2 Äquipotenzialflächen einer Punktladung im Schnittbild.

Für das inhomogene Feld der Punktladung ist diese Berechnung nicht einfach, es muss integriert werden. Wird eine Ladung q aus dem Unendlichen in den Abstand r zu Q gebracht, ist die erforderliche Arbeit:

$$W = \int_{r}^{\infty} \frac{1}{4 \cdot \pi \cdot \varepsilon_0} \cdot \frac{q \cdot Q}{r^2} dr = \frac{q \cdot Q}{4 \cdot \pi \cdot \varepsilon_0}$$

$$\cdot \int_{r}^{\infty} \frac{1}{r^2} dr = \frac{q \cdot Q}{4 \cdot \pi \cdot \varepsilon_0} \cdot \left| -\frac{1}{r} \right|_{r}^{\infty} = \frac{q \cdot Q}{4 \cdot \pi \cdot \varepsilon_0} \cdot \frac{1}{r}$$

Es wurde hier ohne Berücksichtigung der Bewegungsrichtung und der Vorzeichen nur der Betrag der Arbeit berechnet.

Die Division durch den Betrag der Ladung q ergibt das **Potenzial**:

$$\phi_r = \frac{1}{4 \cdot \pi \cdot \varepsilon_0} \cdot \frac{Q}{r}$$

Werden im Feldlinienbild Punkte gleichen Potenzials miteinander verbunden, entstehen im dreidimensionalen Raum **Äquipotenzialflächen**.

► Abb. 5.2 zeigt ein Schnittbild durch das elektrische Feld und die Äquipotenzialflächen einer Punktladung. Für die gezeigte Punktladung liegen alle Punkte, die sich im gleichen Abstand zur Ladung befinden, auf dem gleichen Potenzial.

Die Äquipotenzialflächen stehen immer senkrecht auf den Feldlinien des elektrischen Felds. Wird eine Ladung auf den Äquipotenzialflächen verschoben, ist dazu keine Arbeit erforderlich, denn es muss kein Potenzialunterschied überwunden werden.

5.4 Materie im elektrischen Feld

5.4.1 Elektrischer Dipol

Ein elektrischer Dipol wird durch zwei ungleichnamige Ladungen $+q$ und $-q$ gebildet, die sich im Abstand l voneinander befinden. Als Modell für den Bau des Dipols kann man sich eine Hantel vorstellen, an deren beiden Enden die Ladungen angeordnet sind.
Der Vektor $\vec{l}$ zeigt von der negativen zur positiven Ladung. Das **elektrische Dipolmoment** $\vec{p}$ ist dann gegeben durch:

$$\vec{p} = q \cdot \vec{l}$$

Wenn ein Körper eine asymmetrische Ladungsverteilung aufweist, besitzt er ein Dipolmoment. Dies ist bei vielen Molekülen der Fall, so auch beim Wassermolekül (H_2O).
Ein elektrisches Feld übt auf einen Dipol ein **Drehmoment** aus (▸ Abb. 5.3):

$$\vec{M} = \vec{p} \times \vec{E} = q \cdot \vec{l} \times \vec{E}$$

Das Drehmoment ist gegeben durch das Vektorprodukt (▸ Kap. 1.2.2) aus Dipolmoment und Feldstärke. Sein Betrag hängt von der Orientierung des Dipols zur Feldrichtung ab:

$$M = q \cdot l \cdot E \cdot \sin\theta$$

Ist der Dipol beweglich, wird er durch das Drehmoment entlang der Richtung des elektrischen Felds ausgerichtet. Fallen Dipolachse und Feldrichtung zusammen, wird das Drehmoment gleich null.

Klinik

Die Ladungsverteilung bei der **Erregungsbildung des Herzmuskels** kann im Modell als Dipol beschrieben werden. Während der Herzaktion ändern sich zeitlich und räumlich Stärke und Orientierung des Dipolfelds. Im Elektrokardiogramm (**EKG**) werden an den jeweiligen Ableitungen verschiedene Projektionen des elektrischen Potenzialfelds des Herzens registriert. Die Extremitätenableitungen nach Einthoven oder Goldberger liefern eine Projektion des elektrischen Herzvektors in der Frontalebene des Körpers. Zusätzliche Information über die Projektion auf Transversal- oder Sagittalebene geben die Brustwandableitungen.

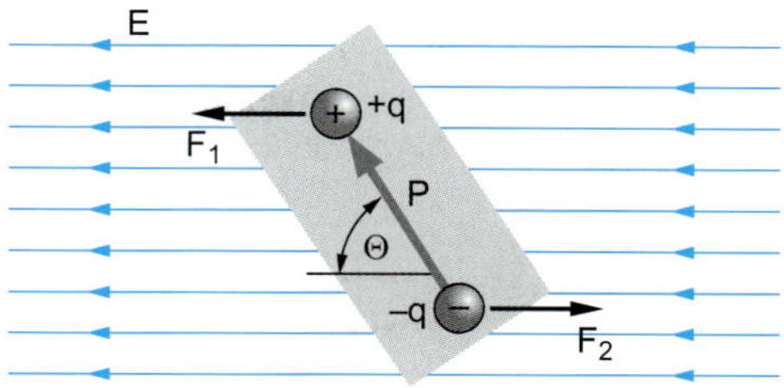

Abb. 5.3 Auf einen Dipol einwirkende Kräfte im elektrischen Feld.

5.4.2 Polarisation

In einem nichtleitenden Körper (Isolator) sind die elektrischen Ladungen nicht frei beweglich (▸ Kap. 5.6.2.2). Ein äußeres elektrisches Feld kann diese Ladungen aber dennoch um einen kleinen Betrag verschieben. Dieser Vorgang wird als **Polarisation** bezeichnet.
Die Bausteine des Körpers besitzen ein permanentes Dipolmoment, wenn dieser aus polaren Molekülen aufgebaut ist. Aber auch eine ursprünglich symmetrische Ladungsverteilung kann durch ein äußeres Feld so verschoben werden, dass die Schwerpunkte von positiven und negativen Ladungen nicht mehr zusammenfallen. Es wird ein **Dipolmoment** induziert:

$$\vec{p} = \alpha \cdot \vec{E}$$

Aus einem ursprünglich apolaren Molekül ist ein Dipol geworden. Das Dipolmoment ist abhängig von der Stärke des äußeren Felds. Der Proportionalitätsfaktor α ist die Polarisierbarkeit des Materials, ein für jeden Stoff charakteristischer Wert.

- Diese Art der Polarisation wird als **Verschiebungspolarisation** bezeichnet. Durch die Verschiebungspolarisation entsteht im Inneren des Körpers ein elektrisches Feld, das dem äußeren Feld entgegengerichtet ist und dieses schwächt (▸ Abb. 5.4 links).
- Werden dagegen die permanenten Dipole eines polaren Stoffs im elektrischen Feld ausgerichtet, wird von **Orientierungspolarisation** gesprochen.

5.4.3 Influenz

In einem elektrisch leitenden Material werden die im Inneren vorhandenen Ladungen durch das äu-

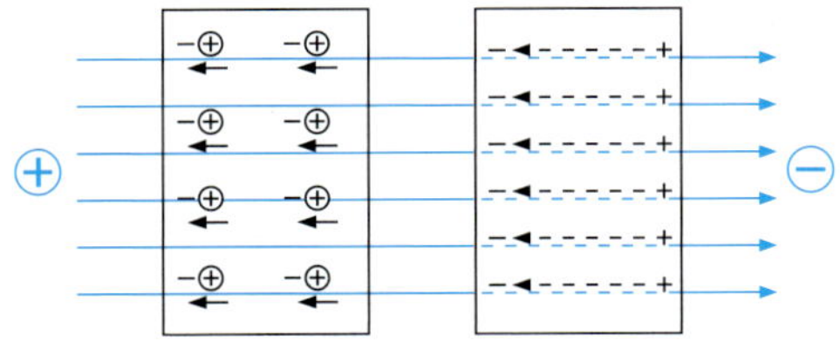

Abb. 5.4 Verschiebungspolarisation in einem Isolator (links) und Influenz in einem elektrischen Leiter (rechts). Die Pfeile stellen elektrische Felder dar. Im Inneren bildet sich ein E-Feld, das dem äußeren Feld entgegengerichtet ist. Das Innere des Leiters ist feldfrei, die gestrichelt gezeichneten Felder heben sich gegenseitig auf.

ßere Feld getrennt. Dieser Vorgang wird **Influenz** genannt. Die Ladungen des Leiters ordnen sich im Laufe dieses Vorgangs an der Oberfläche des Leiters an. Sie werden dann als **Influenzladungen** bezeichnet (► Abb. 5.4 rechts). Die Ladungen verschieben sich dabei so, dass die Feldlinien des elektrischen Felds stets senkrecht zur Leiteroberfläche stehen. Zwischen den Influenzladungen bildet sich ein Feld gleicher Stärke, aber entgegengesetzter Richtung zum äußeren Feld. Diese Felder heben sich gegenseitig auf. Das Innere des Leiters ist damit feldfrei, egal ob dieser massiv oder innen hohl ist.

Merke

Eine äußere elektrische Ladung kann daher im Inneren eines leitenden Körpers kein elektrisches Feld erzeugen. Eine solche Abschirmung gegenüber elektrischen Feldern wird nach seinem Entdecker als **Faraday-Käfig** bezeichnet. Die Abschirmung muss nicht durchgehend geschlossen sein. Ein Drahtgitter erfüllt den gleichen Zweck. Auch eine Autokarosserie bildet einen Faraday-Käfig. Die Insassen sind vor Blitzeinschlag geschützt. Wegen der abschirmenden Wirkung ist aber auch die Nutzung von Mobilfunkgeräten erschwert.

5.5 Elektrischer Strom

5.5.1 Elektrische Stromstärke

Elektrischer Strom ist der Transport elektrischer Ladung. Die **elektrische Stromstärke** I ist die pro Zeiteinheit transportierte Ladung:

$$I = \frac{dQ}{dt} = \dot{Q}$$

Die Stromstärke wird im **Ampere (A)** gemessen: $1\,A = 1\,C/s$.

Im internationalen Einheitensystem ist die Stromstärke als Basisgröße (► Kap. 1.2.3.1) festgelegt. Somit wird die Einheit der elektrischen Ladung über die Stromstärke definiert:
Ein elektrischer Strom der Stärke 1 Ampere transportiert in einer Sekunde die Ladung 1 Coulomb ($1\,C = 1\,A \cdot s$).

$$Q = \int I\,dt$$

In Festkörpern sind Elektronen die Ladungsträger des elektrischen Stroms. In Metallen sind die Atome in einem Kristallgitter angeordnet. Die Valenzelektronen des Metalls sind innerhalb des Gitters wie ein „Elektronengas" frei beweglich.
Wird der elektrische Strom durch eine senkrecht zur Bewegungsrichtung der Ladungsträger stehende Fläche A betrachtet, so lässt sich die **Stromdichte** j definieren als:

$$j = \frac{I}{A} = \frac{dQ}{dt \cdot A}$$

Die Einheit der Stromdichte ist A/m^2.

5.5.2 Gleich- und Wechselstrom

Es wird zwischen **Gleichstrom und Wechselstrom** unterschieden. Damit ein Stromfluss zustande kommen kann, muss eine Potenzialdifferenz, d.h. eine elektrische Spannung, vorhanden sein. Entsprechend wird auch in Gleich- und Wechselspannung unterschieden:

- Eine **Gleichspannungsquelle**, z.B. eine **Batterie**, erzeugt eine im zeitlichen Verlauf konstante Spannung. Bei Gleichstrom bewegen sich die Ladungsträger in eine Richtung. Die Driftgeschwindigkeit, mit der sich Elektronen in einem Leiter bewegen, ist sehr gering. Sie liegt in der Größenordnung von 0,01 mm/s. Trotzdem ist nach dem Betätigen eines Schalters das sofortige Aufleuchten einer Lampe zu beobachten. Die Situation ist mit einem gefüllten Wasserschlauch vergleichbar. Sofort nach dem Öffnen des Hahns tritt am anderen Ende des Schlauchs Wasser aus. So tritt für jedes Elektron, das an einem Ende in eine Leitung hineinfließt, am anderen Ende ein Elektron aus. Die Wirkung des elektrischen Stroms ist deshalb sofort zu beobachten.
- **Wechselspannungsquellen** erzeugen eine zeitlich veränderliche Spannung. Die Polarität der

Spannung kehrt sich periodisch um. Damit ändert sich beim Wechselstrom auch die Richtung des Stromflusses periodisch. In einem **Generator** wird mechanische Arbeit in elektrische Energie umgewandelt (▸ Kap. 5.10.5.1). Generatoren erzeugen sinusförmige Wechselspannungen. Die Frequenz der in Technik und Haushalt benutzten Wechselspannung beträgt 50 Hz. Auf Wechselspannungen und -ströme wird in ▸ Kap. 5.11 noch näher eingegangen.

5.5.3 Wirkungen des elektrischen Stroms

Die grundlegenden Wirkungen des elektrischen Stroms sind thermischer, magnetischer oder chemischer Art.

- **Thermische Wirkung:** Bei der Bewegung von Ladungsträgern durch einen Leiter verlieren diese durch Stoßprozesse kinetische Energie, die in Molekülschwingungen und damit in Wärme umgewandelt wird. Die Erwärmung eines stromdurchflossenen Leiters wird auch als **Joule-Wärme** bezeichnet. Diese Wärmewirkung wird im Glühdraht einer Lampe oder in der Heizwicklung einer Kochplatte ausgenutzt. Bei einer Bewegung im Vakuum verlieren Elektronen oder Ionen keine Energie durch Reibung. Treffen Sie dann aber auf einer Elektrode auf, wird ihre kinetische Energie zum größten Teil in Wärme umgewandelt.
- **Magnetische Wirkung:** Jede bewegte elektrische Ladung erzeugt ein magnetisches Feld. Ein stromdurchflossener Leiter ist stets von einem Magnetfeld umgeben. Magnetische Felder werden in ▸ Kap. 5.10.1 noch eingehender beschrieben.
- **Chemische Wirkung:** Lösungen von Salzen sowie Säuren und Basen leiten den elektrischen Strom. Hier sind die Ladungsträger Ionen. Stoffe, die in einer Lösung Ionen bilden, heißen **Elektrolyte**. Elektrolyte können durch elektrischen Strom in ihre Bestandteile getrennt werden. Dieser Vorgang wird als **Elektrolyse** bezeichnet (▸ Kap. 5.8.2.2).

5.6 Der elektrische Stromkreis

5.6.1 Stromrichtung und Schaltungssymbole

Ein **elektrischer Stromkreis** besteht im einfachsten Fall aus einer Spannungsquelle und einem Verbraucher, z. B. einer Glühlampe oder einem Widerstand. Beide sind über Leitungen miteinander verbunden. Zur Darstellung einer elektrischen Schaltung sind für die einzelnen Bauelemente **Schaltsymbole** festgelegt. Eine Übersicht über die im Folgenden verwendeten Schaltsymbole gibt die ▸ Abb. 5.5.

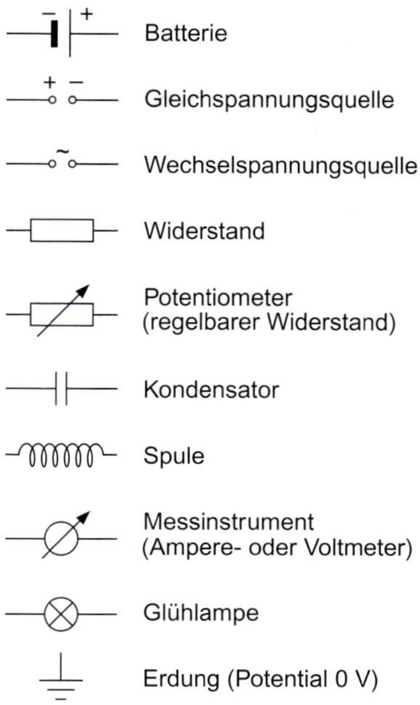

Abb. 5.5 Symbole für elektrische Schaltungen.

Historisch wurde für die Richtung des elektrischen Stroms die Richtung vom positiven zum negativen Pol der Spannungsquelle angenommen. Diese Festlegung geschah, als noch nicht bekannt war, dass die Ladungsträger in elektrischen Leitungen Elektronen sind, die am negativen Pol im Überschuss vorhanden sind und sich vom negativen zum positiven Pol bewegen.

Die historisch definierte Richtung wird weiter verwendet und als **technische Stromrichtung** bezeichnet. Richtungspfeile in Schaltplänen und in den Symbolen für elektronische Bauelemente weisen in die technische Stromrichtung + → –. Die tatsächliche Bewegung der Ladungsträger, die **Elektronenstromrichtung**, verläuft entgegengesetzt von – → +.

Merke

- Technische Stromrichtung: + → –
- Elektronenstromrichtung: – → +

Lerntipp

Bei Verständnisproblemen ist es hilfreich, eine Analogie zwischen der elektrischen Schaltung und einem von einer Flüssigkeit durchströmten Röhrensystem zu betrachten. Die Spannungsquelle entspricht einer Pumpe, die eine Druckdifferenz (Spannung) aufbaut. Diese treibt eine Flüssigkeit (Strom) durch das System. In diesem Bild entsprächen die Widerstände Ventilen, die den Durchfluss behindern, oder Geräten, an denen Arbeit geleistet wird, wie z. B. Turbinen oder Wasserräder.

5.6.2 Widerstand

5.6.2.1 Ohm-Gesetz

Der Bewegung der Ladungsträger durch Materie wird ein Widerstand entgegengesetzt. In elektrischen Schaltungen ist der Widerstand der Zuleitungen im Allgemeinen vernachlässigbar. Es wird nur der Widerstand der Bauelemente berücksichtigt.

Der **Widerstand** R ist der Proportionalitätsfaktor zwischen dem Strom I und der Spannung U. Diese Beziehung heißt **Ohm-Gesetz**:

$$U = R \cdot I$$

Der Widerstand wird in **Ohm (Ω)** angegeben: $1\,\Omega = 1\,V/A$.

Ein Bauelement, dessen Widerstand bei Gleich- und Wechselspannung unverändert bleibt und unabhängig von der Höhe der angelegten Spannung ist, wird **Ohm-Widerstand** genannt.

Durch Messung von Strom und Spannung, wie in ► Abb. 5.6 gezeigt, kann die **Kennlinie** eines Bauelements gemessen werden. Die Kennlinie eines Ohm-Widerstands ist eine Gerade.

Im Strom-Spannungs-Diagramm wird die Spannung als unabhängige Variable vorgegeben und der Strom als abhängige Variable auf der Ordinate aufgetragen. Die Steigung der Geraden ergibt den **Leitwert** L:

$$L = \frac{I}{U} = \frac{1}{R}$$

Der Leitwert ist der Kehrwert des Widerstands. Seine Einheit ist das **Siemens (S)**: $1\,S = 1\,\Omega^{-1}$.

Der Widerstand einer elektrischen Leitung lässt sich aus deren Abmessungen bestimmen:

$$R = \sigma \cdot \frac{l}{A}$$

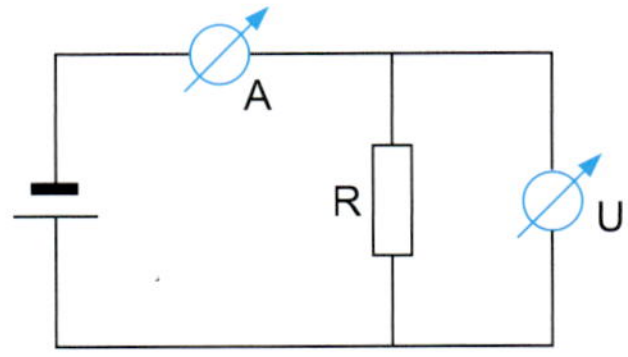

Abb. 5.6 Elektrischer Stromkreis mit der Messung von Strom und Spannung.

l ist die Länge und A der Querschnitt des Leiters. Für einen zylindrischen Leiter (einen Draht) gilt $A = \pi \cdot r^2$. Der **spezifische Widerstand** σ ist eine temperaturabhängige Materialkonstante, seine Einheit ist $\Omega \cdot m$. Der spezifische Widerstand wird gelegentlich auch als Resistivität bezeichnet.

Lerntipp

Wenn Sie in einem Diagramm, z. B. bei einem Praktikumsversuch, die Kennlinie eines Bauelements sehen, achten Sie auf die Achsenbeschriftungen:
Dargestellt werden sollte auf der Abszisse (X-Achse) die Spannung, auf der Ordinate (Y-Achse) der Strom. Die Steigung der Kurve gibt dann den Leitwert an.
Im umgekehrten Fall, Strom auf der Abszisse und Spannung auf der Ordinate, ergibt die Steigung den elektrischen Widerstand.

5.6.2.2 Leitfähigkeit

Die **elektrische Leitfähigkeit** γ ist der Kehrwert des spezifischen Widerstands:

$$\gamma = \frac{1}{\sigma}$$

Die Einheit der Leitfähigkeit ist $\Omega^{-1} \cdot m^{-1}$ bzw. $S \cdot m^{-1}$.

- Der spezifische Widerstand von **Metallen** ist sehr gering, z. B. beträgt er für Kupfer $1{,}7 \cdot 10^{-8}\,\Omega \cdot m$. Der spezifische Widerstand ist temperaturabhängig. Bei guten elektrischen Leitern, also den meisten Metallen, behindern sich die Ladungsträger bei steigender Temperatur gegenseitig. Bei Temperaturerhöhung nimmt der spezifische Widerstand zu bzw. die Leitfähigkeit ab.
- **Isolatoren** verfügen über keine freien Ladungsträger. Ihr spezifischer Widerstand ist praktisch unendlich groß.
- In **Halbleitern** befinden sich bei Raumtemperatur nur wenige freie Ladungsträger. Sie leiten daher bei Raumtemperatur nur schlecht. Ihre Leit-

fähigkeit ist stark temperaturabhängig. Bei Temperaturerhöhung werden zusätzliche Ladungsträger freigesetzt und die Leitfähigkeit nimmt zu. Bekannteste für elektronische Bauelemente verwendete Halbleiter sind die Stoffe Germanium (Ge) und Silizium (Si) oder die Verbindung Galliumarsenid (GaAs).

Klinik

Fettgewebe und Muskelgewebe haben einen unterschiedlichen spezifischen Widerstand. Die Leitfähigkeit der Gewebe hängt für Wechselstrom auch noch von der Frequenz des Stroms ab. Bei Personenwaagen mit zusätzlicher Bestimmung des Körperfettanteils beruht das Messprinzip auf der unterschiedlichen Leitfähigkeit der einzelnen Körpergewebe.

5.6.3 Elektrische Leistung

Das Produkt aus Strom und Spannung ergibt die elektrische Leistung P:

$$P = U \cdot I$$

Die Einheit der elektrischen Leistung ist das **Watt (W)**: 1 W = 1 V · A. An einem Ohm-Widerstand wird die Leistung des elektrischen Stroms in Wärme umgesetzt.
Unter Verwendung des Ohm-Gesetzes kann die Leistung auch ausgedrückt werden als:

$$P = R \cdot I^2$$

oder:

$$P = \frac{1}{R} \cdot U^2$$

Das Produkt aus Leistung und Zeit ergibt die **elektrische Energie**, d.h. die vom Strom verrichtete Arbeit. Daraus resultiert die Einheit Wattsekunde (1 Ws = 1 J). Bei der Verbrauchsabrechnung durch die Energieversorgungsunternehmen ist die Angabe in **Kilowattstunden** (kWh) üblich, 1 kWh = 1.000 W · 3.600 s = 3.600.000 J.

Beispiel

Die Daten einer Glühlampe sind 220 V/100 W. Welcher Strom fließt beim Betrieb der Lampe? Wie groß ist der Widerstand des Glühdrahts? Welche Leistung hat die Lampe beim Betrieb mit einer Spannung von 110 V?

Strom: $I = \frac{P}{U} = \frac{100\,\text{W}}{220\,\text{V}} = 0{,}45\,\text{A}$

Widerstand: $R = \frac{U}{I} = \frac{220\,\text{V}}{0{,}45\,\text{A}} = 489\,\Omega$

Beim Betrieb an 110 V fließt nach dem Ohm-Gesetz die Hälfte dieses Stroms (0,23 A). Da sowohl die Spannung als auch der Strom halbiert werden, beträgt die Leistung nur noch 25 % der Nennleistung:

$$P = U \cdot I = 110\,\text{V} \cdot 0{,}45\,\text{A} = 25\,\text{W}$$

5.6.4 Messung von Strom, Spannung und Widerstand

In ► Abb. 5.6 ist eine Schaltung mit Messgeräten gezeigt. Es werden der Stromfluss durch einen Widerstand und der Spannungsabfall am Widerstand gemessen.

- **Strommessgeräte** (Amperemeter) werden mit dem Verbraucher **in Reihe** geschaltet. Ein Amperemeter ist mit einem Durchflussmesser vergleichbar, der zu messende Strom muss durch das Messinstrument laufen.
- **Spannungsmessgeräte** (Voltmeter) werden **parallel** geschaltet. Eine Spannung wird immer zwischen zwei Punkten gemessen.

Jedes Messgerät hat selbst einen **Innenwiderstand,** der die Schaltung beeinflusst und das Messergebnis verfälscht. So fließt in ► Abb. 5.6 ein geringer Strom durch das Voltmeter. Das Amperemeter registriert somit nicht allein den Stromfluss durch den Widerstand, sondern die Summe der Ströme durch den Widerstand und das Voltmeter. Die Spannung am Widerstand wird in ► Abb. 5.6 zwar korrekt gemessen, sie entspricht aber nicht der Batteriespannung, da bedingt durch seinen Innenwiderstand auch am Amperemeter ein Spannungsabfall auftritt.
Würde die Schaltung so verändert, dass die Spannung vor dem Amperemeter und hinter dem Widerstand abgegriffen wird, würde der Strom durch den Widerstand korrekt gemessen. Das Voltmeter würde nun aber die Summen der Spannungen an Widerstand und Amperemeter anzeigen.

Merke

Durch die gleichzeitige Messung von Strom und Spannung kann mit dem Ohm-Gesetz der Wert des Widerstands *R* bestimmt werden. Durch die Messinstrumente treten jedoch zwangsläufig Messfehler auf. Es handelt sich hier um systematische Messfehler (► Kap. 1.3.1).

Damit die auftretenden Messfehler in der Praxis vernachlässigbar gering werden, müssen hochwertige Messinstrumente bestimmte Anforderungen erfüllen. Der Innenwiderstand eines Amperemeters muss sehr klein sein. Ein Voltmeter soll dagegen einen möglichst hohen Innenwiderstand aufweisen.

Sind die Innenwiderstände der Messinstrumente bekannt, kann mit den im nächsten Kapitel erklärten Regeln für Reihen- und Parallelschaltung der Messfehler berechnet und so das richtige Resultat bestimmt werden.

5.6.5 Schaltungen von Widerständen

Widerstände können zueinander **parallel** oder **in Reihe** hintereinander geschaltet werden (► Abb. 5.7).

Für jede Schaltungsart kann der Gesamtwiderstand berechnet werden.

5.6.5.1 Reihenschaltung

Bei der **Reihenschaltung** (auch: **Serienschaltung**) von Widerständen addieren sich die Einzelwiderstände (► Abb. 5.7a). Der Gesamtwiderstand R_{Ges} ist größer als der größte Einzelwiderstand:

$$R_{Ges} = R_1 + R_2$$

Durch jeden der Widerstände fließt der gleiche Strom:

$$I_1 = I_2 = I_{Ges}$$

Die Teilspannungen an den Widerständen addieren sich zur Gesamtspannung:

$$U_{Ges} = U_1 + U_2$$

Die Serienschaltung kann auch als **Spannungsteiler** benutzt werden. Das Verhältnis einer Teilspannung zur Gesamtspannung ist gleich dem Verhältnis des zugehörigen Widerstands zum Gesamtwiderstand:

$$\frac{U_i}{U_{Ges}} = \frac{R_i}{R_{Ges}}$$

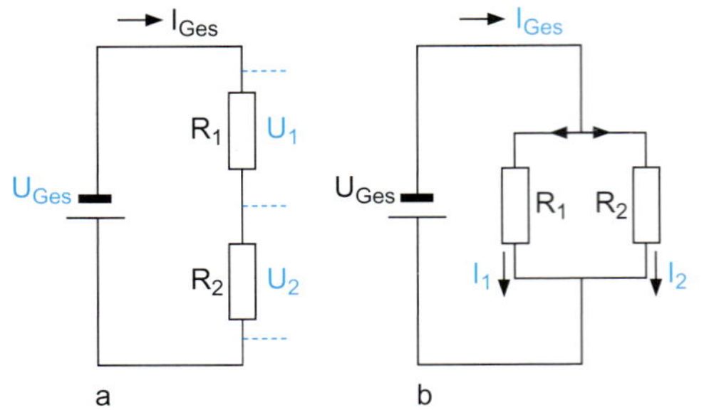

Abb. 5.7 (**a**) Reihenschaltung (Serienschaltung) und (**b**) Parallelschaltung von Widerständen.

5.6.5.2 Parallelschaltung

Bei der **Parallelschaltung** von Widerständen addieren sich die Leitwerte (► Abb. 5.7b). Dem Strom stehen hier mehrere Wege zur Verfügung. Der Gesamtwiderstand der Schaltung ist deshalb kleiner als der kleinste der Einzelwiderstände:

$$\frac{1}{R_{Ges}} = \frac{1}{R_1} + \frac{1}{R_2}$$

An jedem der Widerstände liegt die volle Batteriespannung:

$$U_{Ges} = U_1 = U_2$$

Der Gesamtstrom teilt sich auf die einzelnen Zweige auf:

$$I_{Ges} = I_1 + I_2$$

Beispiel

Mit den bisher dargestellten Regeln lässt sich eine Kombination aus Reihen- und Parallelschaltung von Widerständen berechnen, wie sie in ► Abb. 5.8 gezeigt ist. Die Parallelschaltung der Widerstände R_4 und R_5 lässt sich durch einen 50-Ω-Widerstand ersetzen. Die Rechnung gestaltet sich hier besonders einfach: Werden zwei gleich große Widerstände parallel geschaltet, ist der resultierende Widerstand gleich der Hälfte der Einzelwiderstände.

Der Gesamtwiderstand beträgt 1.000 Ω. Nach dem Ohm-Gesetz errechnet sich der Gesamtstrom bei einer Gesamtspannung von 80 V zu 0,08 A. Dieser Strom verzweigt sich in der Parallelschaltung aus R_4 und R_5 in zwei gleich große Teilströme zu je 0,04 A.

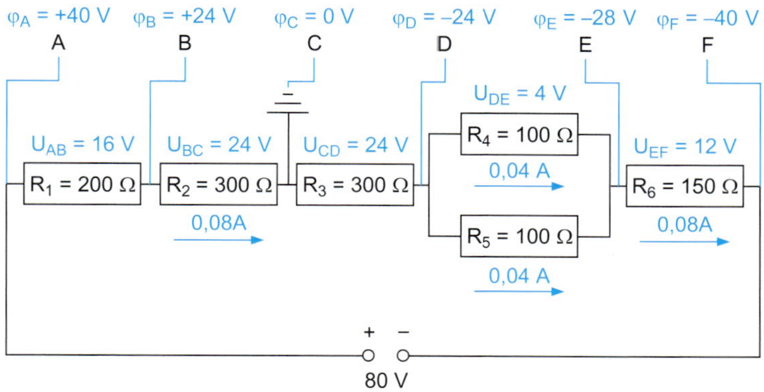

Abb. 5.8 Schaltung von Widerständen mit Angabe der Ströme, Teilspannungen und Potenziale.

Durch Anwendung des Ohm-Gesetzes auf jeden einzelnen Widerstand werden die in der Abbildung angegebenen Teilspannungen ermittelt.
Das Erdungszeichen am Punkt C bedeutet, dass dieser Punkt auf dem Potenzial 0 V liegt. Mithilfe der zuvor berechneten Teilspannungen und der angegebenen Polarität der Spannungsquelle ergeben sich die Potenziale an den anderen Punkten. In Richtung des positiven Pols der Spannungsquelle nimmt der Wert des Potenzials zu, in Richtung des negativen Pols nimmt er ab.

Lerntipp

Schaltungen von Widerständen sind beliebte Klausurfragen. Sie sollten daher unbedingt Beispiele wie das eben genannte rechnen können.

5.6.5.3 Kirchhoff-Gesetze

In einem verzweigten Stromkreis lassen sich ebenso wie in einem Netzwerk aus Röhren oder Kapillaren (► Kap. 2.10.5) die **Kirchhoff-Gesetze** anwenden. Übertragen auf den elektrischen Stromkreis lauten sie:

- **Knotenregel:** Die Summe der in eine Verzweigung ein- und ausfließenden Ströme ist gleich null:

$$\sum_i I_i = 0$$

- **Maschenregel:** In einem geschlossenen Umlauf addieren sich die Teilspannungen zu null:

$$\sum_i U_i = 0$$

Ist in einer Masche eine Spannungsquelle enthalten, wird ihre Spannung negativ gezählt. Die Anwendung der Kirchhoff-Regeln kann ebenfalls an dem Beispiel in ► Abb. 5.8 überprüft und verdeutlicht werden.

5.6.6 Wheatstone-Brücke

In der Wheatstone-Brückenschaltung werden Spannungsteiler zu einer sehr präzisen **Widerstandsmessung** benutzt (► Abb. 5.9). Ein unbekannter Widerstand R_X wird mit einem bekannten Bezugswiderstand R_B in Reihe geschaltet. Parallel dazu liegt ein Widerstandsdraht. Durch einen verschiebbaren Mittelabgriff wird der Draht in die Teilstücke und damit Teilwiderstände a und b unterteilt. Durch Verschieben des Abgriffs kann das Teilverhältnis und damit das Potenzial am Punkt B stufenlos variiert werden. Eine solche variable Spannungsteilung wird auch als **Potenziometerschaltung** bezeichnet.
Der Mittelabgriff am Widerstandsdraht wird so lange verschoben, bis das Messgerät keinen Stromfluss mehr anzeigt. Die Brücke ist dann abgeglichen. Es handelt sich hier um eine **Kompensationsschaltung**, denn beide Seiten des Strommessers liegen im abgeglichenen Zustand auf dem gleichen Potenzial. Die Widerstände beider Spannungsteiler stehen dann im gleichen Verhältnis:

$$\frac{a}{b} = \frac{R_X}{R_B}$$

Nach dem Messen der Längen a und b kann der unbekannte Widerstand R_X errechnet werden. Da im abgeglichenen Zustand kein Strom über das Messgerät fließt, wird die Messung auch nicht durch den Innenwiderstand des Instruments verfälscht.

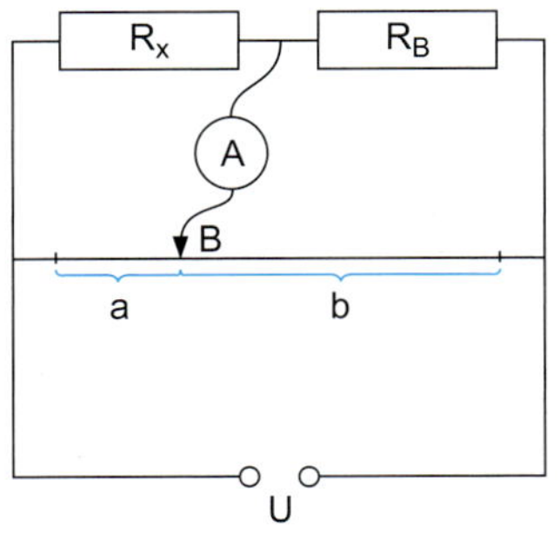

Abb. 5.9 Wheatstone-Brückenschaltung.

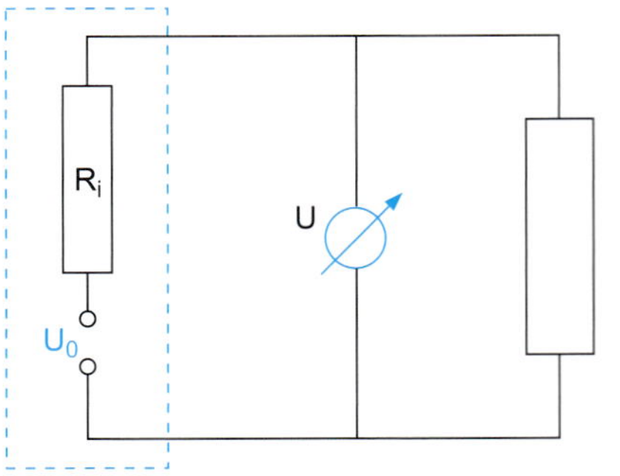

Abb. 5.10 Modell des Innenwiderstands einer Spannungsquelle.

Lerntipp

Bei der Wheatstone-Brückenschaltung handelt es sich um ein sehr präzises Messverfahren und um einen beliebten Praktikumsversuch.

5.6.7 Spannungsquellen

Eine Spannungsquelle erzeugt zwischen ihren Polen eine **Potenzialdifferenz**. Am negativen Pol der Spannungsquelle sind Elektronen im Überschuss vorhanden, am positiven Pol besteht ein Elektronenmangel. In einer Batterie wird dieses Konzentrationsgefälle der Elektronen durch eine chemische Reaktion erzeugt.

Eine ideale Spannungsquelle würde unabhängig von der Höhe des Stroms, den sie abgibt, immer die gleiche Spannung aufweisen. In der Praxis ist dies jedoch nicht der Fall. Bei Entnahme eines hohen Stroms sinkt die Spannung. Dies ist damit erklärbar, dass mehr Elektronen entnommen werden, als in der gleichen Zeit durch die zugrunde liegende chemische Reaktion nachgeliefert werden können.

Die Charakteristik einer Spannungsquelle kann beschrieben werden, indem ihr ein Innenwiderstand R_i zugeordnet wird (► Abb. 5.10). Als Modell wird eine ideale Spannungsquelle angenommen, die mit dem Widerstand R_i in Reihe geschaltet ist.

- Im unbelasteten Zustand liefert die Spannungsquelle die **Leerlaufspannung** U_0.
- Bei Stromfluss fällt am Innenwiderstand die Spannung $U_i = R_i \cdot I$ ab. Die an den Anschlüssen abgreifbare **Klemmenspannung** sinkt daher auf $U = U_0 - R_i \cdot I$ ab.
- Werden die Pole der Spannungsquelle direkt miteinander verbunden, fällt die gesamte Spannung am Innenwiderstand ab. Es fließt nun der **Kurzschlussstrom**. Dies ist der maximale Strom, den die Spannungsquelle liefern kann. In der Praxis sollten Spannungsquellen allerdings niemals kurzgeschlossen werden, denn in den meisten Fällen wird die Spannungsquelle dadurch schnell zerstört.

Eine Spannungsquelle mit kleinem Innenwiderstand kann hohe Ströme liefern, ohne dass die Klemmenspannung nennenswert absinkt. Eine hochohmige Spannungsquelle ist dagegen nur für kleine Ströme geeignet.

Merke

- R_i klein → *A* groß; Beispiel: Starterbatterie Pkw > 100 A
- R_i groß → *A* klein; Beispiel: Taschenlampenbatterie ≈ 1 A

Klinik

Biologische Systeme können ebenfalls elektrische Spannungen erzeugen. So kann in der Physiologie das **Membranpotenzial von Nervenzellen** gemessen werden. Man kann sich hier die Nervenzelle als eine, allerdings sehr hochohmige, Spannungsquelle vorstellen. Es können nur extrem kleine Ströme fließen. Daher sind Messungen bioelektrischer Spannungen sehr aufwändig und herkömmliche Ampere- und Voltmeter dafür ungeeignet. Es müssen Messverstärker mit sehr hochohmigem Eingang verwendet oder es muss eine Kompensationsmessung durchgeführt werden, indem eine Gegenspannung angelegt wird, bis (ähnlich wie bei der Wheatstone-Brücke) ein stromloser Zustand erreicht ist.

5.7 Elektrische Kapazität

5.7.1 Der Kondensator

Zwei gegeneinander isolierte elektrische Leiter bilden einen Kondensator. Ein Kondensator kann elektrische Ladung speichern.
Die einfachste Bauform des Kondensators ist der **Plattenkondensator**. Hier stehen sich zwei Metallplatten der Fläche *A* im Abstand *d* gegenüber. Wird der Plattenkondensator mit einer Spannungsquelle verbunden, bildet sich in seinem Inneren ein homogenes elektrisches Feld der Stärke:

$$E = \frac{U}{d}$$

Der Kondensator wird geladen und trägt die Ladung:

$$Q = C \cdot U$$

Die **Kapazität** *C* ist das Verhältnis zwischen der Ladung des Kondensators und der angelegten Spannung. Die Kapazität wird in **Farad (F)** angegeben: 1 F = 1 C/V.
Die Kapazität eines Plattenkondensators ist von seiner Plattenfläche, dem Plattenabstand und dem Material zwischen den Kondensatorplatten abhängig:

$$C = \varepsilon_0 \cdot \varepsilon_r \cdot \frac{A}{d}$$

Das nichtleitende Medium zwischen den Kondensatorplatten wird als **Dielektrikum** bezeichnet. Das Dielektrikum wird durch das elektrische Feld polarisiert. Das entgegengesetzt gerichtete Feld der Polarisationsladungen schwächt das Feld des Kondensators (► Kap. 5.4.2) Die bei einer bestimmten Spannung gegebene Feldstärke wird erst bei einer größeren Ladung der Platten erreicht. Der Kondensator trägt bei gegebener Spannung eine größere Ladung, daher steigt seine Kapazität.
Die **relative Dielektrizitätskonstante** ε_r, eine dimensionslose Zahl, ist eine Materialkonstante des Mediums zwischen den Kondensatorplatten. Das Produkt $\varepsilon = \varepsilon_0 \cdot \varepsilon_r$ (► Kap. 5.2.1) wird auch als **Permittivität** oder Permittivitätszahl eines Materials bezeichnet.

- Für Vakuum und praktisch auch für Luft ist $\varepsilon_r = 1$. Durch die Wahl geeigneter Dielektrika kann die Kapazität eines Kondensators deutlich erhöht werden, so ist z. B. $\varepsilon r = 3{,}4$ für Plexiglas oder $\varepsilon r = 7$ für Porzellan.
- Die Kapazität lässt sich auch durch Verringern des Plattenabstands erhöhen. Die Durchschlagsfestigkeit des Dielektrikums setzt der weiteren Annäherung der Platten jedoch Grenzen. Wird die Feldstärke im Kondensator zu groß, erfolgt ein Funkenüberschlag zwischen den Platten, der in der Regel den Kondensator zerstört.

Im elektrischen Feld des Kondensators ist die Energie gespeichert, die zum Laden des Kondensators aufgewendet wurde. Der Kondensator ist somit nicht nur ein Ladungsspeicher, sondern auch ein Energiespeicher.
Die im elektrischen Feld des Kondensators **gespeicherte Energie** ist:

$$W = \frac{1}{2} \cdot C \cdot U^2$$

Durch Einsetzen von $U = E \cdot d$ kann diese Energie auch durch die elektrische Feldstärke ausgedrückt werden:

$$W = \frac{1}{2} \cdot C \cdot d^2 \cdot E^2 = \frac{1}{2} \cdot \varepsilon_0 \cdot \varepsilon_r \cdot A \cdot d \cdot E^2$$

Wird durch das Volumen des Kondensators $V = A \cdot d$ geteilt, erhält man daraus die **Energiedichte des elektrischen Felds**:

$$\rho = \frac{W}{V} = \frac{1}{2} \cdot \varepsilon_0 \cdot \varepsilon_r \cdot E^2$$

Sie hat die Einheit $J \cdot m^{-3}$.

Klinik

Die **Zellmembran** trennt zwei elektrisch leitende Bereiche voneinander, den Intra- gegenüber dem Extrazellularraum. In einem Ersatzschaltbild kann die Zellmembran mit dem Dielektrikum eines Kondensators verglichen werden. Wegen der geringen Dicke der Phospholipiddoppelschicht von etwa 5 nm treten bei dem Ruhepotenzial von 70 mV an der Membran beträchtliche elektrische Feldstärken auf:

$$E = \frac{U}{d} = \frac{70\,\text{mV}}{5\,\text{nm}} = \frac{70 \cdot 10^{-3}\,\text{V}}{5 \cdot 10^{-9}\,\text{m}} = 1{,}4 \cdot 10^{-7}\,\frac{\text{V}}{\text{m}}$$

In der Bio- und Gentechnologie wird bei dem Verfahren der **Elektroporation** lokal eine höhere Spannung angelegt, die zum Durchschlagen der Membran führt. Auf diese Weise werden in die Membran gezielt Poren gesetzt.

Lerntipp

Der Kondensator und seine Eigenschaften werden in fast jedem Physikum gefragt. Dabei wird oft – wie in oben stehendem Klinik-Kasten – die Zellmembran als Beispiel für einen Kondensator verwendet.

5.7.2 Schaltungen von Kondensatoren

Kondensatoren können zueinander parallel oder in Reihe geschaltet werden. Die Formeln für die Schaltung von Kondensatoren haben die gleiche Struktur wie die Regeln für die Widerstände (► Kap. 5.6.5). Sie lassen sich daher leicht und einfach merken. Gegenüber den Widerständen sind für Kondensatoren lediglich die Gesetze für Parallel- und Reihenschaltung „vertauscht".

5.7.2.1 Parallelschaltung

Bei der **Parallelschaltung** zweier Kondensatoren sind beide direkt mit der Versorgungsspannung verbunden. Die Ladungen beider Kondensatoren addieren sich zur Gesamtladung. Die Gesamtkapazität ist die Summe der Einzelkapazitäten:

$$C_{Ges} = C_1 + C_2$$

5.7.2.2 Reihenschaltung

In der **Reihenschaltung** teilt sich die Spannung auf beide Kondensatoren auf. Die Kondensatoren nehmen eine geringere Ladung auf, als wenn sie die volle Spannung erhielten. Beide Kondensatoren tragen die gleiche Ladung. Diese ist auch gleich der Gesamtladung des Systems, denn zwischen den Kondensatoren werden Ladungen lediglich von einem auf den anderen Kondensator verschoben. Die Gesamtkapazität ist hier kleiner als die kleinste der Einzelkapazitäten:

$$\frac{1}{C_{Ges}} = \frac{1}{C_1} + \frac{1}{C_2}$$

5.7.3 Auf- und Entladevorgänge

Der Lade- bzw. Entladestrom ist abhängig von der auf dem Kondensator befindlichen Ladung. Immer wenn die Änderung einer Größe proportional zum Momentanwert dieser Größe ist, wird der Vorgang durch eine Exponentialfunktion beschrieben (► Kap. 1.4.3).

Wird der Kondensator über einen Widerstand geladen bzw. entladen, so verzögert sich der Vorgang und die Zeitabhängigkeit kann beobachtet werden. Die Reihenschaltung aus Kondensator und Ohm-Widerstand wird als **RC-Glied** bezeichnet.

Den **Spannungsverlauf** bei der Entladung und der Aufladung eines Kondensators zeigt ► Abb. 5.11.

Zunächst sei der Kondensator auf die Spannung U_0 aufgeladen. Wird er über einen Widerstand R entladen, ist der Spannungsverlauf gegeben durch:

$$U_{(t)} = U_0 \cdot e^{-\frac{1}{\tau}}$$

$\tau = R \cdot C$ ist die **Zeitkonstante** des RC-Glieds. Nach der Zeit $t = \tau$ ist die Spannung auf $1/e$ = 0,37 des Anfangswerts gefallen (► Abb. 5.11a).

Für den Aufladevorgang gilt:

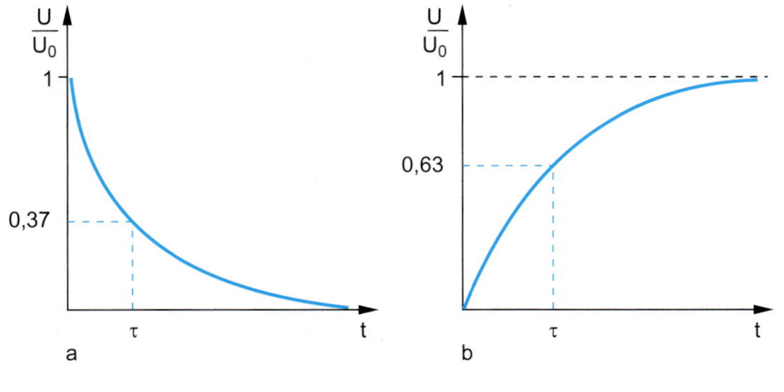

Abb. 5.11 Zeitlicher Verlauf der Kondensatorspannung (**a**) beim Entladen und (**b**) beim Aufladen.

$$U_{(t)} = U_0 \cdot \left(1 - e^{-\frac{t}{\tau}}\right)$$

Nach $t = \tau$ sind 63 % des Endwerts erreicht (▸ Abb. 5.11b).
Für den Lade- und Entladestrom gelten entsprechend die gleichen Zeitabhängigkeiten wie für die Spannungen.

Klinik

In der Physiologie folgt die **Kinetik des Konzentrationsausgleichs** zwischen zwei Kompartimenten ebenfalls einer Exponentialfunktion. So werden auch die Aufnahme und die Ausscheidung von Pharmaka sowie ihr Transport von einem Organ in ein anderes prinzipiell durch die gleichen Gesetzmäßigkeiten beschrieben wie die zuvor dargestellten Ladevorgänge des Kondensators.

Nachdem der Kondensator vollständig aufgeladen wurde, stellt er für Gleichstrom einen unendlich großen Widerstand dar. Im Wechselstromkreis wird der Kondensator periodisch umgeladen (▸ Kap. 5.11.3.2).

5.8 Elektrizitätsleitung

Einige Grundlagen der Elektrizitätsleitung wurden bereits im Abschnitt über den elektrischen Strom erläutert (▸ Kap. 5.5 und ▸ Kap. 5.6). Diese sollen an dieser Stelle nur kurz rekapituliert werden. Anderes, besonders die Vorgänge in einem Elektrolyten sowie die Leitung in Gasen und im Vakuum, wird hier eingehender beschrieben.

5.8.1 Leitung in Festkörpern

In Festkörpern sind **Elektronen** die Ladungsträger des elektrischen Stroms. In Halbleitern sind nur wenige freie Ladungsträger vorhanden. Ihre Zahl nimmt bei Temperaturerhöhung zu, damit steigt die Leitfähigkeit. In guten Leitern nimmt die Leitfähigkeit dagegen mit steigender Temperatur ab (▸ Kap. 5.6.2.2).
Die Bewegung der Elektronen im Festkörper wird durch eine geschwindigkeitsproportionale Reibungskraft behindert. Es stellt sich daher abhängig von der Feldstärke eine **konstante Driftgeschwindigkeit** ein, bei der sich die elektrische Feldkraft und die Reibungskraft kompensieren.
Isolatoren verfügen über keine frei beweglichen Ladungsträger (▸ Kap. 5.4.2).

5.8.2 Leitung in Flüssigkeiten

5.8.2.1 Elektrolyte

Flüssigkeiten sind nur dann elektrisch leitend, wenn Ladungsträger in Form von **Ionen** vorhanden sind.
Ionenverbindungen wie Salze sowie Säuren und Basen dissoziieren in wässriger Lösung: Die Verbindung trennt sich auf in Ionen, die wiederum von einer Hydrathülle aus Wassermolekülen umlagert sind. Eine solche Lösung wird **Elektrolyt** genannt. Elektrolyte leiten den elektrischen Strom.
Werden zwei Elektroden in den Elektrolyten getaucht, an die eine elektrische Spannung angelegt wird, wandern die Ionen in Richtung der entgegengesetzt geladenen Elektrode. Die Ionen werden nach ihrer Wanderungsrichtung benannt:

- Ein **Kation** wandert zur negativen Elektrode, der **Kathode**. Das Kation selbst ist positiv geladen.
- Ein **Anion** ist negativ geladen und bewegt sich zur positiven Elektrode, der **Anode**.

Dem Einfluss des elektrischen Felds wirkt eine geschwindigkeitsabhängige Reibungskraft entgegen. Die Ionen bewegen sich mit der konstanten Geschwindigkeit:

$$v = \mu \cdot E$$

Die **Ionenbeweglichkeit** μ (Einheit: $m^2 \cdot V^{-1} \cdot s^{-1}$) hängt von der Ladung, Größe und räumlichen Konfiguration des Moleküls ab.

Klinik

Die **Elektrophorese** ist ein auch in der Labormedizin angewandtes Analyseverfahren. Eine Probe wird auf einen mit Pufferlösung getränkten Trägerstreifen aufgebracht oder in ein Gel eingebettet. Die Bestandteile der Probe legen entsprechend ihrer Wanderungsgeschwindigkeiten unterschiedliche Strecken auf dem Trägermaterial zurück. Ein Substanzgemisch wird auf diese Weise getrennt und die Zusammensetzung festgestellt.
Bei der **Iontophorese** werden dissoziierte Pharmaka mittels eines angelegten elektrischen Felds durch die Haut in den Körper eingebracht.

5.8.2.2 Elektrolyse

An den Elektroden gleichen die Ionen ihre Ladungen aus und es entsteht die neutrale Grundsubstanz der jeweiligen Ionen. Durch elektrische Energie kann also eine chemische Reaktion ablaufen, die von selbst so nicht stattfinden würde. Dieses Verfahren, bei dem eine Ionenverbindung in ihre Bestandteile zerlegt wird, wird als **Elektrolyse** bezeichnet. Ist der Elektrolyt z. B. eine Kupfer(II)chloridlösung ($CuCl_2$), befinden sich in der Lösung Cu^{2+}-Ionen und die doppelte Anzahl Cl^--Ionen. Bei der Elektrolyse scheidet sich an der Kathode metallisches Kupfer ab. An der Anode steigen kleine Blasen von Chlorgas auf.

Klinik

Ein Ion in Lösung hat andere Eigenschaften als der neutrale Grundstoff. So sind Chloridionen unverzichtbarer Bestandteil des menschlichen Elektrolythaushalts, Chlorgas dagegen wirkt toxisch.

Den Zusammenhang zwischen der bei der Elektrolyse an den Elektroden abgeschiedenen Stoffmenge und der transportierten Ladung geben die Faraday-Gesetze an.

- **1. Faraday-Gesetz:** Die Masse des elektrolytisch an einer Elektrode abgeschiedenen Stoffs ist proportional zu der durch den Elektrolyten geflossenen Ladung:

$$m = c \cdot Q$$

Der Proportionalitätsfaktor c ist das **elektrochemische Äquivalent** des betreffenden Stoffs. Es gibt an, welche Masse des Stoffs durch eine Ladung von 1 Coulomb abgeschieden wird.

- **2. Faraday-Gesetz:** Die zur elektrolytischen Abscheidung von 1 Mol Teilchen erforderliche Ladung ist

$$Q = z \cdot F$$

z gibt die Wertigkeit der Ionen an, d. h. die Zahl der Elementarladungen, die sie tragen. F ist die **Faraday-Konstante**, ihr Wert ist $F = 96.485$ C/mol. Die Faraday-Konstante ist das Produkt aus Elementarladung e (► Kap. 3.2.1) und Avogadro-Konstante N_A (► Kap. 3.2.2); sie gibt die für die Abscheidung eines Mols einer einwertigen Substanz notwendige Ladungsmenge an.

5.8.3 Leitung in Gasen

Die Atome bzw. Moleküle eines Gases sind elektrisch neutral, Gase sind deshalb Nichtleiter. Bei hohen Temperaturen oder durch hochenergetische Strahlung können Gase jedoch **ionisiert** werden. Durch Zusammenstöße der Gasmoleküle untereinander bei starken Temperaturschwingungen oder mit Strahlungsteilchen, durch die Absorption elektromagnetischer Strahlungen oder durch ein starkes elektrisches Feld wird genügend Energie auf ein Elektron übertragen, sodass es das Atom bzw. Molekül verlässt. Das abgelöste Elektron und das zurückbleibende positiv geladene Ion stehen nun als Ladungsträger für den elektrischen Strom zur Verfügung.

Der für das Herauslösen eines Elektrons erforderliche Energiebetrag wird als **Ionisierungsenergie** eines Stoffs bezeichnet.

In Leuchtstofflampen und Gasentladungslampen wird das Füllgas durch ein starkes elektrisches Feld ionisiert. Ionisation ist auch die Grundlage des Strahlungsnachweises in einer Ionisationskammer oder einem Geiger-Müller-Zählrohr (► Kap. 8.4.1.2).

5.8.4 Leitung im Vakuum

Im Vakuum stehen zunächst keine Ladungsträger zur Verfügung. Es können aber Ladungsträger durch Elektronen- oder Ionenquellen erzeugt werden.

Wird ein Leiter erhitzt, treten Elektronen aus, und zwar besonders dann, wenn er negativ geladen ist und somit ein Elektronenüberschuss besteht. Dies wird als **glühelektrischer Effekt** bezeichnet. Beim **Photoeffekt** werden dagegen Elektronen aus einem Metall durch energiereiche elektromagnetische Strahlung herausgelöst.

Im elektrischen Feld führen die Ladungsträger eine **beschleunigte Bewegung** aus.

In der **Braun-Röhre** treten Elektronen aus der geheizten negativen Elektrode, der Kathode, aus und werden in Richtung der positiven Elektrode, der Anode, beschleunigt. Treffen die Elektronen auf einen Leuchtschirm, wird sichtbares Licht erzeugt. Der Elektronenstrahl kann durch elektrische und magnetische Felder abgelenkt werden. Auf diese Weise wird in herkömmlichen Fernsehgeräten und in Röhrenmonitoren das Bild erzeugt.

Klinik

Auch in einer **Röntgenröhre** treten Elektronen aus einer Glühkathode aus. Beim Aufprall auf die Anode entsteht Röntgenstrahlung (► Kap. 8.3)

5.9 Elektrische Spannungen an Grenzflächen, Diffusionsspannungen

An den Grenzflächen zweier Metalle, am Übergang einer Elektrode zum Elektrolyten oder an der Grenze verschiedener Elektrolyten wechseln Ladungsträger aus einem Gebiet in den angrenzenden Bereich. So entsteht an der Grenzfläche eine elektrische Spannung. Handelt es sich bei den Ladungsträgern um Ionen, ist mit deren Bewegung auch ein Stofftransport, d. h. eine Diffusion des betreffenden Stoffs, verbunden.

5.9.1 Kontaktspannung, Thermospannung

An der Grenzfläche zweier verschiedener Metalle tritt eine **Kontaktspannung** auf. Die Elektronen sind innerhalb des Kristallgitters eines Metalls frei beweglich, bleiben aber an den Kristallverband als Ganzes gebunden. Zum Herauslösen eines Elektrons muss dessen Bindungsenergie in Form einer für jedes Metall spezifischen **Austrittsarbeit** W_a aufgebracht werden.

An der Kontaktstelle unterschiedlicher Metalle treten Elektronen aus dem Material mit der kleineren in das Material mit der größeren Austrittsarbeit über. Es entsteht eine **Potenzialdifferenz**, die Kontaktspannung. Beim Übergang eines Elektrons in das Material mit der höheren Austrittsarbeit wird Energie in Form von Wärme frei.

Das elektrische Feld an der Übergangsstelle wirkt der Elektronenbewegung entgegen, sodass sich ein Gleichgewicht einstellt.

Werden zwei Drähte verschiedenen Materials zu einer geschlossenen Leiterschleife verbunden, hat die Spannung an beiden Kontaktstellen entgegengesetzte Polarität. Bei einem geschlossenen Umlauf ist deshalb die Summe der Kontaktspannungen gleich null. Damit fließt auch kein Strom.

Dies gilt jedoch nur bei gleicher Temperatur beider Kontaktstellen. Die Leiterschleife aus unterschiedlichen Materialien bildet ein **Thermoelement**. Wird eine der Kontaktstellen erwärmt, so treten dort mehr Elektronen über als an der kälteren Stelle. Es fließt ein so genannter Thermostrom. Die Beträge der Kontaktspannungen an beiden Übergängen sind nun nicht mehr gleich. Die Spannungsdifferenz ΔU ist die Thermospannung. Diese ist der Temperaturdifferenz ΔT zwischen beiden Kontaktstellen proportional:

$$\Delta U = \alpha \cdot \Delta T$$

Der Proportionalitätsfaktor α ist für die jeweilige Materialkombination spezifisch. Die Thermospannungen sind bei Halbleiter-Thermoelementen (▸ Kap. 5.6.2.2) besonders hoch.

Ein Thermoelement erzeugt elektrische Energie direkt aus Wärmeenergie, ohne den Umweg über mechanische Arbeit wie in herkömmlichen Kraftwerken. Wegen seines vergleichsweise geringeren Wirkungsgrads spielt es aber bei der Stromerzeugung keine wesentliche Rolle.

Merke

Das Thermoelement eignet sich zur schnellen und präzisen **Temperaturmessung**. Eine Kontaktstelle wird dabei auf einer bekannten Referenztemperatur gehalten, z. B. in einem Eis-Wasser-Gemisch bei 0 °C.

Der beschriebene thermoelektrische Effekt wird auch **Seebeck-Effekt** genannt.

Als Umkehrung des Seebeck-Effekts kann der **Peltier-Effekt** verstanden werden. Wird durch eine äußere Spannungsquelle ein konstanter Strom durch die Leiterschleife geschickt, so kühlt sich abhängig von der Stromrichtung eine Kontaktstelle ab, die andere erwärmt sich. Ein Peltier-Element kann daher sowohl zur Kühlung als auch zur Heizung verwendet werden.

5.9.2 Galvanische Spannung

Taucht eine Metallelektrode in einen Elektrolyten ein, gehen Metallionen in Lösung und lassen Elektronen zurück. Zwischen dem Elektrolyten und der Elektrode entsteht eine Potenzialdifferenz, die **galvanische Spannung**. Dieses elektrochemische Potenzial kann für eine einzelne Elektrode nicht isoliert bestimmt werden, denn Spannungen werden immer zwischen zwei Punkten gemessen. Die elektrochemischen Potenziale verschiedener Materialien werden deshalb gegen eine festgelegte **Normelektrode** gemessen. Dies ist eine mit Wasserstoffgas umspülte Platinelektrode. Die gemessenen Spannungen werden als Normalspannungen bezeichnet. Entsprechend ihrer Normalspannungen können Stoffe in einer **Spannungsreihe** angeordnet werden.

Zwei Elektroden mit verschiedenen elektrochemischen Potenzialen in einem Elektrolyten bilden ein **galvanisches Element**. Die Spannung des galvanischen Elements ist die Differenz der Normalspannungen beider Elektrodenmaterialien.

Merke

Das bekannteste galvanische Element ist das **Zink-Kohle-Element**, die herkömmliche Taschenlampenbatterie. Das Normalpotenzial von Zink beträgt –0,76 V, das von Kohle +0,74 V. Die Differenz ergibt die Batteriespannung von 1,5 V.

Klinik

Für **bioelektrische Messungen** werden zwei Arten von Elektroden unterschieden:

- Am häufigsten werden **nicht polarisierbare Elektroden** verwendet. Bei ihnen erfolgt der Übergang der Ladungsträger zum Elektrolyten ungehindert. Sie sind meist Silberelektroden-Schichten (Ag) oder gesinterte Kalotten aus Silber/Silberchlorid (Ag/AgCl).
- In **polarisierbaren Elektroden** sammeln sich abhängig vom Elektrodenmaterial Ladungen an der Grenzfläche von der Elektrode zum Elektrolyten bzw. zum Gewebe an. Es baut sich eine Polarisationsspannung auf, ohne dass ein Strom im Elektrolyten fließt. Polarisierbare Elektroden werden nur in speziellen Fällen benutzt.

5.9.3 Membranspannung, Nernst-Gleichung

An der Grenzfläche zweier Elektrolyte verschiedener Konzentration oder Zusammensetzung kann sich eine Potenzialdifferenz bilden, wenn sich die Beweglichkeit der einzelnen Ionensorten unterscheidet. Ionen diffundieren dann schneller von einem in den anderen Elektrolyten als umgekehrt. Diese **Diffusionsspannung** verschwindet aber, wenn ein Konzentrationsausgleich erreicht ist.

Eine permanente Spannung entsteht, wenn zwei Elektrolyte durch eine **ionenselektive Membran** getrennt sind. Diese Membran sei für die Moleküle des Lösungsmittels und für kleine Ionen durchlässig. Als Beispiel seien zwei Elektrolyte Na^+Cl^- und Na^+A^- betrachtet. A^- sei ein größeres Anion, etwa ein Protein, für das die Membran zwischen beiden Elektrolyten undurchlässig ist. Es findet ein Konzentrationsausgleich der einzelnen Ionensorten statt, bei dem Cl^--Ionen in den Bereich der A^--Ionen einwandern, diese ihr Kompartiment aber nicht verlassen können. Es bildet sich ein Überschuss negativer Ladungen in diesem Kompartiment und damit an der Membran eine Potenzialdifferenz, die **Membranspannung**.

Die Membranspannung wird durch die **Nernst-Gleichung** beschrieben:

$$U = \frac{k \cdot T}{z \cdot e} \cdot \ln \frac{c_1}{c_2}$$

c_1 und c_2 sind die Konzentrationen der Elektrolyte und z die Wertigkeit der Ionen. In der Literatur wird die Nernst-Gleichung in verschiedenen Schreibweisen dargestellt:

- Wird die Boltzmann-Konstante k ausgedrückt durch $k = R/N_A$ (► Kap. 4.4.1) und für die Elementarladung $e = F/N_A$ (► Kap. 5.8.2) eingesetzt, so kann die Nernst-Gleichung auch geschrieben werden als:

$$U = \frac{R \cdot T}{z \cdot F} \cdot \ln \frac{c_1}{c_2}$$

- Für eine Raumtemperatur von 25 °C ergibt $(k \cdot T)/e$ = 26 mV. Damit vereinfacht sich die Gleichung zu:

$$U = \frac{1}{z} \cdot 0{,}026 \text{ V} \cdot \ln \frac{c_1}{c_2}$$

- Soll anstelle des natürlichen mit dem dekadischen Logarithmus gerechnet werden, wird daraus mit der Umrechnung $\ln(x) = 2{,}303 \cdot \log_{10}(x)$:

$$U = \frac{1}{z} \cdot 0{,}059 \text{ V} \cdot \log_{10} \frac{c_1}{c_2}$$

Die Nernst-Gleichung ist gültig für eine Ionensorte. Eine Erweiterung der Nernst-Gleichung auf mehrere Ionensorten ist die Goldmann-Hodgkin-Katz-Gleichung. Auf deren Darstellung soll jedoch an dieser Stelle verzichtet werden.

Klinik

Zellmembranen sind selektiv durchlässig für verschiedene Ionensorten. Für verschiedene Ionen existieren unterschiedliche Transportkanäle oder Transportmechanismen. An den Zellen treten Membranspannungen auf, es bildet sich ein Gleichgewichtspotenzial, das **Ruhepotenzial**. Bei erregbaren Zellen wie Nerven- und Muskelzellen verändert sich das Membranpotenzial bei der

Erregungsbildung und Erregungsleitung. Diese Änderung zum **Aktionspotenzial** beruht auf einer Erhöhung der Membranpermeabilität für Na^+-Ionen.

5.10 Magnetische Größen

5.10.1 Magnetische Felder

Neben elektrischen existieren auch magnetische Felder und Kräfte. Zwischen den Erscheinungen Elektrizität und Magnetismus bestehen Zusammenhänge. Beide zeigen Ähnlichkeiten, weisen aber auch wesentliche Unterschiede auf.

5.10.1.1 Das Feldlinienbild

Es existieren zwei Arten **magnetischer Pole**: Nord- und Südpol. Zwischen gleichnamigen Polen wirkt eine abstoßende Kraft. Ungleichnamige Pole ziehen sich an.

Das magnetische Feld lässt sich in einem **Feldlinienbild** darstellen. ► Abb. 5.12 zeigt das Feld eines Stabmagneten. Die Verlaufsrichtung der magnetischen Feldlinien ist außerhalb des felderzeugenden Magneten als vom Nord- zum Südpol definiert.

Lerntipp

Magnete sind immer Dipole, d. h., sie besitzen immer einen Nord- und einen Südpol. Die Feldlinien verlaufen außerhalb des Magneten vom Nord- zum Südpol.

Auch innerhalb des Magneten besteht ein magnetisches Feld. Die Feldlinien des magnetischen Felds sind ringförmig geschlossen. Magnete sind stets **Dipole**. Es lassen sich keine einzelnen magnetischen Pole isolieren. Darin besteht ein wesentlicher Unterschied gegenüber dem elektrischen Feld.

Würde der Magnet in ► Abb. 5.12 in der Mitte, entlang der gestrichelten Linie, durchtrennt, so entstünden zwei kleinere Magnete, mit jeweils einem Nordpol auf der linken Seite und einem Südpol auf der rechten Seite.

Lerntipp

Magnetische Körper sind immer Dipole, d. h., sie beinhalten immer einen Nord- und Südpol. Die Feldlinien verlaufen vom Nord- zum Südpol.

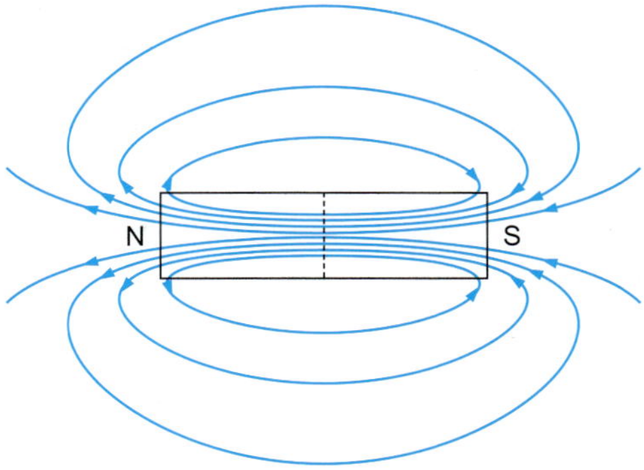

Abb. 5.12 Das magnetische Feld eines Stabmagneten.

5.10.1.2 Magnetische Flussdichte, Feldstärke und Dipolmoment

Für das magnetische Feld ist die als zur Stärke des elektrischen Felds E am ehesten als analog anzusehende Größe die **magnetische Flussdichte** B. Ihre Einheit ist das **Tesla (T)**: $1\ T = 1\ V \cdot s \cdot m^{-2}$. Früher war die Einheit **Gauß (G)** gebräuchlich: $1\ G = 10^{-4}\ T$. Die magnetische Flussdichte wird häufig auch als **magnetische Induktion** bezeichnet.

Die **magnetische Feldstärke** H ist mit der magnetischen Flussdichte verknüpft über die Beziehung:

$$\vec{B} = \mu_0 \cdot \mu_r \cdot \vec{H}$$

μ_0 ist die **magnetische Feldkonstante**, auch Permeabilität des Vakuums genannt, sie beträgt $1{,}26 \cdot 10^{-6}$ $V \cdot s \cdot A^{-1} \cdot m^{-1}$. Die dimensionslose Materialkonstante μ_r ist die Permeabilitätszahl eines Materials. Der Vektor $\vec{H}$ verläuft ebenso wie $\vec{B}$ parallel zu den magnetischen Feldlinien. Er hat die Einheit A/m. Der Vorteil der Betrachtung von $\vec{H}$ ist, dass es eine stoffunabhängige Größe darstellt.

Diese Unterscheidungen und Mehrfachbenennungen sind historisch bedingt. In der neueren Literatur wird (soweit möglich) die Beschreibung des magnetischen Felds meist auf die Angabe der Größe B beschränkt, um einer Verwechslung der Begriffe vorzubeugen.

So ist es – auch wenn dies im engeren Sinne der Definitionen nicht ganz exakt ist – durchaus üblich, von „einem magnetischen Feld der Stärke B" zu sprechen.

Dieser vereinfachende Sprachgebrauch soll auch hier im Folgenden verwendet werden.

Analog zum elektrischen Dipol lässt sich auch für einen Magneten ein **magnetisches Dipolmoment** oder kurz magnetisches Moment $\vec{m}$ bestimmen:

$$\vec{m} = P \cdot \vec{l}$$

Dabei ist P die **Polstärke** des Magneten. P ist eine aus formalen Gründen „gedachte" magnetische Punktladung, die real in dieser Form nicht existiert. Der Nordpol eines Magneten wird positiv, der Südpol negativ gerechnet. Der Vektor $\vec{l}$ zeigt vom Süd- zum Nordpol und entspricht der Länge des Magneten. Die Einheit des magnetischen Dipolmoments ist $A \cdot m^2$.
Auf einen magnetischen Dipol wirkt in einem Magnetfeld der Stärke B das **Drehmoment:**

$$\vec{M} = \vec{m} \times \vec{B}$$

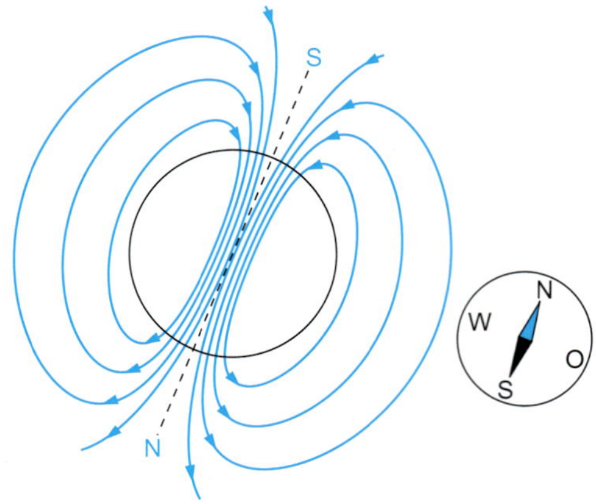

Abb. 5.13 Das Magnetfeld der Erde. Eine Kompassnadel richtet sich nach geografisch Nord, zum magnetischen Südpol der Erde aus.

5.10.1.3 Das Erdmagnetfeld

Auch die **Erde** besitzt ein magnetisches Feld (► Abb. 5.13). Das Drehmoment auf eine Kompassnadel richtet diese parallel zur Horizontalkomponente des Erdmagnetfelds aus. Die Kompassnadel ist ein kleiner Stabmagnet. Üblicherweise wird der Nordpol eines Magneten zur Unterscheidung mit roter Farbe gekennzeichnet.

Merke

Die geografische Nordrichtung ist als die Richtung festgelegt, in die der Nordpol der Kompassnadel zeigt. Dies ist die Richtung zum magnetischen Südpol der Erde.

5.10.1.4 Magnetische Felder stromdurchflossener Leiter

Bewegte elektrische Ladungen erzeugen magnetische Felder. Jeder elektrische Strom erzeugt daher ein magnetisches Feld. Stromdurchflossene Leiter sind stets von magnetischen Feldern umgeben.

Klinik

Da jeder elektrische Strom ein Magnetfeld erzeugt, entstehen auch durch die elektrischen Ströme im menschlichen Körper **magnetische Felder**. Diese Felder sind mit entsprechend empfindlichen Detektoren von außen messbar. So kann vom Herzen auch ein Magnetokardiogramm (**MKG**) oder vom Gehirn ein Magnetoenzephalogramm (**MEG**) aufgenommen werden.

- Die magnetischen Feldlinien um einen **geraden, stromdurchflossenen Leiter** haben die Form konzentrischer Kreise (► Abb. 5.14a). Die Richtung der Feldlinien lässt sich mit der „Daumenregel der rechten Hand" bestimmen: Zeigt der Daumen der rechten Hand in Richtung der technischen Stromrichtung (+ → –) und umgreifen die übrigen Finger den Draht, so weisen die Fingerspitzen in die Richtung des magnetischen Felds. Es kann alternativ auch die linke Hand benutzt werden. Hier zeigen die Finger in Feldrichtung, wenn der Daumen in die Elektronenstromrichtung (– → +) weist. Die Flussdichte des Felds ist proportional zur Stärke des elektrischen Stroms. Sie nimmt proportional mit dem Abstand r zum Leiter ab:

$$B = \mu_0 \cdot \mu_r \cdot \frac{1}{2 \cdot \pi \cdot r}$$

- In einer **Leiterschleife** sind die Stromrichtung und damit der Umlaufsinn der Feldlinien für Vorder- und Rückseite, bzw. oben und unten, entgegengesetzt. Die Feldlinien im Inneren der Schleife weisen alle in die gleiche Richtung (► Abb. 5.14b). Die stromdurchflossene Leiterschleife bildet einen magnetischen Dipol. Das magnetische Dipolmoment m der Leiterschleife ist:

$$\vec{m} = n \cdot \vec{A} \cdot I$$

n ist die Zahl der Windungen der Leiterschleife. Die Querschnittsfläche A der Schleife wird hier als Vektor betrachtet. Dieser Flächenvektor steht senkrecht auf der Fläche, er ist ein Normalenvektor der Fläche.

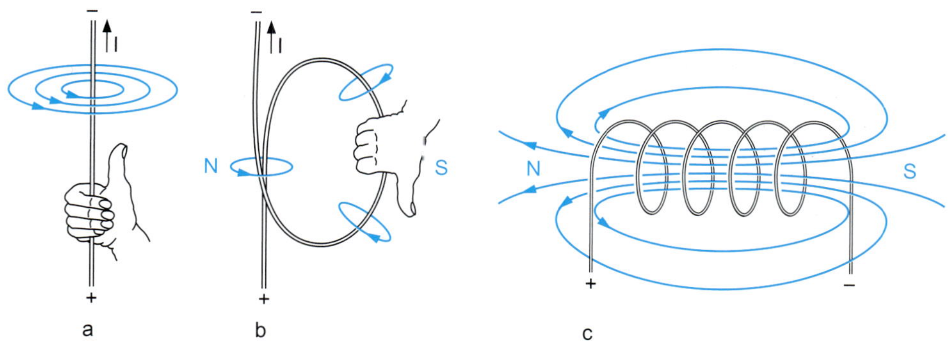

Abb. 5.14 Die magnetischen Felder (**a**) eines geraden, stromdurchflossenen Leiters, (**b**) einer Leiterschleife und (**c**) einer Spule.

Die Richtung des magnetischen Moments bildet zusammen mit dem Umlaufsinn des elektrischen Stroms ein **Rechtssystem** (▸ Kap. 1.2.2): Umgreifen die Finger der rechten Hand eine Leiterschleife oder eine Spule im Umlaufsinn der technischen Stromrichtung, so zeigt der abgespreizte Daumen in Richtung des Nordpols des magnetischen Felds und damit in Richtung des magnetischen Dipolmoments.

- Eine **Spule** ist eine Leiterschleife mit mehreren Windungen. Das Magnetfeld im Inneren einer langen, zylindrischen Spule ist homogen (▸ Abb. 5.14c). Im Inneren einer Spule der Länge l mit n Windungen erzeugt ein Strom I ein magnetisches Feld:

$$B = \mu_0 \cdot \mu_r \cdot \frac{n}{l} \cdot I$$

5.10.2 Magnetische Eigenschaften der Materie

In einer Modellvorstellung kann die Materie als aus kleinsten Elementarmagneten aufgebaut betrachtet werden. Meist ist die Orientierung dieser Elementarmagnete zufällig verteilt. Sie heben sich in ihrer magnetischen Wirkung gegenseitig auf. In einem **Permanentmagneten** sind die Elementarmagnete gleich ausgerichtet, sodass sich ihre Wirkung addiert und der Körper nach außen magnetisch ist. Durch starkes Erhitzen oder Erschütterungen (Hämmern) kann diese gerichtete Orientierung der Elementarmagnete durcheinandergebracht und ein Magnet so **entmagnetisiert** werden.

Die Bildung dieser Elementarmagnete könnte man sich weitergehend als durch Elementarströme verursacht vorstellen, etwa einen Bereich, in dem sich Kreisströme bilden oder die Elektronen sich in gleicher Umlaufrichtung um die Atomkerne bewegen. Die Erklärungsmöglichkeiten einfacher Modellvorstellungen stoßen aber an eine Grenze, denn auch einzelne Elementarteilchen besitzen ein magnetisches Moment.

Das magnetische Moment der Elementarteilchen entsteht durch deren Eigendrehimpuls und wird als **Spin** bezeichnet.

Klinik

Kernspintomografie (**NMR** – Nuclear Magnetic Resonance) ist ein aus der Medizin nicht mehr wegzudenkendes bildgebendes diagnostisches Verfahren. Der Patient wird in ein starkes Magnetfeld gebracht. Protonen nehmen unterschiedliche Energiezustände an, je nachdem ob ihr Spin parallel oder antiparallel zum äußeren Magnetfeld ausgerichtet ist. Die Energieänderung bei der Umorientierung, dem „Umklappen" des Spins, wird durch die Absorption elektromagnetischer Strahlung im Frequenzbereich der Radiowellen gemessen.

Die Kernspintomografie gibt eine Information über den Wasserstoffgehalt des Gewebes sowie die chemische Umgebung, in der sich der Wasserstoff befindet, und damit auch über den Wassergehalt der Gewebe.

Das gleiche Messprinzip liegt der **Elektronenspinresonanz** (**ESR**) zugrunde. Von der Kernspinresonanz unterscheidet sich das Verfahren im Wesentlichen durch die höhere Frequenz der absorbierten elektromagnetischen Strahlung. Diese liegt im Mikrowellenbereich. Hier wird die Umorientierung des Elektronenspins registriert. Die ESR gibt eine Information über die Elektronenkonfiguration. Es lassen sich Stoffe mit ungepaarten Elektronen und damit insbesondere freie Radikale nachweisen.

In einem äußeren Magnetfeld wird Materie magnetisiert. Die magnetischen Momente ihrer Bausteine richten sich im Magnetfeld aus. Die Magnetisierbarkeit eines Stoffs wird durch seine **magnetische Suszeptibilität** χ_m gekennzeichnet. Zwischen Suszeptibilität und Permeabilität besteht der Zusammenhang:

$$\mu_r = 1 + \chi_m$$

Es werden drei Stoffkategorien und Arten des Magnetismus unterschieden:

- **Diamagnetismus:** Für diamagnetische Stoffe ist μ_r wenig kleiner als 1. Die Suszeptibilität ist negativ:

  $$\mu_r < 1 \Rightarrow \chi_m \approx -10^{-4}$$

  Diamagnetische Stoffe besitzen keine eigenen permanenten magnetischen Dipolmomente. Es werden jedoch magnetische Dipolmomente induziert. Die induzierten magnetischen Felder sind dem äußeren Feld entgegengerichtet und schwächen dieses. Der Vorgang ist mit der elektrischen Verschiebungspolarisation vergleichbar (► Kap. 5.4.2).
- **Paramagnetismus:** Für paramagnetische Stoffe ist μ_r etwas größer als 1. Die Suszeptibilität ist positiv:

  $$\mu_r > 1 \Rightarrow \chi_m \approx +10^{-5}$$

  In paramagnetischen Stoffen sind permanente magnetische Dipolmomente vorhanden. Normalerweise ist deren Orientierung zufällig verteilt. Unter der Wirkung eines äußeren Felds richten sich die magnetischen Momente entlang des Felds aus.
- **Ferromagnetismus:** In ferromagnetischen Stoffen ist μ_r wesentlich größer als 1. Die Suszeptibilität ist positiv und nimmt hohe Werte an:

  $$\mu_r \gg 1 \Rightarrow \chi_m \approx +10^3 \ldots +10^4$$

  In ferromagnetischen Stoffen existieren mikroskopische Bereiche mit einheitlicher magnetischer Orientierung, die so genannten **Weiß-Bezirke**. Im magnetischen Feld ändern diese Bezirke als Ganzes ihre magnetische Orientierung und richten sich parallel zum äußeren Feld aus. Die Magnetisierung des Stoffs steigt deshalb beim Anlegen eines magnetischen Felds sehr stark an. Die Permeabilität eines ferromagnetischen Stoffs ist keine reine Materialkonstante, sie hängt stark von der Stärke eines äußeren Magnetfelds und von der Temperatur ab.

Die Magnetisierung eines ferromagnetischen Materials folgt einer typischen **Hysteresekurve**. ► Abb. 5.15 zeigt den Zusammenhang zwischen der magnetischen Feldstärke H und der magnetischen Flussdichte B.

Bei erstmaliger Magnetisierung folgt die magnetische Flussdichte im Material der gestrichelten Kurve. Sind alle Weiß-Bezirke ausgerichtet, ist die Sättigungsmagnetisierung B_s erreicht. Beim Abschalten des äußeren Felds bleibt eine Magnetisierung B_r erhalten, die als **Remanenz** bezeichnet wird. Soll die Magnetisierung des Stoffs wieder auf null gebracht werden, muss ein entgegengerichtetes Feld angelegt werden. Dessen Stärke ist die so genannte **Koerzitivkraft** H_k (► Abb. 5.15).

Magnetisch harte Stoffe zeigen eine hohe Remanenz. Die Hysteresekurve umschließt eine große Fläche. Sie eignen sich gut als Permanentmagnete. Dagegen verliert ein magnetisch weiches Material seine Magnetisierung wieder fast gänzlich.

Merke

Ein **Elektromagnet** lässt sich gut durch eine Spule mit einem Weicheisenkern realisieren. Der Eisenkern verstärkt das Magnetfeld der Spule um mehrere Größenordnungen. Beim Abschalten des Stroms verschwindet die Magnetisierung fast vollständig.

Oberhalb einer für jedes Material charakteristischen Temperatur, der **Curie-Temperatur** T_C, geht die ferromagnetische Eigenschaft verloren. Ein

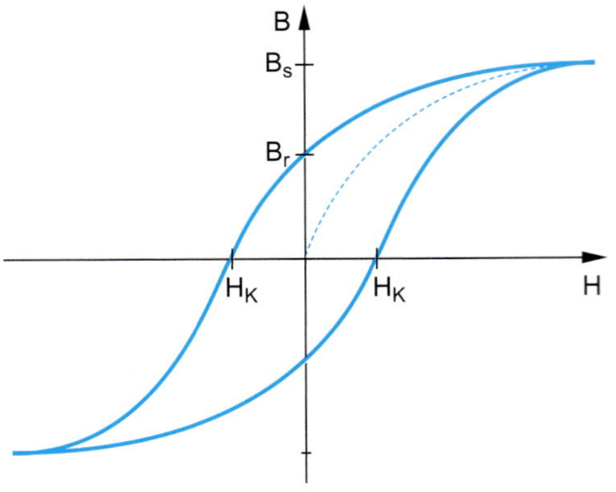

Abb. 5.15 Hysteresekurve eines ferromagnetischen Stoffs: Sättigungsmagnetisierung B_s, Remanenz B_r und Koerzitivkraft H_k.

Magnet lässt sich deshalb durch starkes Erhitzen (Ausglühen) entmagnetisieren.
In ferromagnetischen Materialien verlaufen die magnetischen Feldlinien weitestgehend parallel zur Oberfläche. Ferromagnetische Stoffe eignen sich zur Abschirmung magnetischer Felder, ähnlich wie elektrische Felder durch einen Faraday-Käfig abgeschirmt werden (► Kap. 5.4.3). Ein Eisenblech schirmt ein magnetisches Feld sehr gut ab, während z. B. Messing (eine Legierung aus Kupfer und Zink) das Feld kaum beeinflusst.

5.10.3 Magnetische Kraftwirkung, Lorenzkraft

Das magnetische Feld übt eine Kraft auf eine bewegte elektrische Ladung q aus. Diese Kraft wird als **Lorenzkraft** bezeichnet:

$$\vec{F} = q \cdot \vec{v} \times \vec{B}$$

Die Richtungen der Kraft F, der Geschwindigkeit v und des Felds B stehen jeweils senkrecht aufeinander. Sie bilden ein Rechtssystem. Hier findet die **3-Finger-Regel der rechten Hand** (► Kap. 1.2.2) Anwendung: Der Daumen der rechten Hand zeigt in die Bewegungsrichtung einer positiven Ladung, der Zeigefinger von Nord nach Süd in Richtung des magnetischen Felds. Der Mittelfinger weist dann in Richtung der auf die Ladung wirkenden Kraft.
Auf die gleiche Weise lässt sich auch mit der linken Hand die Kraftrichtung bestimmen. Hier zeigt der Daumen in Richtung der Bewegung einer negativen Ladung.

Lerntipp

Merkhilfe für die 3-Finger-Regel:

Ursache	→	Bewegung	→	Daumen
Vermittlung	→	Magnetfeld	→	Zeigefinger
Wirkung	→	Kraft	→	Mittelfinger

Rechte Hand für positive Ladungen (Rechte-Hand-Regel); linke Hand für negative Ladungen

Werden in oben stehender Gleichung die Beträge der einzelnen Größen betrachtet, so wird daraus:

$$F = q \cdot v \cdot B \cdot \sin\alpha$$

mit dem Winkel α zwischen Feldrichtung und Bewegungsrichtung der Ladung.
Die Lorenzkraft wirkt stets **senkrecht** zur Bewegungsrichtung eines geladenen Teilchens. In einem magnetischen Feld bewegt sich eine Ladung auf einer Kreisbahn. Die Lorenzkraft bildet dabei die Zentripetalkraft. Durch Gleichsetzen von Lorenzkraft und Zentrifugalkraft (► Kap. 2.6.2) kann der Radius der Kreisbahn berechnet werden.

Merke

Die Lorenzkraft leistet keine Arbeit. Der Betrag der Geschwindigkeit der Ladung und damit ihre kinetische Energie bleiben konstant, es ändert sich nur die Richtung der Bewegung.
Ladungen können nur durch elektrische, nicht aber durch magnetische Felder (linear) beschleunigt werden. In Kreisbeschleunigern wie dem Betatron oder dem Zyklotron werden die Teilchen durch magnetische Felder auf einer Kreisbahn gehalten und durch elektrische Felder beschleunigt.

In einem stromdurchflossenen Leiter bewegen sich Ladungen, auf die im magnetischen Feld die Lorenzkraft wirkt. Auf den Leiter wirkt die Kraft:

$$\vec{F} = l \cdot \vec{I} \times \vec{B}$$

oder, wenn das Vektorprodukt durch die Beträge der einzelnen Größen ausgedrückt werden soll:

$$F = l \cdot I \cdot B \cdot \sin\alpha$$

l ist die Länge des im Magnetfeld verlaufenden Leiterstücks, α der Winkel zwischen Leiter und Richtung des Magnetfelds.
Auch hier gilt die Rechte-Hand-Regel: Der Daumen der rechten Hand zeigt in die technische Stromrichtung, der Zeigefinger in Richtung des magnetischen Felds und der Mittelfinger gibt die Richtung der Kraft an. Für die linke Hand zeigt der Daumen in die Richtung des Elektronenstroms.
Bei zwei parallel verlaufenden stromdurchflossenen Leitern übt das Magnetfeld des einen Leiters auf die bewegten Ladungen im anderen Leiter eine Kraft aus und umgekehrt. Fließen beide Ströme in die gleiche Richtung, ziehen sich die Leiter gegenseitig an. Verlaufen die Stromrichtungen antiparallel, wirken abstoßende Kräfte.

5.10.4 Induktion

Ein zeitlich veränderliches Magnetfeld induziert in einem Leiter eine elektrische Spannung. Wird ein Stabmagnet in eine Leiterschleife bzw. Spule eingeführt oder herausgezogen, ist eine Spannung messbar.
Um diesen Vorgang der **Induktion** quantitativ zu beschreiben, wird zunächst der **magnetische Fluss** Φ durch eine Leiterschleife der Querschnittsfläche A definiert:

$$\Phi = \vec{A} \cdot \vec{B}$$

Es handelt sich hier um das Skalarprodukt zweier vektorieller Größen (► Kap. 1.2.2). Die der Fläche zugeordnete Richtung entspricht der ihres Normalenvektors. Wenn α der Winkel zwischen Magnetfeld und dem Normalenvektor der Fläche ist, lässt sich das Skalarprodukt schreiben als:

$$\Phi = A \cdot B \cdot \cos\alpha$$

Anschaulich betrachtet trägt nur die senkrecht auf der Ebene der Leiterschleife stehende Komponente des Felds zum magnetischen Fluss bei.
Für den magnetischen Fluss wurde die Einheit **Weber (Wb)** eingeführt: 1 Wb = 1 V · s.
Eine Spannung wird immer dann induziert, wenn sich der magnetische Fluss ändert. Dies beschreibt das **Induktionsgesetz:**

$$U = -n \cdot \frac{d\Phi}{dt} = -n \cdot \dot{\Phi}$$

n ist die Anzahl der Windungen der Leiterschleife.
Eine Spannung wird induziert, wenn sich a) das Magnetfeld in einer Leiterschleife oder b) die vom Magnetfeld durchsetzte Fläche ändert, etwa wenn die Leiterschleife aus dem Magnetfeld herausgezogen wird. Verändern sich beide Größen gleichzeitig, muss bei dem über die Ableitung nach der Zeit definierten Induktionsgesetz die Produktregel der Ableitung beachtet werden:

$$U = -n \cdot \frac{d\Phi}{dt} = -n \cdot \frac{d(A \cdot B)}{dt} =$$
$$-n \cdot \left(\frac{dA}{dt} \cdot B + A \cdot \frac{dB}{dt} \right) = -n \cdot (\dot{A} \cdot B + A \cdot \dot{B})$$

In einem geschlossenen Stromkreis fließt durch die induzierte Spannung auch ein **induzierter Strom.** Dieser Strom erzeugt ein Magnetfeld, bei dessen Aufbau wieder eine Spannung erzeugt wird.
Wird an eine Spule eine Spannung angelegt, fließt ein Strom. Es baut sich in der Spule ein Magnetfeld auf. Die Änderung des Magnetfelds induziert wieder eine Spannung. Diese Abfolge wird als **Selbstinduktion** bezeichnet. Die induzierten Spannungen und Ströme verstärken sich aber nicht gegenseitig. Die Vorzeichen der Ströme und Spannungen sind durch die **Lenz-Regel** festgelegt: Die Richtung eines induzierten Stroms I_{ind} verläuft stets so, dass sein Magnetfeld B_{ind} seiner Ursache, der Änderung des äußeren Felds dB/dT, entgegenwirkt. Dies ist im Induktionsgesetz durch das negative Vorzeichen ausgedrückt.
Selbstinduktion spielt besonders bei Ein- und Ausschaltvorgängen des Stroms durch eine Spule eine Rolle. Wird der Ausdruck für das magnetische Feld einer Spule aus ► Kap. 5.10.1.4 in das Induktionsgesetz eingesetzt, ergibt sich damit für die an der Spule mit n Windungen, der Querschnittsfläche A und der Länge l induzierte Spannung:

$$U = -\mu_0 \cdot \mu_r \cdot \frac{n^2 \cdot A}{l} \cdot \frac{dI}{dt}$$

Die Eigenschaften der Spule werden zusammengefasst und dafür wird die **Selbstinduktivität** oder kurz **Induktivität** L einer Spule eingeführt:

$$L = -\mu_0 \cdot \mu_r \cdot \frac{n^2 \cdot A}{l}$$

Die Einheit der Induktivität ist das **Henry (H)**: 1 H = 1 V · s · A^{-1}.
Die **induzierte Spannung** der Spule lässt sich dann ausdrücken als:

$$U = -L \cdot \frac{dI}{dt} = -L \cdot \dot{I}$$

Im magnetischen Feld einer Spule ist die Energie gespeichert, die zu dessen Aufbau benötigt wurde:

$$W = \frac{1}{2} \cdot L \cdot I^2$$

In einem Gleichstromkreis setzt die Spule dem Stromfluss lediglich den Ohm-Widerstand ihrer Wicklung entgegen. Im Wechselstromkreis (► Kap. 5.11.3.3) entspricht jeder Richtungswechsel einem Aus- bzw. Einschaltvorgang, bei dem eine der angelegten Spannung entgegengerichtete Spannung induziert wird.

5.10.5 Technische Anwendung der Induktion

5.10.5.1 Generator

Ein **Generator** wandelt mechanische Arbeit in elektrische Energie um. Eine Spule befindet sich in einem Magnetfeld und wird in eine Rotationsbewegung versetzt. Dadurch ändert sich ständig der magnetische Fluss durch die Spule und es wird eine elektrische Spannung induziert.
Auf diese Weise wird **Wechselspannung** (► Kap. 5.11) erzeugt. Ein einfacher Generator ist z. B. der **Dynamo** am Fahrrad.

5.10.5.2 Elektromotor

Ein **Elektromotor** ist grundsätzlich wie ein Generator aufgebaut. Das Funktionsprinzip ist gegenüber diesem jedoch umgekehrt: Elektrische Energie wird in mechanische Arbeit umgewandelt.
Der Stromfluss durch eine Spule erzeugt ein magnetisches Dipolmoment. Auf diesen Dipol wirkt in einem magnetischen Feld ein Drehmoment, das die Spule in Rotation versetzt. In der technischen Umsetzung existieren verschiedene Arten von Elektromotoren, so z. B. **für Gleich- und für Wechselstrombetrieb**. Auf die einzelnen Konstruktionsmerkmale soll hier aber nicht weiter eingegangen werden.

5.10.5.3 Transformator

Ein **Transformator** besteht aus zwei Spulen, die auf einen gemeinsamen Weicheisenkern gewickelt sind (► Abb. 5.16). Die Eingangsseite des Transformators wird als Primärseite, die Ausgangsseite als Sekundärseite bezeichnet. Die beiden Spulen des Transformators heißen deshalb **Primär- und Sekundärspule.**
Ändert sich die Spannung auf der Primärseite U_p, so ändern sich auch der Strom durch die Primärspule und das von dieser erzeugte magnetische Feld. Damit ändert sich auch der magnetische Fluss durch die Sekundärspule, dort wird die Sekundärspannung U_s induziert. Die Beträge beider Spannungen stehen zueinander im gleichen Verhältnis wie die Windungszahlen n_p der Primär- und n_s der Sekundärwicklung:

$$\frac{U_p}{U_s} = \frac{n_p}{n_s}$$

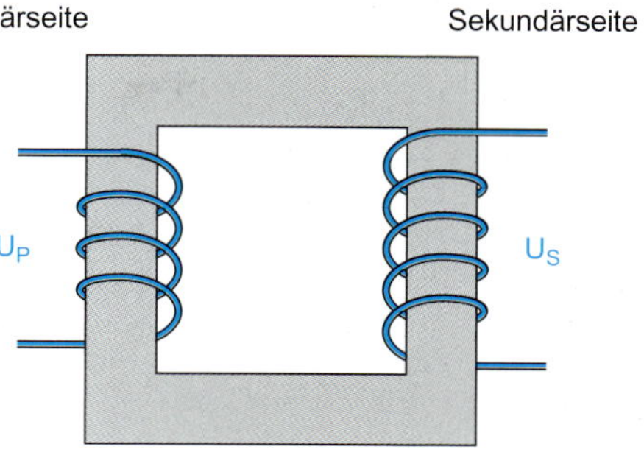

Abb. 5.16 Transformator.

Durch die Wahl eines geeigneten Verhältnisses der Windungszahlen beider Spulen kann eine Wechselspannung auf jede gewünschte Höhe herauf- oder heruntertransformiert werden.
In einem idealen Transformator würden keine Verluste auftreten. Die Leistung, das Produkt aus Stromstärke und Spannung, hätte für beide Seiten den gleichen Wert. In diesem Fall stünden die Ströme im umgekehrten Verhältnis wie die Windungszahlen:

$$\frac{I_p}{I_s} = \frac{n_s}{n_p}$$

In der Realität treten aber immer, wenn auch häufig vernachlässigbar geringe, Verluste auf. Am Ohm-Widerstand der Spulen und durch Wirbelströme, die im Transformatorkern entstehen, geht Energie in Form von Wärme verloren.

5.10.5.4 Messinstrumente

Die am häufigsten in analogen elektrischen Messinstrumenten (z. B. Volt- oder Amperemeter, ► Kap. 5.6.4) angewandte Bauart ist das **Drehspulmesswerk.** Strom fließt durch eine kleine Spule, die sich in einem Magnetfeld befindet. Das magnetische Feld übt ein Drehmoment aus und die Spule dreht sich gegen die Rückstellkraft einer Spiralfeder, bis ein Gleichgewicht hergestellt ist. An der Spule ist ein Zeiger befestigt. Die Stellung der Spule kann als Ausschlag des Zeigers abgelesen werden.
Für ein Voltmeter kann durch Vorschalten und für ein Amperemeter durch Parallelschalten geeigneter Widerstände der Messbereich des Instruments erweitert werden.

5.11 Wechselspannung, Wechselstrom

5.11.1 Eigenschaften der Wechselspannung

Eine Wechselspannung ändert periodisch ihre Polarität. Der zeitliche Verlauf der durch einen Generator erzeugten Wechselspannung wird durch eine Sinusfunktion beschrieben (► Abb. 5.17). Da die trigonometrischen Funktionen Sinus und Cosinus (► Kap. 1.4.2) harmonische Schwingungen (► Kap. 6.2.1) beschreiben, wird in diesem Fall auch von einer **harmonischen Wechselspannung** gesprochen.
Der **Momentanwert** der Spannung ist gegeben durch:

$$U_{(t)} = U_0 \cdot \sin(\omega \cdot t)$$

U_0 ist der **Scheitelwert** der Spannung, er entspricht der Amplitude einer Schwingung. Dieser Wert wird in einer Periode je einmal als positiver und als negativer Maximalwert erreicht.

$\omega = 2 \cdot \pi \cdot f$ ist die **Kreisfrequenz** der Wechselspannung. Die Frequenz f gibt die Anzahl der Perioden in einer Sekunde an, $T = 1/f$ ist die Dauer einer Periode (► Kap. 2.6.1).
Die **Stromstärke** ist ebenfalls durch eine Sinusfunktion gegeben:

$$I_{(t)} = I_0 \cdot \sin(\omega \cdot t + \phi)$$

Im Wechselstromkreis treten die Maximalwerte von Strom und Spannung nicht immer gleichzeitig auf. An Bauelementen wie Spulen und Kondensatoren tritt eine **Phasenverschiebung** auf (► Kap. 5.11.3). Φ ist der Phasenwinkel, um den die Kurven für Strom und Spannung gegeneinander verschoben sind.

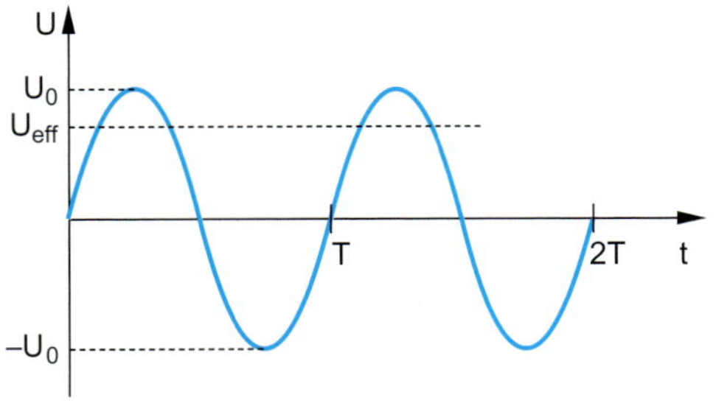

Abb. 5.17 Zeitlicher Verlauf einer harmonischen Wechselspannung.

Der Mittelwert der Spannung über eine Periode ist gleich null, da sich positive und negative Halbwelle ausgleichen. Mathematisch wird deshalb ein quadratischer Mittelwert gebildet. Dies ist der **Effektivwert** der Wechselspannung U_{eff} (► Abb. 5.17).
Für sinusförmige Wechselspannungen ist der Zusammenhang zwischen den Effektivwerten für Strom und Spannung und ihren Maximalwerten gegeben durch:

$$U_{eff} = \frac{U_0}{\sqrt{2}} \text{ und } I_{eff} = \frac{I_0}{\sqrt{2}}$$

- Der Effektivwert einer Wechselspannung entspricht dem Wert einer Gleichspannung, die an einem Ohm-Widerstand die gleiche Joule-Wärme (► Kap. 5.5.3) erzeugt.
- Der Effektivwert einer Wechselspannung ist unabhängig von ihrer Frequenz.

Merke

Analoge Messinstrumente zeigen grundsätzlich die Effektivwerte von Wechselströmen und -spannungen an. Digitale Messgeräte sind ebenfalls auf die Anzeige der Effektivwerte ausgelegt.
Der Effektivwert der im Haushalt verwendeten technischen Wechselspannung beträgt 220 V. Der Maximalwert beträgt demnach $U_0 = 220\,\text{V} \cdot \sqrt{2} = 311\,\text{V}$. Die Frequenz der Haushaltsspannung liegt bei $f = 50$ Hz, die Periodendauer beträgt $t = 20$ ms und die Kreisfrequenz ist $\omega = 2 \cdot \pi \cdot 50\,\text{s}^{-1} = 314\,\text{s}$.

Die **Leistung** des Wechselstroms wird durch die Multiplikation der Effektivwerte von Strom und Spannung berechnet. Es muss jedoch die Phasenverschiebung zwischen Strom und Spannung berücksichtigt werden. Folgende Begriffe der Leistung im Wechselstromkreis werden unterschieden:

- **Scheinleistung:** $P_S = U_{eff} \cdot I_{eff}$
  Die Scheinleistung ist der scheinbare Wert der Leistung, der sich aus der Multiplikation der gemessenen Effektivwerte von Strom und Spannung ohne Berücksichtigung der Phasenverschiebung ergibt.
- **Wirkleistung:** $P_W = U_{eff} \cdot I_{eff} \cdot \cos\phi$
  Die tatsächlich abgegebene Leistung ist die Wirkleistung. Der Faktor $\cos\Phi$ heißt deshalb auch **Leistungsfaktor**.
- **Blindleistung:** $P_B = U_{eff} \cdot I_{eff} \cdot \sin\phi$

Die Blindleistung ist die Leistung, die zum Aufbau der elektrischen und magnetischen Felder in Kondensatoren und Spulen verwendet wird. Diese Leistung wird aber wieder an den Stromkreis abgegeben.

5.11.2 Darstellung am Elektronenstrahl-Oszillografen

Die Dauer einer Periode und der zeitliche Verlauf einer Wechselspannung werden mit dem **Oszillografen** (auch: Oszilloskop) gemessen. Im Oszillografen wird ein Elektronenstrahl erzeugt, der durch elektrische Felder horizontal und vertikal abgelenkt wird. Die **horizontale Ablenkung** des Strahls wird durch eine geräteintern erzeugte Zeitbasis angesteuert. Die **vertikale Ablenkung** erfolgt durch das zu messende Signal. Der beim Auftreffen des Elektronenstrahls auf einem Leuchtschirm erzeugte Leuchtpunkt schreibt die zeitliche Darstellung des gemessenen Signals auf den Bildschirm.
Am Gerät kann die horizontale Auflösung durch die Einstellung der Zeitablenkung („Timebase“: ms/cm bzw. µs/cm) gewählt werden. Der vertikale Abbildungsmaßstab ist durch die Verstärkung des Eingangssignals (V/cm) gegeben.
Ein Oszillograf besitzt in der Regel zwei Eingangskanäle, deren Verstärkung einzeln eingestellt werden kann. So können auf dem Schirm 2 Signale gleichzeitig dargestellt werden.
Es ist auch möglich, ein Signal auf die horizontale und das andere auf die vertikale Ablenkung zu schalten. Auf diese Weise wird bei der Aufnahme der Kennlinien elektronischer Bauelemente die gegenseitige Abhängigkeit zweier Größen dargestellt.

Beispiel

Der Schirm eines Oszillografen zeigt das Bild in ► Abb. 5.18. Der Abstand der Skalenteilung des Schirms beträgt 1 cm. Die Einstellungen am Gerät sind: Timebase: 0,5 ms/cm; Kanal I: 10 V/cm.
Welche Werte haben Frequenz und Effektivspannung des gemessenen Signals?
Für die Länge einer Periode werden 4 cm abgelesen. Die Schwingungsdauer beträgt:

$$T = 4\,\text{cm} \cdot 0{,}5\,\frac{\text{ms}}{\text{cm}} = 2\,\text{ms}$$

Daraus errechnet sich die Frequenz:

$$f = \frac{1}{2\,\text{ms}} = \frac{1}{0{,}002\,\text{s}} = 500\,\text{Hz}$$

Die Höhe des Signals wird als Abstand des Scheitelwerts zur Nulllinie mit 2 cm abgelesen. Dies ist die Hälfte des Abstands zwischen Minimum und Maximum der gezeigten Kurve.
Der Scheitelwert der Spannung ist:

$$U_0 = 2\,\text{cm} \cdot 10\,\frac{\text{V}}{\text{cm}} = 20\,\text{V}$$

Die Effektivspannung errechnet sich zu:

$$U_{eff} = \frac{20\,\text{V}}{\sqrt{2}} = 14{,}1\,\text{V}$$

Lerntipp

Im Praktikum werden Sie einen Oszillografen bedienen. Merken Sie sich, welche Größen in der Regel eingestellt werden: horizontal → Zeit, vertikal → Spannung.

5.11.3 Bauelemente im Wechselstromkreis

5.11.3.1 Widerstand

Zwischen dem Verhalten eines reinen Ohm-Widerstands im Gleich- und im Wechselstromkreis besteht kein Unterschied. Zwischen Strom und Spannung besteht keine Phasenverschiebung, $\Phi = 0$. Die Wirkleistung ist gleich der Scheinleistung.

5.11.3.2 Kondensator

Am Kondensator (► Kap. 5.7.1) sind Strom und Spannung gegeneinander um $\Phi = \pi/2$ (90°) phasenverschoben (► Abb. 5.19b). Werden Strom und Spannung am Kondensator wie im Schaltbild in ► Abb. 5.19a gezeigt gemessen, fließt zunächst, bei anfänglich ungeladenem Kondensator, der maximale Ladestrom. Mit zunehmender Ladung steigt

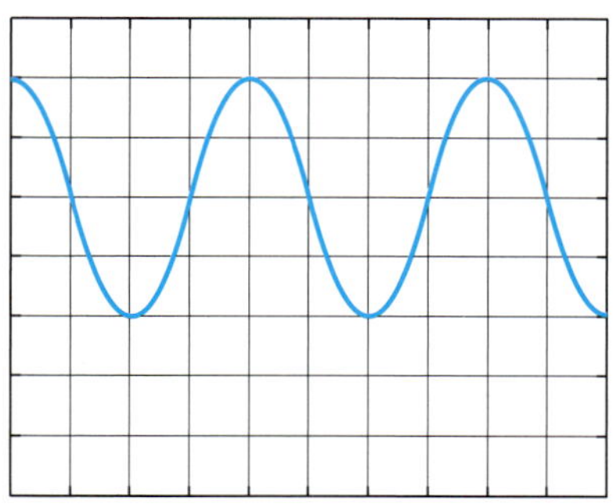

Abb. 5.18 Bild einer Wechselspannung am Oszillografen.

die Spannung des Kondensators. Der Ladestrom nimmt ab, bis er bei vollständig geladenem Kondensator auf 0 absinkt. Ändert sich nun die Polarität der Spannungsquelle, wird der Kondensator wieder entladen und dann mit umgekehrter Polarität wieder geladen.
Der Maximalwert des Stroms wird vor dem der Spannung erreicht. Die Stromstärke hat den zeitlichen Verlauf:

$$I_{(t)} = I_0 \cdot \sin\left(\omega \cdot t + \frac{\pi}{2}\right) = I_0 \cdot \cos(\omega \cdot t)$$

Der Kondensator wird periodisch umgeladen. Es fließt der Lade- bzw. Entladestrom des Kondensators. Der Kondensator verhält sich im Wechselstromkreis scheinbar wie ein Widerstand. Dieser Wechselstromwiderstand wird als **Impedanz** Z bezeichnet:

$$Z = \frac{1}{\omega \cdot C}$$

Der Wechselstromwiderstand des Kondensators ist **frequenzabhängig**. Je höher die Frequenz der Wechselspannung und je größer die Kapazität des Kondensators, desto kleiner wird seine Impedanz.

In einer Parallelschaltung eines Kondensators mit einem Ohm-Widerstand fließt bei niedrigen Frequenzen fast der gesamte Strom über den in diesem Fall geringeren Ohm-Widerstand. Bei sehr hohen Frequenzen dagegen wird der kapazitive Widerstand klein gegen den Ohm-Widerstand.

5.11.3.3 Spule

An einer Spule wird bei jedem Einschaltvorgang eine Spannung induziert. Diese wirkt der angelegten Spannung entgegen. Der Stromfluss erreicht sein Maximum deshalb erst verzögert. Der Betrag der Phasenverschiebung ist wie beim Kondensator $\Phi = \pi/2$. Allerdings erreicht hier die Spannung vor dem Strom ihr Maximum.

Lerntipp

Ein einfacher Merksatz ist: „Bei der Induktivität kommt der Strom zu spät."

Für die Stromstärke gilt demnach:

$$I_{(t)} = U_0 \cdot \sin\left(\omega \cdot t - \frac{\pi}{2}\right)$$

Auch die Spule verhält sich im Wechselstromkreis scheinbar wie ein Widerstand. Jede Polaritätsänderung der angelegten Spannung entspricht einem Ein- oder Ausschaltvorgang. Der Wechselstromwiderstand einer Spule steigt proportional zur Frequenz der Wechselspannung:

$$Z = \omega \cdot L$$

- Für eine **ideale Spule** wird nur der induktive Widerstand betrachtet und der Ohm-Widerstand der Spulenwicklung vernachlässigt. Diese Idealisierung ist besonders bei hohen Frequenzen gerechtfertigt. Hier ist der induktive Widerstand einer Spule wesentlich größer als ihr Ohm-Widerstand.
- Im Modellschaltbild kann eine **reale Spule** als Serienschaltung einer idealen Spule mit einem Ohm-Widerstand angesehen werden.

In einer Schaltung aus Kondensatoren, Spulen und Widerständen hängen der Gesamtwiderstand und die Phasenverschiebung von den Kenngrößen der Bauelemente und der Frequenz der angelegten Wechselspannung ab. Eine weitergehende Beschreibung der Berechnung für diese Fälle überschreitet aber den Rahmen der hier vorgesehenen Darstellung.

5.11.4 Elektromagnetischer Schwingkreis

Die Parallelschaltung einer Spule und eines Kondensators ergibt einen **elektromagnetischen**

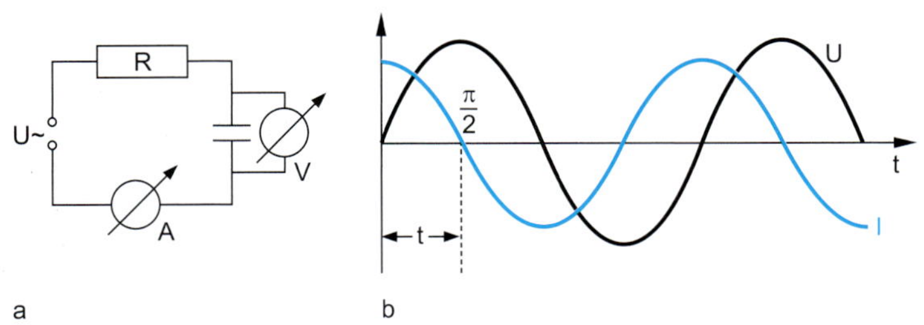

Abb. 5.19 Kondensator: (**a**) Schaltbild und (**b**) Phasenverschiebung zwischen Strom und Spannung.

Schwingkreis (► Abb. 6.2). Es entsteht ein periodischer Vorgang. Zunächst wird ein Zeitpunkt betrachtet, in dem der Kondensator vollständig aufgeladen ist. Der Kondensator entlädt sich über die Spule. Der Stromfluss erzeugt in der Spule ein magnetisches Feld. Beim Zusammenbrechen des Magnetfelds wird in der Spule eine Spannung induziert, die den Kondensator mit nun entgegengesetzter Polarität wieder auflädt. Der beschriebene Ablauf beginnt jetzt wieder erneut.

In einem **idealen Schwingkreis** wird der Ohm-Widerstand der Verbindungsleitungen und der Spulenwicklung vernachlässigt. Die Gesamtenergie des Schwingkreises ist konstant. Sie wird wechselweise im elektrischen Feld des Kondensators und im magnetischen Feld der Spule gespeichert.

Der Schwingkreis hat die **Eigenfrequenz**:

$$\omega = \frac{1}{\sqrt{L \cdot C}} \quad \text{bzw.} \quad f = \frac{1}{2 \cdot \pi \cdot \sqrt{L \cdot C}}$$

Wird ein Schwingkreis mit seiner Eigenfrequenz von außen angeregt, tritt er in **Resonanz**, d. h., er beginnt mitzuschwingen. Bei der Senderabstimmung eines Rundfunk- oder Fernsehempfängers wird bei der Programmwahl die Eigenfrequenz des mit der Antenne gebildeten Schwingkreises auf die Frequenz des gewünschten Senders abgestimmt.

Bei hohen Frequenzen breitet sich die Energie des Schwingkreises unabhängig vom Leiter als elektromagnetische Welle im Raum aus.

Die Verkleinerung der Induktivität und der Kapazität des Schwingkreises führt zu immer höheren Eigenfrequenzen. Stellt man sich nun einen Schwingkreis aus einer einzigen Spulenwindung bestehend vor, die auch noch aufgeklappt wird, sodass ein gerader Stab entsteht, führt dieser Übergang zum **Herz-Dipol**. Die Elektronen laufen auf dem Stab hin und her. Dieser periodische Stromfluss erzeugt um den Stab ein magnetisches Feld. Dieses magnetische Feld erzeugt wieder ein elektrisches Feld usw.

Merke

Die Sende- und Empfangsantennen für elektromagnetische Wellen stellen einen Herz-Dipol dar.

5.11.5 Stromwirkung auf den menschlichen Körper

Die Wirkung elektrischer Ströme auf den menschlichen Organismus hängt von der Stärke des durch den Körper fließenden Stroms ab. Entscheidend für die Stromwirkung ist das Produkt aus Stromdichte und Einwirkdauer.

Elektrische Spannungen werden unterteilt in

- **Kleinspannung** mit $U < 50$ V,
- **Niederspannung** mit $U = 50–1.000$ V und
- **Hochspannung** mit $U > 1.000$ V.

Ein Strom ab einer Stärke von etwa 20 mA kann, wenn er über das Herz fließt, Herzrhythmusstörungen bis hin zum Kammerflimmern und damit einen Kreislaufstillstand auslösen.

Ist unter ungünstigen Umständen der Übergangswiderstand des Körpers gering, etwa wenn mit beiden feuchten Händen eine stromführende Leitung berührt wird, kann schon bei einer Spannung von 50 V ein solcher Strom seinen Weg durch das Herz nehmen. Unfälle mit Spannungen über 50 V können deshalb potenziell tödlich verlaufen. Kleinspannungen werden dagegen als ungefährlich angesehen und kommen auch in Spielzeugen wie in einer Modelleisenbahn vor.

Bei Unfällen mit Hochspannung treten oft sehr hohe Stromstärken auf, die schwere Verbrennungen bewirken.

Spannungen von mehreren tausend Volt werden auch in Elektroschockgeräten oder für elektrische Weidezäune erzeugt. Der Innenwiderstand der Spannungsquellen ist so hoch gewählt, dass nur sehr kleine Ströme abgegeben werden, sodass die Wirkung nicht tödlich ist und keine bleibenden Schäden hervorgerufen werden.

Ein für die übliche 220-V-Spannung ausgelegtes Gerät besitzt zwei für seinen Betrieb notwendige Anschlüsse. Der **Nullleiter** liegt auf dem Erdpotenzial 0 V und könnte gefahrlos berührt werden. Der andere Leiter, die so genannte **Phase**, ändert ihr Potenzial zwischen dem Minimal- und Maximalwert der Spannung.

Für Geräte mit Metallgehäuse ist in Deutschland eine dreiadrige Zuleitung vorgeschrieben, die Schutzkontaktleitung. Der zusätzliche dritte Leiter ist der **Schutzkontaktleiter**. Er ist mit dem Gehäuse verbunden. Liegt wegen eines Defekts Spannung auf dem Gehäuse, fließt ein Strom über den Schutzkontaktleiter ab. Es entsteht ein Kurzschluss, der das Abschalten der Sicherung des betreffenden Stromkreises auslöst.

Klinik

Elektrischer Strom wird auch therapeutisch eingesetzt. Bei der **Diathermie** führt ein hochfrequenter Wechselstrom zur Erwärmung tief liegender Gewebe. In der Elektrochirurgie wird die Wärmewirkung des Stroms zur Koagulation (Blutstillung) oder zum Abtragen oberflächlicher Gewebeschichten eingesetzt. Dies kann auch minimalinvasiv, d. h. endoskopisch erfolgen.

Die **Defibrillation** ist das gezielte Verabreichen eines Elektroschocks bei der Reanimation. Der gesamte Herzmuskel wird gleichzeitig erregt. In der anschließenden Refraktärzeit sind die Muskelzellen nicht erregbar und Rhythmusstörungen oder ein Kammerflimmern werden unterbrochen. Das Herz kann dann in seinem Eigenrhythmus erneut zu schlagen beginnen.

Schwingungen und Wellen

06

IMPP-Hits

- Kenngrößen des Schallfelds (► Kap. 6.4.2)
- Schwingungen, Grundbegriffe (► Kap. 6.2.1)
- Wellengleichung (► Kap. 6.3.2)
- Eigenschaften des Schalls (► Kap. 6.4.1)
- Schallausbreitung in Materie (► Kap. 6.4.3)
- Doppler-Effekt (► Kap. 6.4.4)
- Elektromagnetische Wellen (► Kap. 6.5)

6.1 Wegweiser

Der Begriff Schwingung bezeichnet einen periodischen, d.h. einen sich wiederholenden, Vorgang (► Kap. 6.2). Pflanzt sich die Schwingung fort und breitet sich im Raum aus, spricht man von Wellen (► Kap. 6.3).
► Kap. 6.4 befasst sich mit den Eigenschaften des Schalls und der Ausbreitung von Schallwellen. Elektromagnetische Wellen werden in ► Kap. 6.5 behandelt.

6.2 Schwingungen

6.2.1 Grundbegriffe

Es sollen die **Kenngrößen** einer Schwingung rekapituliert werden. Ein System, bei dem der rückstellende Einfluss proportional zu seiner Abweichung aus der Ruhelage ist, führt eine **harmonische Schwingung** aus. Harmonische Schwingungen werden durch Sinus- oder Cosinusfunktionen beschrieben (► Kap. 1.4.2). Die in ► Abb. 6.1 dargestellte Schwingung wird ausgedrückt durch die Funktion:

$$y_{(t)} = y_0 \cdot \sin(\omega \cdot t + \varphi)$$

- $y_{(t)}$: Die Funktion beschreibt den **Momentanwert** der Schwingung. Bei mechanischen Systemen wird der Momentanwert auch als Elongation oder Auslenkung bezeichnet.
- y_0: Die Amplitude ist der **Maximalwert** der Schwingung.
- T: Die **Schwingungsdauer** ist die für eine Schwingung benötigte Zeit. Sie steht mit der Frequenz, d.h. der Zahl der Schwingungen pro Sekunde, im Zusammenhang: $f = 1/T$.

- ω: Die **Kreisfrequenz** ist über $\omega = 2 \cdot \pi \cdot f$ mit der Frequenz verknüpft. Die Frequenz wird in Hertz angegeben (1 Hz = $1\,s^{-1}$), die Kreisfrequenz aber immer in der Einheit s^{-1} (► Kap. 2.6.1).
- φ: Der **Phasenwinkel** gibt die Verschiebung auf der Zeitachse an, wenn zwei Schwingungen gegeneinander verschoben sind oder die Schwingung nicht zum Zeitpunkt t = 0 beginnt.

6.2.2 Schwingungsfähige Systeme

Der elektrische Schwingkreis, das Federpendel und das Fadenpendel führen harmonische Schwingungen durch (► Abb. 6.2). Sie werden auch als **harmonische Oszillatoren** bezeichnet.

Für jedes der nachstehend vorgestellten Systeme ist, wenn Verluste durch Dämpfung (► Kap. 6.2.3) vernachlässigt werden, die Gesamtenergie des Systems konstant. Es wird immer wieder eine Energieform in eine andere umgewandelt: die Energie eines elektrischen in die eines magnetischen Felds, kinetische Energie in die Spannenergie einer Feder oder kinetische Energie in potenzielle Energie (► Kap. 2.4.4).

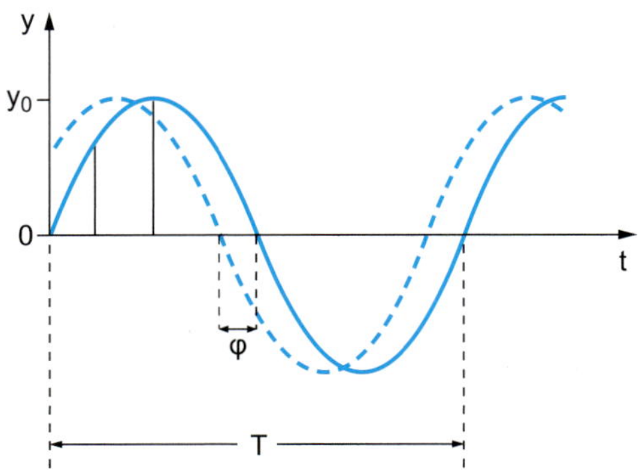

Abb. 6.1 Verlauf einer harmonischen Schwingung der Form $y_{(t)} = y_0 \cdot \sin(\omega \cdot t + \varphi)$.

6.2.2.1 Elektrischer Schwingkreis

Der **elektrische Schwingkreis** (► Abb. 6.2a) wurde bereits in ► Kap. 5.11.4 vorgestellt. Durch die Parallelschaltung ist die Spannung des Kondensators auch gleichzeitig die Spannung an der Spule:

$$U_C = U_L$$

Das Einsetzen der Gleichungen für die Spannung des Kondensators (► Kap. 5.7.1) und der Selbstinduktionsspannung der Spule (► Kap. 5.10.4) ergibt:

$$\frac{Q}{C} = -L \cdot \dot{I}$$

und mit $I = \dot{Q}$:

$$Q = -L \cdot C \cdot \ddot{Q}$$

Dies ist eine Differenzialgleichung. Eine Differenzialgleichung enthält eine Größe und auch deren Ableitung (► Kap. 1.4.1.2). Für diese Größe wird eine Funktion gesucht, die in die Gleichung eingesetzt werden kann. Ohne hier weiter auf mathematische Verfahren zur Lösung von Differenzialgleichungen einzugehen, wird nur die Lösung angegeben. Die Funktion:

$$Q_{(t)} = Q_0 \cdot \sin(\omega \cdot t)$$

erfüllt die Gleichung, wenn gilt:

$$\omega = \frac{1}{\sqrt{L \cdot C}} \quad \text{bzw.} \quad f = \frac{1}{2 \cdot \pi \cdot \sqrt{L \cdot C}}$$

Dies ist die **Eigenfrequenz des Schwingkreises.**

6.2.2.2 Federpendel

Beim **horizontalen Federpendel** (► Abb. 6.2b) ist die Trägheitskraft der hin- und herbewegten Masse m gleich der Rückstellkraft $D \cdot x$ der Feder:

$$m \cdot a = -D \cdot x$$

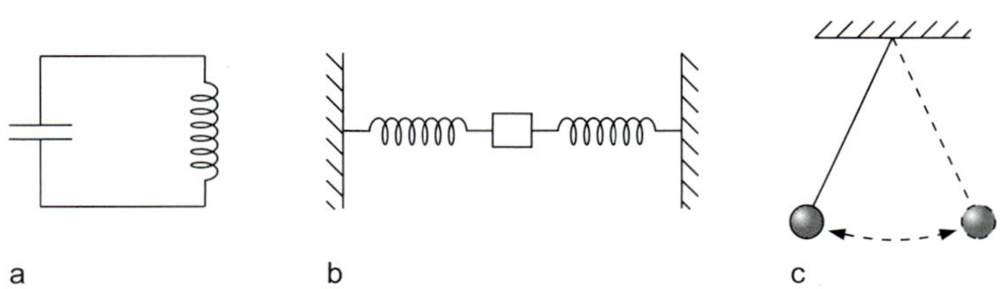

Abb. 6.2 Schwingungsfähige Systeme: (**a**) elektrischer Schwingkreis, (**b**) Federpendel und (**c**) Fadenpendel.

Mit $a = \ddot{x}$ wird die Gleichung zu:

$$m \cdot \ddot{x} = -D \cdot x$$

Dies ist eine Differenzialgleichung mit der Lösung:

$$x_{(t)} = x_0 \cdot \sin(\omega \cdot t)$$

Diese enthält die **Eigenfrequenz des Federpendels**:

$$\omega = \sqrt{\frac{D}{m}} \quad bzw. \quad f = \frac{1}{2 \cdot \pi} \cdot \sqrt{\frac{D}{m}}$$

Die **Schwingungsdauer** des Federpendels beträgt:

$$T = \frac{1}{f} = 2 \cdot \pi \cdot \sqrt{\frac{m}{D}}$$

6.2.2.3 Fadenpendel

Beim **Fadenpendel** (► Abb. 6.2c) schwingt eine an einem Faden der Länge l aufgehängte Masse m hin und her. Die Stellung des Pendels wird durch den Winkel α angegeben, um den es aus seiner Ruhelage ausgelenkt ist. Die Trägheitskraft der bewegten Masse (► Kap. 2.3.1) ist gleich der Rückstellkraft des Pendels (► Kap. 2.3.2):

$$m \cdot a = m \cdot g \cdot \sin\alpha$$

Es kann durch die Masse dividiert werden. Die Geschwindigkeit ist das Produkt aus Winkelgeschwindigkeit und Radius: $v = l \cdot \dot{\alpha}$, und damit ist die Beschleunigung: $a = l \cdot \ddot{\alpha}$. Dies ergibt die Gleichung:

$$l \cdot \ddot{\alpha} = g \cdot \sin\alpha$$

Das Fadenpendel führt nur für kleine Ausschläge eine harmonische Schwingung aus. Für kleine Winkel gilt die Näherung: $\sin\alpha \approx \alpha$:

$$\ddot{\alpha} = \frac{g}{l} \cdot \alpha$$

Es bleibt wieder eine Differenzialgleichung mit der Lösung:

$$a_{(t)} = a_0 \cdot \sin(\omega \cdot t)$$

Das Fadenpendel schwingt mit der **Eigenfrequenz**:

$$\omega = \sqrt{\frac{g}{l}} \quad \text{bzw.} \quad f = \frac{1}{2 \cdot \pi} \cdot \sqrt{\frac{g}{l}}$$

und der **Schwingungsdauer:**

$$T = 2 \cdot \pi \cdot \sqrt{\frac{l}{g}}$$

Merke

Diese kurze Herleitung zeigt die Unabhängigkeit des Fadenpendels von der Masse des Pendelkörpers. Eigenfrequenz und Schwingungsdauer werden nur durch die Länge des Pendels und die Erdbeschleunigung bestimmt.

6.2.3 Gedämpfte Schwingungen

Nur ein idealer harmonischer Oszillator, der keine Energie verliert, führt eine harmonische Schwingung aus. In der Realität geht bei den zuvor beschriebenen Systemen stets Energie am Ohm-Widerstand oder durch Reibung und Luftwiderstand verloren. Bei jeder neuen Periode wird die Amplitude etwas kleiner als in der vorangegangenen Periode. Die Schwingung ist **gedämpft**. Der Abklingvorgang wird durch eine Exponentialfunktion $y_{(t)} = y_0 \cdot e^{-\delta \cdot t}$ beschrieben, die in ► Abb. 6.3 die periodische Funktion einhüllt. Darin ist die Konstante δ ein Maß für die Dämpfung des Systems.

Die **Zeitabhängigkeit** einer gedämpften Schwingung ist:

$$y_{(t)} = y_0 \cdot \sin(\omega \cdot t + \phi) \cdot e^{-\delta \cdot t}$$

Die **Eigenfrequenz** ω des gedämpften Systems ist gegenüber der Eigenfrequenz ω_0 der ungedämpften Schwingung erniedrigt:

$$\omega = \sqrt{\omega_0^2 - \delta^2}$$

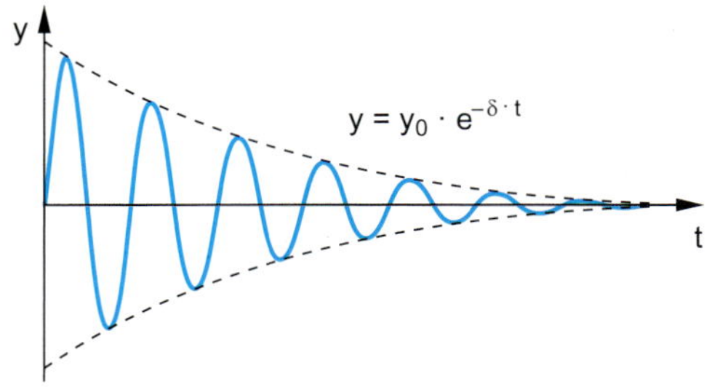

Abb. 6.3 Zeitabhängiger Verlauf einer gedämpften Schwingung.

Nur wenn $\omega_0 > \delta$, führt das System tatsächlich eine Schwingung aus. Ist die Dämpfung größer, tritt der **aperiodische Grenzfall** ein. Nach einer Auslenkung „kriecht" das System asymptotisch in seine Ruhelage zurück. In der Technik wird häufig die Dämpfung so groß gewählt, dass keine Schwingung eintritt, z. B. bei der Dämpfung einer Fahrzeugfederung.

6.2.4 Erzwungene Schwingungen

Wenn eine äußere periodische Kraft auf ein schwingungsfähiges System einwirkt, führt dieses eine **erzwungene Schwingung** aus. Das Mitschwingen des Systems wird als **Resonanz** bezeichnet. Die Auslenkung ist abhängig vom Verhältnis der Erregerfrequenz ω der äußeren Kraft und der Eigenfrequenz ω_0 des Systems. Ist die Erregerfrequenz gleich der Eigenfrequenz des ungedämpften Systems, wächst dessen Amplitude ins Unendliche. In der Praxis würde das System dann zerstört. In einem gedämpften System bleibt die Amplitude endlich.
Zwischen der Erregerschwingung und der erzwungenen Schwingung des Systems besteht eine **Phasenverschiebung**. Im Resonanzfall beträgt die Phasenverschiebung $\Phi = \pi/2$.
Ein anschauliches Beispiel für eine erzwungene Schwingung ist das Anstoßen einer Schaukel. Wird die Schaukel im Umkehrpunkt der Bewegung angestoßen, nimmt die Amplitude immer weiter zu. Auch die Phasenverschiebung ist hier zu beobachten. Die anschiebende Kraft ist in den Umkehrpunkten maximal, wenn die Schaukel stillsteht. Erfolgt das Anstoßen nicht im richtigen Takt, wird die Bewegung immer wieder abgebremst, es tritt keine Schwingung auf.
Viele schwingungsfähige Systeme können nicht nur mit ihrer Eigenfrequenz schwingen, sondern auch mit einem ganzzahligen Vielfachen dieser Grundfrequenz. Bei Musikinstrumenten ergeben sich dadurch Oberschwingungen eines Grundtons, die wesentlich den Klang des Instruments prägen.

6.2.5 Anharmonische Schwingungen

Harmonische Schwingungen repräsentieren nur einen kleinen Teil der in Natur und Technik auftretenden periodischen Vorgänge. Elektronische Zähler liefern oft rechteckförmige Impulse. Die in einem Oszillografen, älteren Fernsehgerät oder Monitor mit Bildröhre zur Horizontalablenkung des Elektronenstrahls erzeugte Spannung hat einen sägezahnförmigen Verlauf (Kippschwingung). Die Ableitungen von EKG und EEG liefern periodische, aber keine harmonischen Signale.
Dennoch sind auch für diese Fälle **anharmonischer Schwingungen** die am harmonischen Oszillator gewonnenen Erkenntnisse übertragbar. Mit dem mathematischen Verfahren der **Fourieranalyse** lässt sich jeder beliebige periodische Vorgang durch eine Überlagerung mehrerer Sinus- und Cosinusfunktionen darstellen. In der Umkehrung kann die Fouriersynthese durch Überlagern harmonischer Schwingungen mit geeignet gewählten Amplituden und Frequenzen praktisch jede gewünschte periodische Funktion generieren.

6.3 Wellen

6.3.1 Transversal- und Longitudinalwellen

Wenn ein schwingendes System seine Umgebung beeinflusst, breitet sich die Schwingung räumlich aus. Sind Teilchen miteinander verbunden, werden bei der Schwingung eines Teilchens dessen Nachbarn ebenfalls ausgelenkt. Ein zeitlich veränderliches elektrisches Feld erzeugt ein magnetisches Feld und umgekehrt. Es entstehen Wellen.
Es wird zwischen Longitudinalwellen und Transversalwellen unterschieden (▶ Abb. 6.4).

- Bei **Longitudinalwellen** (Längswellen) liegt die Schwingungsrichtung entlang der Ausbreitungsrichtung der Welle. Beispiel hierfür sind Schallwellen in einem Gas (▶ Kap. 6.4.1.2). Die Gasmoleküle schwingen hin und her. In Richtung der Bewegung pflanzen sich Druck- und Dichteschwankungen fort.
- Bei **Transversalwellen** (Querwellen) steht die Schwingungsrichtung senkrecht auf der Ausbreitungsrichtung der Welle. Anschauliches Bei-

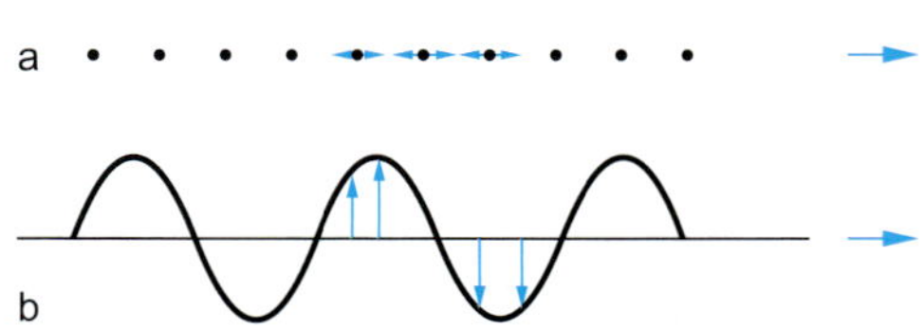

Abb. 6.4 (**a**) Longitudinalwellen und (**b**) Transversalwellen.

spiel sind Wasserwellen (► Kap. 6.3.2). Der Wasserspiegel bewegt sich auf und ab, während sich die Welle auf der Oberfläche ausbreitet.

6.3.2 Wellengleichung

Zunächst soll die Welle am Beispiel der Wellen auf einer Wasseroberfläche zeitlich und räumlich getrennt betrachtet werden.
Beobachtet man das Ansteigen und Absinken der Wasseroberfläche an einer festgelegten Stelle, ist die **Zeitabhängigkeit** gegeben durch:

$$y_{(t)} = y_0 \cdot \sin(\omega \cdot t + \varphi)$$

Dies ist die schon aus ► Kap. 6.2.1 bekannte Darstellung einer Schwingung. Wird nun durch eine Fotografie eine Momentaufnahme der Wasseroberfläche angefertigt und die vertikale Auslenkung der Oberfläche gegen die horizontale Koordinate aufgetragen, ergibt sich eine **Ortsabhängigkeit** der Form:

$$y_{(x)} = y_0 \cdot \sin(k \cdot x + \varphi)$$

Darin ist $k = 2 \cdot \pi / \lambda$ die **Wellenzahl** und λ die **Wellenlänge**. Die Wellenlänge ist die von einer Welle während einer Schwingungsperiode zurückgelegte Strecke.
Die räumliche und die zeitliche Änderung werden in der **Wellengleichung** zusammengefasst:

$$y_{(x,t)} = y_0 \cdot \sin(k \cdot x - \omega \cdot t) \text{ bzw.}$$

$$y_{(x,t)} = y_0 \cdot \sin\left[2 \cdot \pi \cdot \left(\frac{x}{\lambda} - \frac{t}{T}\right)\right]$$

Das Produkt aus Wellenlänge und Frequenz ist gleich der **Ausbreitungsgeschwindigkeit** c der Welle:

$$c = \lambda \cdot f$$

Merke

Dieser Zusammenhang gilt für alle Arten von Wellen und in allen Ausbreitungsmedien!
In verschiedenen Stoffen breiten sich Wellen mit unterschiedlicher Geschwindigkeit aus. Die Frequenz einer Welle bleibt beim Übergang in ein anderes Medium konstant, es ändert sich nur die Wellenlänge.

Beispiel

Die Wasseroberfläche beginnt an der Stelle $x = 0$ zum Zeitpunkt $t = 0$ nach oben zu schwingen. Die Welle breitet sich mit 1 m/s aus, die Wellenlänge beträgt 2 m, die Amplitude 10 cm. Welche Höhe hat die Welle nach 3,2 s an der Stelle $x = 5{,}4$ m?
Die Frequenz beträgt:

$$f = \frac{c}{\lambda} = \frac{1\,\text{m/s}}{2\,\text{m}} = 0{,}5\,\text{Hz}$$

und die Schwingungsdauer:

$$T = \frac{1}{f} = \frac{1}{0{,}5\,\text{Hz}} = 2\,\text{s}$$

Das Einsetzen der Daten in die Wellengleichung ergibt:

$$y_{(5{,}4\text{m},3{,}2\text{s})} = 0{,}1\,\text{m} \cdot \sin\left[2 \cdot \pi \cdot \left(\frac{5{,}4\,\text{m}}{2\,\text{m}} - \frac{3{,}2\,\text{s}}{2\,\text{s}}\right)\right]$$
$$= 0{,}1\,\text{m} \cdot \sin[2 \cdot \pi \cdot 1{,}1] = 0{,}059\,\text{m}$$

(Winkelangabe im Bogenmaß [rad] [► Kap. 1.4.2])

6.3.3 Energietransport und Intensität

- Eine Wasserwelle breitet sich zweidimensional auf der Ebene der Wasseroberfläche aus. Wird ein Stein ins Wasser geworfen, entstehen Wellen in Form **konzentrischer Kreise**. Alle Teilchen in derselben Entfernung vom Zentrum sind in der gleichen Phase, d.h., sie befinden sich im gleichen Schwingungszustand.
- In der dreidimensionalen Ausbreitung einer Welle bilden sich **Kugelwellen** um das Erregungszentrum. Als Beispiel kann eine Schall- oder Lichtquelle angesehen werden, die gleichmäßig in die Raumrichtungen abstrahlt.

Mit der Ausbreitung einer Welle wird stets auch Energie transportiert. Diese Energie verteilt sich mit wachsender Entfernung auf einer Kugelschale. Die **Intensität** I einer Welle ist als deren **Energiestromdichte** definiert:

$$I = \frac{P}{4 \cdot \pi \cdot r^2}$$

P ist die Leistung eines Strahlers. Die Einheit der Intensität ist W/m^2.

Merke

Die Intensität einer punktförmigen Strahlungsquelle nimmt mit dem Quadrat des Abstands von der Quelle ab:

$$I \approx \frac{1}{r^2}$$

Die Intensität einer Welle ist proportional zur Schwingungsamplitude. Dies kann man sich am Beispiel des Federpendels verdeutlichen: Die Energie der Feder

$$W = \frac{1}{2} \cdot D \cdot x^2$$

ist proportional zum Quadrat der Auslenkung x.

Lerntipp

Die Abnahme der Intensität mit dem Quadrat des Abstands gilt auch für die radioaktive Strahlung (► Kap. 8.2.1)!

6.3.4 Ausbreitungsphänomene

Bei der Ausbreitung von Wellen werden verschiedene Phänomene beobachtet, die an dieser Stelle kurz vorgestellt werden. Einige dieser Punkte werden an anderer Stelle, z. B. im Kapitel Optik (► Kap. 7.4), noch eingehender erklärt.

6.3.4.1 Interferenz

Jeder Punkt eines Wellenfelds kann als Ausbreitungszentrum einer Kugelwelle bezeichnet werden (**Huygens-Prinzip**). Die einzelnen Wellen überlagern sich gegenseitig. Die Überlagerung von Wellen wird **Interferenz** genannt (► Kap. 7.4.1). Dabei addieren sich die einzelnen Wellenfunktionen:

- Treffen jeweils die Maxima oder die Minima zweier Wellen aufeinander, tritt eine Verstärkung ein.
- Trifft das Maximum der einen auf das Minimum der anderen Welle, schwächen sich beide Wellen ab und können sich sogar gegenseitig gänzlich auslöschen.

Kohärente Wellen schwingen in gleicher Phase (► Kap. 7.2.3.4). Die Überlagerung ergibt immer eine Verstärkung.

Lerntipp

Interferenzen sind der Grund dafür, dass Messungen von Potenzialen im Körper (EEG, EMG) durch externe Wellen verfälscht werden können!

6.3.4.2 Reflexion

Bei der Reflexion wird eine Welle an einer **Grenzfläche** zurückgeworfen (► Kap. 7.3.1).

6.3.4.3 Stehende Wellen

Läuft eine Welle zwischen zwei Begrenzungen, an denen sie reflektiert wird, hin und her, kann sich durch die Überlagerung aus hin- und rücklaufender Welle eine stehende Welle ausbilden. Die stehende Welle ist **zeitlich stationär**. Die Minima und Maxima des Wellenfelds befinden sich stets an den gleichen Orten.
Eine stehende Welle kann sich auf einem an beiden Enden eingespannten Draht ausbilden. Die Enden des Drahts sind stets in Ruhe, in seiner Mitte kann er schwingen. Diese Verhältnisse sind z. B. bei einer Gitarrensaite gegeben. Die Länge der Saite entspricht der halben Wellenlänge ihrer **Grundschwingung**, $l = \lambda/2$. Neben der Grundschwingung können als **Oberschwingungen** auch stehende Wellen mit einem ganzzahligen Vielfachen der Grundfrequenz auftreten. Diese bilden die Obertöne eines Musikinstruments (► Kap. 6.2.4).

6.3.4.4 Brechung

Als Brechung wird die **sprunghafte Änderung** der Ausbreitungsrichtung einer Welle beim Übergang von einem in ein anderes Medium bezeichnet (► Kap. 7.3.2).

6.3.4.5 Beugung

Beugungseffekte lassen sich durch das Huygens-Prinzip (vgl. ► Kap. 6.3.4.1) erklären. An jedem Punkt des Wellenfelds entsteht eine Kugelwelle, auch an den Kanten eines Hindernisses. Eine Welle erreicht daher auch Bereiche hinter einem Hindernis, die bei einer vollkommen geradlinigen Ausbreitung abgeschattet würden: „Die Welle läuft ein wenig um die Ecke" (► Kap. 7.4.1).

6.3.4.6 Streuung

Nach einer Absorption einer Welle folgt eine Emission, bei der die Welle zufällig in eine andere Richtung ausgestrahlt wird. Wellen werden so aus ihrer ursprünglichen Richtung in andere Richtungen zerstreut.

6.3.4.7 Dispersion

Der Begriff Dispersion bezeichnet die **Frequenzabhängigkeit** der Ausbreitungsgeschwindigkeit von

Wellen in einem Medium. Damit ist auch die Brechung von der Frequenz anhängig (► Kap. 7.3.2).

6.3.4.8 Polarisation

Für transversale Wellen ist jede Schwingungsrichtung senkrecht zur Ausbreitungsrichtung denkbar. Ist in einem Wellenbündel eine Vorzugsrichtung ausgezeichnet, d. h. schwingen alle Wellenzüge in die gleiche Richtung, wird von einer **polarisierten Welle** gesprochen (► Kap. 7.4.2). Es wird zwischen linearer und zirkularer Polarisation unterschieden. Bei **linearer** Polarisation bleibt die Schwingungsrichtung unverändert, bei **zirkularer** Polarisation ändert sich die Schwingungsrichtung mit dem Fortlaufen der Welle.
Bei der Richtungsänderung kann weiter zwischen einer Drehung im (rechts) und gegen (links) den Uhrzeigersinn unterschieden werden.

6.4 Schallwellen

6.4.1 Eigenschaften des Schalls

6.4.1.1 Definitionen

Schallausbreitung ist nur in Materie möglich. In Gasen und Flüssigkeiten entstehen Longitudinalwellen durch das Hin- und Herschwingen der Teilchen. Im Kristallverband eines Festkörpers können auch Schwingungen quer zur Ausbreitungsrichtung auftreten. Schall transportiert Energie, dieser Prozess ist aber nicht mit einem Materietransport verbunden.
Der Frequenzbereich von 20 bis 20.000 Hz wird definitionsgemäß als **Schall** bezeichnet. Diese Definition orientiert sich am Wahrnehmungsbereich des menschlichen Gehörs, ist mit diesem aber nicht völlig identisch. Mit zunehmendem Alter nimmt das Hörvermögen, beginnend bei hohen Frequenzen, ab. Nur wenige Erwachsene sind noch in der Lage, Töne oberhalb 17 kHz wahrzunehmen.

- Ein **Ton** ist eine rein harmonische Schallschwingung einer Frequenz. Töne werden durch die Sinusschwingungen eines Frequenzgenerators erzeugt.
- Ein **Klang** setzt sich aus einem Grundton und seinen Oberschwingungen zusammen.
- Ein **Geräusch** ist im Allgemeinen eine anharmonische Schwingung, die durch Überlagerung mehrerer Klänge entsteht.

Klinik

Der in der Medizin übliche Sprachgebrauch weicht von den physikalischen Definitionen ab.

- Die **Herztöne** bilden die Akustik des gesunden, physiologisch normalen Herzens. Das Schließen der Herzklappen ist als Herzton hörbar.
- Das Auftreten von **Herzgeräuschen** ist eine Abweichung vom Normalen und weist auf pathologische Veränderungen hin.

Frequenzen < 20 Hz werden als Infraschall und Frequenzen > 20 kHz als Ultraschall bezeichnet.

- **Infraschall** wird nicht mehr mit dem menschlichen Gehör wahrgenommen, sondern ist bei genügend hoher Stärke als Vibration im gesamten Körper spürbar.
- **Ultraschall** wird nicht mit herkömmlichen Lautsprechern erzeugt oder Mikrofonen nachgewiesen. Es wird der so genannte **piezoelektrische Effekt** ausgenutzt. Bei der Verformung eines Piezokristalls entsteht eine elektrische Spannung. Umgekehrt verformt sich der Kristall beim Anlegen elektrischer Spannung. Scheiben aus Piezokristallen dienen sowohl als Ultraschallsender als auch als -empfänger.

Klinik

Ultraschall wird medizinisch in verschiedenen Bereichen eingesetzt. Bei der extrakorporalen Stoßwellen-Therapie (**ESWT**) werden mittels Ultraschall hoher Intensität Nieren-, Gallen- oder Blasensteine zerkleinert (Lithotripsie). Im Weichteilgewebe kann starker Ultraschall eine lokale Erwärmung des Gewebes und Aktivierung des Stoffwechsels bewirken.

6.4.1.2 Schallgeschwindigkeit

Die **Schallgeschwindigkeit** c hängt von den Eigenschaften des jeweiligen Mediums ab.

- In **Festkörpern** gilt:

$$c = \sqrt{\frac{E}{\rho}}$$

  ρ ist die Dichte und E das Elastizitätsmodul (► Kap. 2.8.1) des Körpers.
- In **Flüssigkeiten** gilt:

$$c = \sqrt{\frac{K}{\rho}}$$

K ist das Kompressionsmodul (► Kap. 2.8.6) des Mediums.

- In **Gasen** breiten sich Schallwellen so schnell aus, dass kein Temperaturausgleich zwischen Orten hoher und niedriger Dichte erfolgen kann. Die Zustandsänderungen sind adiabatisch. Für die Schallausbreitung in Gasen ergibt sich die **Laplace-Gleichung**:

$$c = \sqrt{\gamma \cdot \frac{P}{\rho}}$$

P ist der Druck und γ der Adiabatenexponent (► Kap. 4.3.1) des Gases. Proportional zum Druck ändert sich auch die Dichte eines Gases. Deshalb ist die Schallgeschwindigkeit in erster Näherung unabhängig vom Druck. Bei Erwärmung nimmt die Dichte eines Gases ab und die Schallgeschwindigkeit wird größer.

Merke

Die Schallgeschwindigkeit beträgt in
- Luft (1.013 mbar, 0 °C): 330 m/s
  Bei Raumtemperatur wird die Schallgeschwindigkeit in Luft mit etwa 340–350 m/s gemessen.
- Wasser (20 °C): 1.480 m/s
  Für die Schallausbreitung in Wasser kann näherungsweise mit 1.500 m/s gerechnet werden.

Beispiel

Welche Frequenz muss Ultraschall mindestens besitzen, damit ein 2 mm großer Gallenstein gerade noch im sonografischen Bild erkannt wird?
Die Größe eines gerade noch erkennbaren Objekts liegt etwa bei der Wellenlänge des verwendeten Schalls: $\lambda = 2 \cdot 10^{-3}$ m
Die Schallgeschwindigkeit im Weichteilgewebe entspricht etwa der in Wasser: $c \approx 1.500$ m/s.
Damit ist die Frequenz:

$$f = \frac{c}{\lambda} = \frac{1.500\,\text{m/s}}{2 \cdot 10^{-3}\,\text{m}} = 0{,}75 \cdot 10^{6}\,\text{Hz} = 0{,}75\,\text{MHz}$$

Lerntipp

Die Frequenzen der Grenzen des hörbaren Bereichs sowie die Schallgeschwindigkeit in Luft und Wasser werden als bekannt vorausgesetzt!

6.4.2 Kenngrößen des Schallfelds

6.4.2.1 Schallpegel, Schallintensität

Eine wichtige Kenngröße eines Schallfelds ist der **Schallpegel**. Es wird die Schallintensität gemessen. Das Pegelmaß *L* ist definiert über das Verhältnis der gemessenen Intensität *I* zu einer festgelegten Referenzintensität I_0:

$$L = 10 \cdot \log\left(\frac{I}{I_0}\right)$$

Diese Berechnung ergibt eine dimensionslose Zahl. Der Schallpegel wird aber in der Einheit **Dezibel (dB)** angegeben. Für den so definierten Pegel sind auch die Begriffe **Schallstärke** oder **Schallintensitätspegel** gebräuchlich.

Merke

Wegen der Definition über den Logarithmus wächst der Schallpegel bei einer Zunahme der Intensität nichtlinear. Eine Verdopplung der Intensität entspricht lediglich einer Zunahme von 3 dB. Leicht zu merken sind folgende Intensitätsverhältnisse:
- $I = 2 \cdot I_0 \Rightarrow +3$ dB
- $I = 10 \cdot I_0 \Rightarrow +10$ dB
- $I = 100 \cdot I_0 \Rightarrow +20$ dB

Als **Referenzintensität** I_0 ist für akustische Messungen die Intensität eines Tons der Frequenz 1.000 Hz festgelegt, die der Reizschwelle des menschlichen Gehörs entspricht.

Die Hörschwelle ist frequenzabhängig. Töne gleicher Intensität, aber verschiedener Frequenz, werden deshalb als unterschiedlich laut empfunden. Zur Angabe der subjektiv wahrgenommenen Lautstärke wurde die Einheit **Phon** eingeführt. Die Phonzahl eines Tons beliebiger Frequenz entspricht dem Schallpegel eines 1-kHz-Referenztons, der als gleich laut empfunden wird. Oder anders ausgedrückt: Bei 1.000 Hz sind die Werte der Phon- und Dezibel-Skalen identisch. Die Schmerzschwelle des Gehörs liegt bei etwa 130 Phon (► Abb. 6.5).

Die Einheit Phon wird zunehmend durch die Angabe **dB(A)** (für: Dezibel akustisch) ersetzt.

Die Natur hat auch für die Reizbildung des menschlichen Gehörs auf die logarithmische Skala zurückgegriffen. So besagt das **Weber-Fechner-Gesetz**, dass eine Erhöhung der Lautstärke erst bei

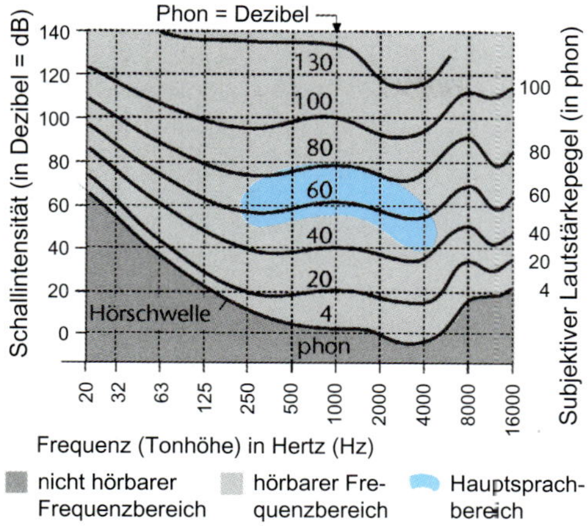

Abb. 6.5 Frequenzabhängigkeit der Isophone.

einer bestimmten Intensitätszunahme bemerkt wird, unabhängig von der absoluten Intensität. Dies erhöht die Empfindlichkeit des Gehörs bei kleinen Intensitäten.

6.4.2.2 Schalldruck

Als **Schalldruck** (Schallwechseldruck) ist im Schallfeld die Amplitude der Druckschwankungen messbar. Die transportierte Energie einer Welle, die Intensität der Schallwelle, ist zum Quadrat der Druckamplitude proportional: $I \sim P^2$. Daraus resultiert für den **Schalldruckpegel** L_P:

$$L_P = 10 \cdot \log\left(\frac{P^2}{P_0^2}\right)$$

bzw. mit der Rechenregel für Logarithmen $\log_a x^n = n \cdot \log_a x$:

$$L_P = 20 \cdot \log\left(\frac{P}{P_0}\right)$$

Merke

Für Verhältnisse des Schalldrucks gelten somit folgende Pegelzunahmen:

- $P = 2 \cdot P_0 \Rightarrow +6$ dB
- $P = 10 \cdot P_0 \Rightarrow +20$ dB
- $P = 100 \cdot P_0 \Rightarrow +40$ dB

Das Pegelmaß gilt grundsätzlich für alle Arten von Wellen. So wird auch die Verstärkung oder Dämpfung elektrischer Signale in dB angegeben.

Lerntipp

In der Medizin wird besonders im Bereich der Hörphysiologie auf die Definitition des Pegelmaßes zurückgegriffen. Bei Berechnungen besteht eine Verwechslungsgefahr zwischen Schalldruck und Schallintensität. Achten Sie daher sorgfältig auf die genaue Angabe der gesuchten Größen.

6.4.3 Schallausbreitung in Materie

An der Grenzfläche von einem Medium in ein anderes wird der Schall reflektiert. Die Reflexion erfolgt i. A. aber nicht vollständig. Der Schall dringt z. T. auch in das zweite Medium ein und pflanzt sich dort weiter fort. Für jede Grenzfläche lässt sich ein **Reflexionskoeffizient** als der Quotient von reflektierter zu eingestrahlter Intensität definieren.

Innerhalb eines homogenen Mediums treten bei der Teilchenbewegung Reibungsverluste auf. Die Schallwellen verlieren Energie. Das Medium setzt der Schallausbreitung einen Widerstand entgegen, der als stoffspezifische Größe, als **Schallimpedanz** (Einheit: $N \cdot s \cdot m^{-3}$), angegeben werden kann. Die Schallwellen werden in einem Medium allmählich absorbiert. Es lässt sich daher keine definierte Reichweite des Schalls festlegen. Die Absorption lässt sich sinnvoller durch die Angabe einer **Halbwertstiefe** beschreiben, in der die Intensität des Schallfelds auf die Hälfte abgefallen ist. Reflexionskoeffizient, Schallimpedanz und Halbwertstiefe sind im Allgemeinen frequenzabhängig.

Eine Messmethode, bei der Schall Verwendung findet, ist das Impuls-Echo-Verfahren. Darauf basiert das **Echolot**. Es werden periodische Schallimpulse ausgesandt und die Zeit bis zum Eintreffen der Echos gemessen.

Ultraschall wird auch in der Materialprüfung eingesetzt. Einschlüsse und Risse liefern Echos, die in homogenem Material nicht auftreten.

Beispiel

Das Echolot eines Schiffs fängt das Echo eines senkrecht nach unten gerichteten Schallimpulses 100 ms nach dessen Ausstrahlung auf. Wie groß ist die Wassertiefe?

$$x = v \cdot t = 1.500 \text{ m/s} \cdot 0{,}1 \text{ s} = 150 \text{ m}$$

Der Schall muss die Strecke vom Schiff zum Grund zweimal zurücklegen. Die Wassertiefe beträgt somit 75 m.

Klinik

Die **Sonografie** ist ein wichtiges bildgebendes diagnostisches Verfahren der Medizin. Sie eignet sich zur Darstellung der Weichteilgewebe. Die Frequenzen des dabei verwendeten diagnostischen Ultraschalls liegen im Bereich von 1–15 MHz. Der Vorteil der Sonografie liegt darin, dass die applizierten Schallintensitäten das untersuchte Gewebe nicht schädigen.

- Der **A-Scan** (für: Amplitude), das reine Impuls-Echo-Verfahren, findet nur eine begrenzte Anwendung in speziellen Fällen.
- Der **B-Scan** (Brightness = Helligkeit) ergibt das herkömmliche Ultraschallbild. Es werden mehrere Ultraschallbündel ausgesendet. Von jeder Reflexion im Gewebe werden Echos empfangen. Die Laufzeiten, nach denen die Echos registriert werden, entsprechen in der Darstellung der vertikalen Entfernung vom oberen Bildrand. Ein im Bild weiter unten liegender Punkt repräsentiert daher eine tiefer liegende Gewebeschicht. Die Stärke des empfangenen Echos wird als Helligkeitswert des Bildpunkts codiert. Im Bild werden Dichteunterschiede des Gewebes sichtbar. Die Perspektive des dargestellten Schnittbilds entspricht derjenigen, wenn man mit dem Schallkopf wie mit einem Messer den Körper durchtrennen und auf die entstandene Schnittfläche sehen würde.
- Im **M-Mode** (Motion = Bewegung) wird ein Schallbündel aus dem B-Scan-Bild ausgewählt und in zeitlicher Folge dargestellt. Damit lassen sich Bewegungen, z. B. die einer Herzklappe, quantitativ auswerten. Es muss eine gute Kopplung zwischen Schallkopf und Körper gewährleistet sein, damit die Reflexion an der Körperoberfläche möglichst gering bleibt. Die Verwendung eines Kontaktgels ist deshalb obligatorisch.

Lerntipp

Frequenzbereich Sonografie: 1–15 MHz, Anwendung: Darstellung von Weichteilgeweben, Vorteil: keine Gewebeschädigung.

6.4.4 Doppler-Effekt

Wenn sich Sender und Empfänger einer Schallquelle relativ zueinander bewegen, kommt es zu einer **Frequenzverschiebung** zwischen ausgesandtem und empfangenem Signal.

Merke

Bewegen sich Sender und Empfänger aufeinander zu, steigt die wahrgenommene Frequenz; entfernen sie sich voneinander, erniedrigt sich die Frequenz.

Sind dabei die Wellen, wie dies beim Schall der Fall ist, an ein Trägermedium gebunden, besteht ein Unterschied, ob sich der Sender bewegt und der Empfänger stillsteht oder umgekehrt.

- **Bewegt sich ein Beobachter** mit der Geschwindigkeit v_B auf eine ruhende Schallquelle zu oder von ihr weg, wird er eine gegenüber der Sendefrequenz f_0 verschobene Frequenz f wahrnehmen:

$$f = f_0 \cdot \left(1 \pm \frac{v_B}{c}\right)$$

  Das positive Vorzeichen gilt, wenn sich der Beobachter auf den Sender zu bewegt, er nimmt dann einen höheren Ton wahr. Das negative Vorzeichen gilt, wenn er sich vom Sender wegbewegt. In diesem Fall nimmt er einen tieferen Ton wahr. c ist die Schallgeschwindigkeit (► Kap. 6.4.1.2).
- **Ruht der Beobachter** und die Schallquelle bewegt sich mit der Geschwindigkeit v_S, ist die Frequenzverschiebung:

$$f = f_0 \cdot \frac{1}{1 \mp \frac{v_B}{c}}$$

  Hier bewegt sich der Sender beim Minuszeichen auf den Empfänger zu und beim Pluszeichen von ihm weg. Die **Doppler-Verschiebung** ist als Änderung des Fahrgeräusches eines vorüberfahrenden Autos wahrnehmbar.

Der Doppler-Effekt gilt auch für elektromagnetische Wellen. Diese sind nicht an ein Ausbreitungsmedium gebunden. v gibt dann die Relativgeschwindigkeit zwischen Sender und Empfänger an. In diesem Fall und auch, wenn die Geschwindigkeit der Bewegung klein gegen die Ausbreitungsgeschwindigkeit der Welle ist, gilt in sehr guter Näherung:

$$\frac{\Delta f}{f_0} = \frac{f - f_0}{f_0} = \pm \frac{v}{c}$$

Klinik

Mit der **Doppler-Sonografie** wird die Strömungsgeschwindigkeit des Bluts gemessen (► Kap. 2.10.2). Die Frequenzverschiebung der von den Blutzellen zurückgeworfenen Echos wird ausgewertet und deren Geschwindigkeit berechnet. Diese Information wird dem Ultraschallbild farbcodiert überlagert. Eine Strömung in Richtung des Schallkopfs wird rot, in Gegenrichtung blau dargestellt. Das Verfahren eignet sich besonders zur Beurteilung von Veränderungen der großen Halsgefäße.

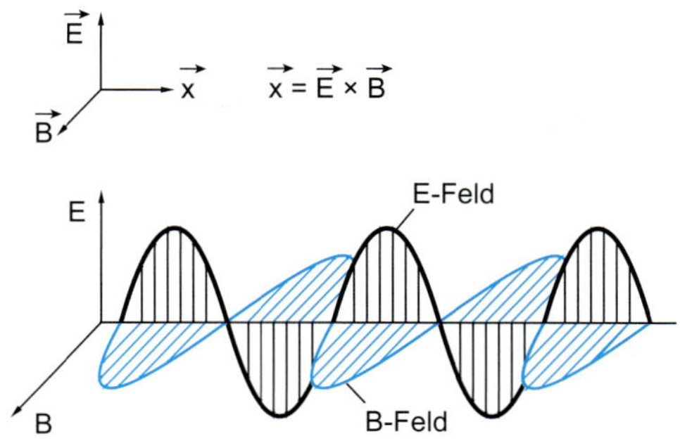

Abb. 6.6 Richtung der elektrischen und magnetischen Felder bei der elektromagnetischen Welle.

6.5 Elektromagnetische Wellen

6.5.1 Eigenschaften elektromagnetischer Wellen

Elektromagnetische Wellen breiten sich als wechselnde elektrische und magnetische Felder unabhängig von einem Leiter oder einem sonstigen Trägermedium frei im Raum aus.
Ein veränderliches magnetisches Feld induziert ein elektrisches Feld, jede Änderung des elektrischen Felds erzeugt wieder ein magnetisches Feld usw.

Elektromagnetische Wellen sind **Transversalwellen** (► Kap. 6.3.1). Die Richtungen des elektrischen und des magnetischen Felds stehen senkrecht zueinander und senkrecht zur Ausbreitungsrichtung der Welle (► Abb. 6.6). Die Richtungen bilden untereinander ein „**Rechtssystem**" (► Kap. 1.2.2): Bei einer Drehung des elektrischen Feldvektors in Richtung des Magnetfelds würde sich eine Schraube mit Rechtsgewinde in die Ausbreitungsrichtung x der Welle bewegen:

$$\vec{x} = \vec{E} \times \vec{B}$$

Man kann sich die Richtungsbeziehungen auch mit der „3-Finger-Regel der rechten Hand" verdeutlichen: Der Daumen der rechten Hand zeigt in Richtung des elektrischen Felds, der Zeigefinger in Richtung des magnetischen Felds und der Mittelfinger in die Laufrichtung der Welle.

Elektromagnetische Wellen sind polarisierbar (► Kap. 7.4.2). Als **Polarisationsrichtung** wird die Richtung des elektrischen Feldvektors angegeben. In der Literatur wird gelegentlich als Polarisationsebene die Ebene des magnetischen Felds genannt. Beide Angaben sind aber gleichbedeutend, denn mathematisch wird einer Ebene eine Richtung zugeordnet, die durch ihren Normalenvektor beschrieben wird. Der elektrische Feldvektor ist ein Normalenvektor des magnetischen Felds.

Tab. 6.1 Die Wellenlängen der Farben im sichtbaren Bereich

Farbe	Wellenbereich
Rot	650–700 nm
Gelb	600 nm
Grün	500–550 nm
Blau	450 nm
Violett	420 nm

6.5.2 Wellenlängenbereiche

Das elektromagnetische Spektrum umfasst einen weiten Bereich, von dem nur ein kleiner Ausschnitt vom menschlichen Auge als **sichtbares Licht** wahrnehmbar ist (► Abb. 6.7). Der sichtbare Bereich umfasst etwa die Wellenlängen von 400–760 nm. Es werden gelegentlich auch um einige Nanometer abweichende Grenzen genannt, denn die Empfindlichkeit des Auges nimmt an den Rändern des Wahrnehmungsbereichs stark ab, sodass keine eindeutige Grenze definiert ist.
► Tab. 6.1 zeigt die Wellenlängen der Farben des sichtbaren Lichts.

Klinik

Beim **Auge** wird zwischen photopischem und skotopischem Sehen unterschieden.

- Die **photopische** Wahrnehmung, das Farbsehen, erfolgt durch die Zapfen der Netzhaut. Davon existieren 3 Arten mit jeweils unterschiedlichen Empfindlichkeitskurven. Die maximale Empfindlichkeit des photopischen Sehens liegt bei 555 nm.
- Beim **skotopischen** Sehen, mittels der Stäbchen der Netzhaut, werden nur Hell-Dunkel-Unterschiede wahrgenommen. Das Empfindlichkeitsmaximum der Stäbchen liegt bei 500 nm.

An den sichtbaren Bereich schließt sich zu kleineren Wellenlängen hin die **ultraviolette Strahlung** an ($\lambda < 400\,nm$). Am langwelligen Ende schließt sich die **infrarote Strahlung** an ($\lambda > 760\,nm$). Abgeleitet aus dem angloamerikanischen Sprachgebrauch wird der Infrarotbereich auch als Ultrarot bezeichnet.

Elektromagnetische Wellen haben Einzug in viele Bereiche der Technik gehalten. Sie finden Anwendung bei der Übertragung von Radio- und Fernsehsignalen, für Funk und Radar sowie als Mikrowellen. Die elektromagnetischen Wellen werden anhand ihres Wellenlängenbereichs eingeteilt. Die von terrestrischen Fernsehantennen empfangenen Signale liegen im Bereich der Dezimeterwellen. Radar und Mikrowellengeräte arbeiten mit Zentimeterwellen. Satellitensignale liegen im Bereich der Millimeterwellen.

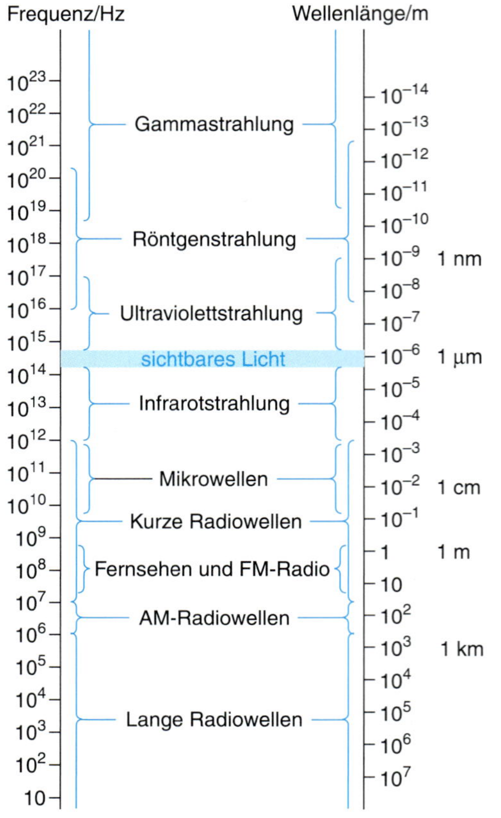

Abb. 6.7 Das elektromagnetische Spektrum.

6.5.3 Ausbreitung und Energiegehalt

Merke

Elektromagnetische Wellen breiten sich im Vakuum und praktisch auch in Luft mit der Geschwindigkeit

$$c = 3 \cdot 10^8\ m/s$$

aus. Diese **Vakuumlichtgeschwindigkeit** ist die nach den uns bekannten Naturgesetzen höchste mögliche Geschwindigkeit.

Die Natur elektromagnetischer Strahlung lässt sich in einfach vorstellbaren Begriffen nicht eindeutig festlegen. Es existiert ein **Dualismus** zwischen Wellen- und Teilcheneigenschaften: Das Verhalten in Interferenz- und Beugungsexperimenten lässt sich mit der Modellvorstellung eines Wellenbilds beschreiben. Andere Beobachtungen lassen sich nur durch die Annahme diskreter Teilchen, so genannter Strahlungsquanten, beschreiben.

Die **Energie** eines Strahlungsteilchens der elektromagnetischen Strahlung ist proportional zu seiner Frequenz:

$$E = h \cdot f$$

oder mit $c = \lambda \cdot f$ umgekehrt proportional zur Wellenlänge:

$$E = \frac{h \cdot c}{\lambda}$$

Die **Planck-Konstante** $h = 6{,}62 \cdot 10^{-34}\ J \cdot s$ ist eine universelle Naturkonstante. h wird auch als **Planck-Wirkungsquantum** bezeichnet. Energie kann nicht in beliebig kleinen Portionen übertragen werden. Der Wert von h entspricht dem kleinsten in der Natur möglichen Energiebetrag.

6.5.4 Ionisierende und nichtionisierende Strahlung

Das elektromagnetische Spektrum kann unterschieden werden in den Bereich ionisierender und nichtionisierender Strahlung. **Ionisierende Strahlung** (▸ Kap. 8) besitzt genügend Energie, um Materie zu ionisieren. Bei der Ionisation wird ein Elektron abgelöst. Damit kann eine chemische Bindung aufbrechen und unter Umständen ein biologisch wichtiges Molekül zerstört werden. Zu den ionisierenden Strahlungen zählen Röntgenstrahlung (▸ Kap. 8.3), γ-Strahlung (▸ Kap. 8.2.2.3) sowie kosmische Strahlung. γ-Strahlung entsteht beim radioaktiven Zerfall. Der elektromagnetische Anteil der kosmischen Strahlung enthält hochenergetische Röntgen- und γ-Strahlung, die aus dem Weltall auf die Erde trifft. Die kosmische Strahlung wird weitestgehend von der Atmosphäre absorbiert.

Bei der Wechselwirkung mit Materie erfolgen die Ionisationen rein zufällig. Die Wirkung ionisierender Strahlung wird deshalb als **stochastische Strahlenwirkung** bezeichnet.

Klinik

Ultraviolette Strahlung (UV-A 320–400 nm, UV-B 280–320 nm, UV-C 100–280 nm) zählt zu den **nichtionisierenden Strahlungen**. Dennoch ist UV-Strahlung in der Lage, Basenveränderungen im DNA-Molekül hervorzurufen. Das kanzerogene Potenzial der UV-Strahlung ist bekannt.

Die anderen Wellenlängenbereiche nichtionisierender Strahlung führen zu einer lokalen, annähernd gleichmäßigen Erwärmung des Gewebes. Dieser Effekt wird technisch im Mikrowellenherd, aber auch therapeutisch bei der Applikation von Hochfrequenzströmen, Infrarot- und Mikrowellenbestrahlungen ausgenutzt.

Hinsichtlich der Festlegung von Sicherheitsgrenzen wird für nichtionisierende Strahlung nur von deren thermischer Wirkung ausgegangen. Stochastische Strahlenwirkungen wurden bisher nicht gesichert nachgewiesen.

Die Möglichkeit einer eventuellen stochastischen Strahlenwirkung wird besonders bezüglich der Grenzwerte für den Mobilfunkbereich kontrovers diskutiert.

Optik

07

IMPP-Hits

- Lichtbrechung an dünnen Linsen (► Kap. 7.3.3)
- Bildkonstruktion an der Linse (► Kap. 7.3.4)
- Lichtbrechung an Grenzflächen (► Kap. 7.3.2)
- Photometer (► Kap. 7.5.3)
- Lichtelektrischer Effekt (► Kap. 7.2.2)

7.1 Wegweiser

Im ► Kap. 6.5 wurden die physikalischen Grundlagen elektromagnetischer Strahlung besprochen. Das Kapitel der Optik befasst sich überwiegend mit dem für das menschliche Auge sichtbaren Wellenlängenbereich. Zunächst werden grundlegende Eigenschaften und Größen des sichtbaren Lichts vorgestellt (► Kap. 7.2), anschließend folgen die geometrische Optik, d. h. Reflexion und Brechung geradliniger Lichtstrahlen (► Kap. 7.3), und die Wellenoptik, d. h. Beugung und Polarisation des Lichts (► Kap. 7.4). Abschließend werden einige wichtige optische Geräte vorgestellt (► Kap. 7.5).

7.2 Licht

7.2.1 Eigenschaften

Als Licht wird der **sichtbare Teil** des elektromagnetischen Spektrums (► Kap. 6.5.2) bezeichnet. Grundsätzlich unterscheiden sich die Eigenschaften des Lichts nicht von denen der anderen Bereiche des elektromagnetischen Spektrums.

Die für das sichtbare Licht wichtigsten Daten werden hier nochmals zusammengefasst:

- **Wellenlänge:** $\lambda = 400\text{–}760\,\text{nm}$
- **Geschwindigkeit** (im Vakuum): $c = 3 \cdot 10^8\,\text{m/s}$
- **Energie**: $E = h \cdot f$ (mit der Planck-Konstanten $h = 6{,}62 \cdot 10^{-34}\,\text{J} \cdot \text{s}$ und der Frequenz f)

Lerntipp

Der Wellenlängenbereich des sichtbaren Lichts sowie der Wert der Lichtgeschwindigkeit werden im Physikum als bekannt vorausgesetzt!

7.2.2 Lichtelektrischer Effekt

Die Natur des Lichts lässt sich nicht eindeutig festlegen: Es verhält sich einmal wie eine Welle, ein anderes Mal wie ein Teilchen. Dieser „**Welle-Teilchen-Dualismus**" gilt für elektromagnetische Strahlung im Allgemeinen und wurde deshalb bereits in ► Kap. 6.5.3 erwähnt.

Eine Beobachtung, die sich nur durch den Teilchencharakter des Lichts erklären lässt, ist der äußere lichtelektrische Effekt, auch **äußerer Photoeffekt** genannt.

Licht fällt auf ein Metall und löst dort Elektronen heraus. Zum Ablösen eines Elektrons muss eine für jedes Metall typische Austrittsarbeit W_a aufgebracht werden.

In der Modellvorstellung des Wellencharakters von Licht könnten Photoelektronen ausgelöst werden, wenn die Intensität des einfallenden Lichts genügend hoch oder der Bestrahlungszeitraum hinreichend lang gewählt wird. Wenn z. B. eine rote Lampe kein Elektron freisetzt, sollte dies bei gleichzeitiger Bestrahlung mit 10 Lampen der Fall sein.

Dies entspricht aber nicht der Beobachtung. Der Photoeffekt ist frequenzabhängig. Ab einer **Grenzfrequenz** f_g können Elektronen ausgelöst werden. Es gilt:

$$h = f_g \cdot W_a$$

Der Photoeffekt ist nur erklärbar, wenn angenommen wird, dass das Licht aus einem Strom von Teilchen besteht. Diese Lichtquanten werden **Photonen** genannt.

> Ein Photon wird von einem Elektron absorbiert und überträgt seine Energie auf das Elektron. Ist die übertragene Energie größer als die Bindungsenergie des Elektrons, kann das Elektron das Metall verlassen.
> In der Regel wird der Photoeffekt erst bei blauem oder ultraviolettem Licht beobachtet.

Klinik

Der längerwellige Bereich ultravioletter Strahlung (**UV-A**, 320–400 nm) wird therapeutisch zur Behandlung von Hauterkrankungen wie Psoriasis (Schuppenflechte), Vitiligo (Weißfleckenkrankheit) oder starker Akne eingesetzt.

7.2.3 Lichtentstehung

Licht entsteht bei zahlreichen Prozessen, von denen die wichtigsten im Folgenden kurz vorgestellt werden.

7.2.3.1 Temperaturstrahlung

Jeder Körper, dessen Temperatur oberhalb des absoluten Nullpunkts liegt, sendet elektromagnetische Strahlung aus. Die Strahlungsleistung ist proportional zur vierten Potenz der Temperatur (► Kap. 4.6.3). In einer **Glühlampe** wird der Glühwendel durch elektrischen Strom erhitzt, dadurch wird Strahlung im sichtbaren Wellenlängenbereich ausgesendet.

7.2.3.2 Gasentladung

Bei der **Ionisation eines Gases** wird ein Platz in der Elektronenhülle eines Atoms frei. Wenn das Atom wieder ein Elektron einfängt, gibt dieses Energie in Form elektromagnetischer Strahlung ab. Im elektrischen Feld einer **Leuchtstoffröhre** wird Gas bei hoher Spannung ionisiert. Das ionisierte Gas wird elektrisch leitend. Wenn die Gasmoleküle ihre Ladung ausgleichen, entsteht elektromagnetische Strahlung. Diese Strahlung liegt in der Regel im für das menschliche Auge nicht sichtbaren UV-Bereich. Die Wand einer Leuchtstofflampe ist daher innen mit einer Leuchtschicht überzogen, an der die Strahlung durch Absorption und nachfolgender Emission einer anderen Wellenlänge in den sichtbaren Bereich „übersetzt" wird.

7.2.3.3 Lumineszenz

Der Begriff Lumineszenz umfasst Leuchterscheinungen, die bei bestimmten Stoffen beim Auftreffen von Strahlung zu beobachten sind. Die ausgesandte Strahlung ist dabei immer langwelliger als die auftreffende Strahlung.

Durch die Absorption von Strahlung der Energie $E = h \cdot f_a = E_a - E_0$ geht ein Elektron vom Grundzustand E_0 in einen angeregten Zustand E_a über. Das Elektron gibt eine geringe Energie $E = E_a - E_m$ ab und fällt dabei auf den Zwischenzustand E_m. Nach mehr oder weniger langer Verweildauer fällt es zurück in den Grundzustand E_0. Dabei emittiert es Strahlung der Frequenz f_e, mit $E = h \cdot f_e = E_m - E_0$.

- **Fluoreszenz** ist Lumineszenz, die nur während der Bestrahlung auftritt und sofort danach aufhört. Der Zwischenzustand E_m ist hier nur sehr kurzlebig.
- **Phosphoreszenz** ist Lumineszenz, die noch lange – im Extremfall sogar Stunden oder Tage – nach dem Ende der Bestrahlung auftritt. Der Zustand E_m ist in diesem Fall sehr langlebig, er wird als metastabil bezeichnet. Phosphoreszie-

rende Farbstoffe finden in Leuchtzifferblättern von Armbanduhren Anwendung.

- Die **Szintillation** lässt sich ebenfalls unter dem Oberbegriff der Lumineszenz einordnen. In einem geeigneten Material, wie z.B. in NaI- oder CsI-Kristallen, werden Elektronen durch ionisierende Strahlung angeregt. Die Anregung erfolgt nicht nur durch elektromagnetische Strahlung, sondern auch durch Korpuskularstrahlung, wie sie beim **radioaktiven Zerfall** (▸ Kap. 8.2.2) entsteht. Das angeregte Elektron fällt wieder in den Grundzustand. Es entsteht ein kurzer Lichtblitz, der im **Szintillationszähler** verstärkt und gemessen werden kann. Szintillationszähler werden häufig in Radiologie und Nuklearmedizin eingesetzt (▸ Kap. 8.4.1.3).

Klinik

Fluoreszierende Farbstoffe sind ein wichtiges Hilfsmittel in der Anfärbung mikroskopischer Präparate oder auch in der Durchflusszytometrie, wo eine große Zahl von Zellen automatisch untersucht wird.
Durch geeignete Farbfilter wird die anregende Strahlung aus dem Sichtfeld herausgefiltert bzw. von den Detektoren abgeschirmt. Es wird nur das von den fluoreszenzmarkierten Zellbestandteilen ausgesandte Licht beobachtet.

7.2.3.4 Laser

Das Kunstwort **Laser** steht für Light Amplification by Stimulated Emission of Radiation.
Die Atome des Lasermediums werden in einen angeregten Zustand versetzt. Läuft ein Photon mit der Energie $E = E_a - E_0$ an dem angeregten Atom vorbei, so wird dieses dazu „stimuliert“, in den Grundzustand zurückzufallen und dabei ein Photon auszusenden. Das stimulierende und das ausgesandte Photon haben nicht nur die gleiche Energie, sondern schwingen im Wellenbild mit „gleichem Takt“. Sie sind phasengleich, ein anderer Ausdruck dafür ist **kohärent**. Beide Photonen können nun wieder die Emission zweier zu ihnen phasengleicher Photonen stimulieren usw. Auf diese Weise findet sukzessive eine Verstärkung des Lichts statt.

Merke

Ein Laser sendet Licht von nur einer Wellenlänge aus, das Licht ist **monochromatisch**. Vom Licht anderer ebenfalls monochromatischer Lichtquellen unterscheidet es sich durch seine Kohärenz: Die Photonen eines Lichtbündels übertragen ihre Energie quasi „gleichzeitig“, deshalb erzielt Laserlicht eine starke Wirkung.

Klinik

Der **Laser** hat inzwischen in der Medizin eine breite Anwendung gefunden. Begonnen hat sein Einsatz in der Augenheilkunde. Seit Langem wird eine Netzhautablösung durch das gezielte Setzen laserinduzierter Koagulationen des Gewebes behandelt. Dabei wird eine kleine Läsion erzeugt, bei deren Heilung sich die Netzhaut an dieser Stelle wieder mit der Aderhaut verbindet.
Oberflächliche Tumoren der Haut oder Pigmentstörungen werden mittels Laser abgetragen.
Auch in weiten Bereichen der Chirurgie wird die Lasertechnik eingesetzt, besonders gerne bei minimalinvasiven Eingriffen.

7.2.4 Lichtmessung

Die **Photometrie** beschäftigt sich mit der Lichtmessung. Zunächst werden photometrische Größen vorgestellt und anschließend technische Verfahren zur Lichtmessung beschrieben.

7.2.4.1 Photometrische Größen

In der Photometrie ist eine oft verwirrende Vielzahl von Größen und Einheiten gebräuchlich. Zum besseren Verständnis kann unterschieden werden in **strahlungsphysikalische Größen**, die möglichst direkt auf physikalische Grundeinheiten zurückgeführt werden, sowie den **lichttechnischen Größen**, die in der Beleuchtungstechnik gebräuchlich sind und in der Regel die spektrale Empfindlichkeit des menschlichen Auges (▸ Abb. 7.1) berücksichtigen.

Physikalisch wird eine Strahlungsquelle beschrieben durch ihre **Strahlungsenergie** W, angegeben in Joule (J), oder ihre **Strahlungsleistung** P, angegeben in Watt (W).

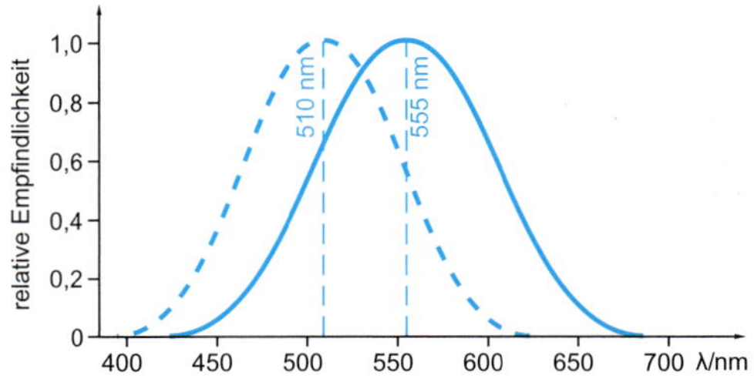

Abb. 7.1 Spektrale Empfindlichkeit des menschlichen Auges. Angegeben ist die relative Empfindlichkeit, die Maxima der Kurven wurden gleich 1,0 gesetzt. Beim photopischen Sehen, d.h. dem Farbsehen bei Tageslicht, liegt das Empfindlichkeitsmaximum bei 555 nm, beim dunkeladaptierten Auge (skotopisches Sehen, gestrichelte Kurve) bei 510 nm.

Die **Strahlungsstärke** Ψ gibt die pro Raumwinkel abgegebene Leistung in der Einheit Watt pro Steradiant (W/sr, ► Kap. 1.4.2) an. Dagegen ist die **Strahlungsintensität** Φ definiert als Leistung pro Flächeneinheit, angegeben als Watt pro Quadratmeter (W/m^2). Die **Bestrahlung** H ist die Energie pro Flächeneinheit, ausgedrückt in Joule pro Quadratmeter (J/m^2).

- Für eine ideale, punktförmige Strahlungsquelle erscheint die Unterscheidung zwischen Strahlungsstärke und Strahlungsintensität nicht notwendig. Die abgestrahlte Energie bzw. abgegebene Leistung verteilt sich gleichmäßig auf alle Raumrichtungen. Strahlungsstärke und Strahlungsintensität nehmen beide mit dem Quadrat der Entfernung ab.
- Die meisten Lichtquellen besitzen aber nicht diese Symmetrieeigenschaft. Sie strahlen in eine Richtung mit einer vom Winkel zur Quelle abhängigen Stärke. In diesen Fällen kann die Unterscheidung zwischen Strahlungsstärke und Strahlungsintensität von Bedeutung sein.

Neben den objektiven, rein physikalischen Strahlungseigenschaften wird in der Beleuchtungstechnik auch die, vom spektralen Empfindlichkeitsverlauf des menschlichen Auges abhängige, subjektive Wahrnehmungsqualität berücksichtigt.

Auf die physiologischen Gegebenheiten des menschlichen Auges abgestimmt ist die im internationalen Einheitensystem mit der **Candela** (**Cd**, von lat.: Kerze) für die **Lichtstärke** Ψ_L festgelegte Basisgröße (► Kap. 1.2.3.1). Deren aktuelle, seit 1979 gültige Definition lautet: „Die Candela ist die Lichtstärke in einer bestimmten Richtung einer Strahlungsquelle, die monochromatische Strahlung der Frequenz $540 \cdot 10^{12}$ Hertz aussendet und deren Strahlstärke in dieser Richtung 1/683 Watt durch Steradiant beträgt."

Merke

Die in der Definition zugrunde gelegte Frequenz entspricht einer Wellenlänge von 555 nm und liegt damit genau im spektralen Empfindlichkeitsmaximum des menschlichen Auges.

Ausgehend von der Lichtstärke lassen sich die weiteren lichttechnischen Größen ableiten:

- Der **Lichtstrom** P_L einer Lichtquelle gibt an, wie viel Licht sie in alle Raumrichtungen abstrahlt. Einheit des Lichtstroms ist das **Lumen (lm)**: 1 lm = 1 Cd · sr.
- Die **Lichtmenge** W_L ist das Produkt aus Lichtstrom und Zeit, sie wird in der Einheit Lumensekunden (lm · s) angegeben.
- Auf die Größe der beleuchteten Fläche wird die **Beleuchtungsstärke** Φ_L bezogen. Ihre Einheit ist das **Lux (lx)**: 1 lx = 1 lm/m^2.
- Die **Belichtung** H_L ist das Produkt aus Beleuchtungsstärke und Zeit, sie wird angegeben in der Einheit Luxsekunden (lx · s).
- Ebenfalls auf die Größe der beleuchteten Fläche wird die **Leuchtdichte** bezogen. Sie wird angegeben in Cd/m^2.

Die Beziehung zwischen den physikalischen und den an der Physiologie des Auges orientierten lichttechnischen Größen liefert die **spektrale Empfindlichkeitskurve** des Auges (► Abb. 7.1).

Merke

In seinem **Empfindlichkeitsmaximum** ist das Auge etwa 10.000-mal empfindlicher als an den Rändern des wahrnehmbaren Spektralbereichs. Eine Strahlungsintensität von 1 W/m^2 wird bei einer Wellenlänge von 555 nm als Beleuchtungsstärke von 680 Lux empfunden, bei einer Wellenlänge von 750 nm dagegen nur als 0,1 Lux.

In ► Tab. 7.1 sind die wichtigsten photometrischen Größen und ihre Einheiten noch einmal zusammengefasst.

In der Literatur existiert keine allgemein verbindliche Festlegung, welche Formelzeichen für die einzelnen photometrischen Größen verwendet werden. Je nach Autor werden auch für physikalische und lichttechnische Größen verschiedene Bezeichnungen zur Abkürzung verwendet. Hier sind zur besseren Vergleichbarkeit die gleichen Formelzeichen für einander entsprechende physikalische und lichttechnische Größen gewählt und die lichttechnischen Größen zur Unterscheidung mit dem Index L versehen.

7.2.4.2 Technische Verfahren

Im Folgenden werden kurz die hier wichtigsten technischen Verfahren vorgestellt, mit denen Licht empfangen und gemessen werden kann.

- In der **Photozelle** wird der äußere lichtelektrische Effekt ausgenutzt (► Kap. 7.2.2). Licht löst aus einer Photokathode Elektronen heraus. Durch ein angelegtes elektrisches Feld bewegen sich die Elektronen zur Anode der Photozelle.

Tab. 7.1 Vergleichende Übersicht strahlungsphysikalischer und lichttechnischer photometrischer Größen

Strahlungsphysikalische Größe				Lichttechnische Größe			
Größe		Einheit		Größe		Einheit	
Strahlungsenergie	W	Joule	J	Lichtmenge	W_L	Lumensekunde	lm · s
Strahlungsleistung	P	Watt	W	Lichtstrom	P_L	Lumen	lm
Strahlungsstärke	Ψ	Watt pro Steradiant	W/sr	Lichtstärke	Ψ_L	Candela	Cd
Strahlungsintensität	Φ	Watt pro Quadratmeter	W/m²	Beleuchtungsstärke	Φ_L	Lux	lx
Bestrahlung	H	Joule pro Quadratmeter	J/m²	Belichtung	H_L	Luxsekunde	Lx · s

Der so entstandene **Photostrom** ist proportional zur Intensität des Lichts.

- Ein **Photowiderstand** verringert bei Lichteinfall seinen elektrischen Widerstand. Ein Photowiderstand besteht in der Regel aus einem Halbleitermaterial. Die einfallenden Photonen lösen Elektronen aus ihrem gebundenen Zustand. Diese erhalten jedoch nicht genügend Energie, um den Halbleiterkristall zu verlassen. Sie sind aber nun in seinem Inneren frei beweglich, sodass sie als Ladungsträger für den elektrischen Strom zur Verfügung stehen.
  Es wird hier auch von einem inneren lichtelektrischen Effekt oder **innerem Photoeffekt** gesprochen.
- Ein **Sekundärelektronenvervielfacher (SEV)**, auch Photomultiplier genannt, besteht aus einer Photokathode, der etwa 10–15 weitere Elektroden nachgeschaltet sind, zwischen denen jeweils eine hohe elektrische Spannung anliegt.
  Das Licht löst aus der Photokathode Elektronen heraus. Im elektrischen Feld werden diese Elektronen so stark beschleunigt, dass jedes von ihnen aus der nächsten Elektrode zwei oder mehrere Elektronen herausschlägt. Jedes dieser Elektronen schlägt aus der nächsten Elektrode wieder mehrere Elektronen heraus usw. Auf diese Weise entsteht aus einem einzelnen Photoelektron eine „Elektronenlawine", die als Stromimpuls messbar ist.
  Photomultiplier sind sehr empfindliche **Detektoren**. Ihre Nachweisgrenze liegt bei einer Strahlungsintensität, die vergleichsweise der eines mehrere 100 Meter entfernten Glühwürmchens entspricht.
- In der Photoemulsion eines **Films** wird Licht absorbiert und löst dort eine chemische Reaktion aus. In der Regel werden durch den Lichteinfall Silberhalogenide (AgCl, AgBr oder AgI) in Silberionen und Halogenionen gespalten.

7.3 Geometrische Optik

Die geometrische Optik lässt die Wellen- oder Teilchennatur des Lichts zunächst unberücksichtigt und geht von der vereinfachenden Betrachtung aus, dass sich das Licht stets geradlinig, in Form von Strahlen bzw. „Lichtbündeln" aus mehreren Strahlen ausbreitet. An der Grenzfläche zweier optischer Medien ändern diese Strahlen ihre Richtung.

Mit Hilfe der geometrischen Optik lassen sich die Phänomene Reflexion und Lichtbrechung beschreiben, die Gesetze der Abbildungen an Linsen aufstellen sowie der Strahlengang und die Funktion einfacher optischer Geräte erklären.

7.3.1 Reflexion

Licht wird an einer spiegelnden Oberfläche reflektiert. Das **Reflexionsgesetz** besagt, dass der Einfallswinkel α_1 zwischen dem auftreffenden Lichtstrahl und dem senkrecht auf der Oberfläche stehenden Einfallslot gleich dem Ausfallswinkel α_2 zwischen Einfallslot und reflektiertem Strahl ist:

$$\alpha_1 = \alpha_2$$

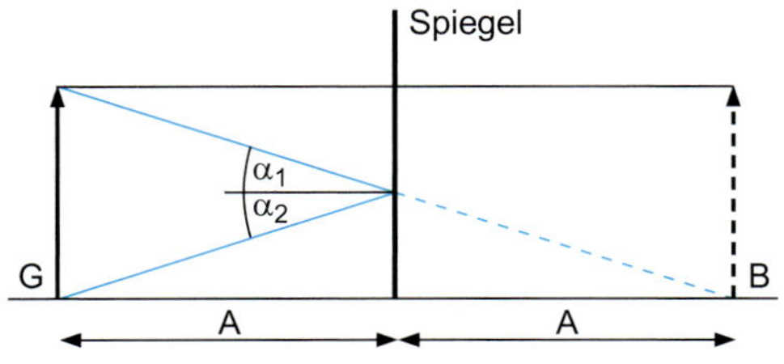

Abb. 7.2 Reflexion an einem Spiegel.

Die Abbildung an einem ebenen Spiegel wird konstruiert, indem die reflektierten Strahlen auf der rückwärtigen Seite des Spiegels verlängert werden (► Abb. 7.2). Das Spiegelbild *B* scheint in der gleichen Entfernung *A* hinter dem Spiegel zu stehen wie der Gegenstand *G* vor dem Spiegel.
Nur an einer ideal verspiegelten Oberfläche würde das gesamte auftreffende Licht reflektiert. Der **Reflexionsgrad** eines Körpers gibt an, welcher Prozentsatz der einfallenden Lichtintensität an seiner Oberfläche reflektiert wird. Der übrige Lichtanteil wird entweder absorbiert oder dringt im Fall eines lichtdurchlässigen Mediums in dieses ein.

7.3.2 Lichtbrechung an Grenzflächen

Beim Übergang zwischen zwei lichtdurchlässigen Medien ändert sich an deren Grenze die Richtung eines Lichtstrahls, er wird gebrochen.
Die **Geschwindigkeit** des Lichts c ist in Materie geringer als die Lichtgeschwindigkeit c_0 im Vakuum (► Kap. 6.5.3):

$$c = \frac{c_0}{n}$$

Die materialspezifische Größe n wird als **Brechungsindex**, **Brechzahl** oder als **optische Dichte** eines Mediums bezeichnet.

Merke

Der **Brechungsindex** beträgt (bei $\lambda = 589\,\text{nm}$):
- im Vakuum und praktisch auch für Luft $n = 1$;
- im Wasser $n = 1{,}33$;
- für Glas etwa $n = 1{,}45$–$1{,}65$, abhängig von der Glassorte.

Unabhängig vom Ausbreitungsmedium gilt immer der Zusammenhang $c = \lambda \cdot f$. Die Frequenz einer Welle bleibt beim Übergang von einem in ein anderes Medium unverändert. Es ändert sich jedoch die Wellenlänge im gleichen Verhältnis wie die Geschwindigkeit:

$$\lambda = \frac{\lambda_0}{n}$$

Die Richtungsänderung eines Lichtstrahls beim Übergang von einem Medium mit der Brechzahl n_1 in ein Medium mit der Brechzahl n_2 beschreibt das **Brechungsgesetz** (► Abb. 7.3):

$$n_1 \cdot \sin\alpha = n_2 \cdot \sin\beta$$

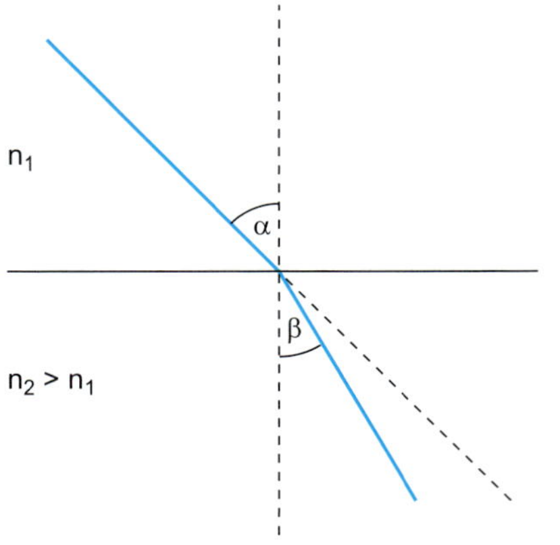

Abb. 7.3 Lichtbrechung am Übergang zweier Medien.

Merke

Beim Übergang von einem optisch dünneren in ein optisch dichteres Medium wird der Lichtstrahl zum Einfallslot hin gebrochen (► Abb. 7.3). Beim Übergang vom optisch dichteren in das dünnere Medium wird der Strahl vom Einfallslot weggebrochen.

Der Übergang des Lichts in ein Medium mit größerer optischer Dichte ist bei jedem Einfallswinkel möglich. Wird aber beim Übergang vom optisch dichteren in das dünnere Medium ein bestimmter Grenzwinkel überschritten, kann der Lichtstrahl das dichtere Medium nicht verlassen. Es tritt die so genannte **Totalreflexion** auf, das Licht wird an der Grenzfläche vollständig in das optisch dichtere Medium zurückgeworfen.

Beispiel

Wie groß ist der Grenzwinkel der Totalreflexion beim Übergang von Wasser in Luft?

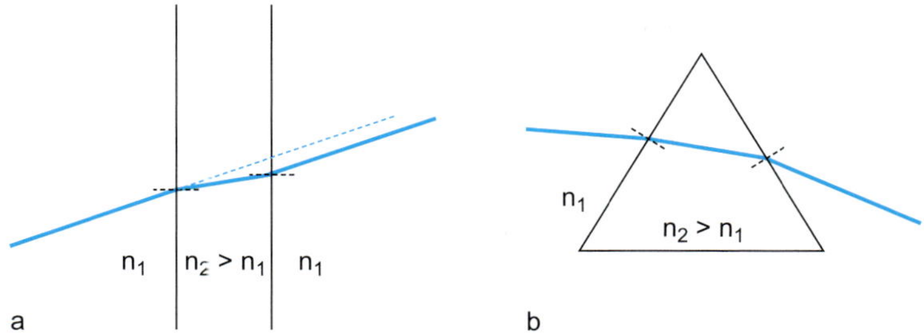

Abb. 7.4 Strahlengang (**a**) an einer planparallelen Platte und (**b**) an einem Prisma.

Die Verhältnisse lassen sich anhand von ► Abb. 7.3 beschreiben. Der Lichtstrahl kommt aus dem Wasser mit dem Brechungsindex $n_2 = 1{,}33$ und geht über in Luft mit $n_1 = 1{,}00$.
Der Winkel α zum Einfallslot kann maximal 90° betragen, der Strahl liefe dann parallel zur Wasseroberfläche. Der zugehörige Einfallswinkel β lässt sich mit Hilfe des Brechungsgesetzes bestimmen:

$$\sin\beta = \frac{n_1}{n_2}\cdot\sin\alpha = \frac{1{,}00}{1{,}33}\cdot\sin(90°) = \frac{1{,}00}{1{,}33} = 0{,}752$$

$$\beta = \arcsin(0{,}752) = 48{,}75°$$

Bei einem größeren als diesem Winkel tritt Totalreflexion auf. Der Lichtstrahl kann dann das Wasser nicht verlassen.

Die Lichtleitung in Glasfasern beruht auf dem Prinzip der Totalreflexion. Das Licht wird an den Wänden des Lichtleiters hin und her reflektiert und folgt dessen Verlauf auch um Biegungen oder Ecken.

Klinik

In der Medizin werden **Glasfasern** als Lichtleiter in flexiblen Endoskopen eingesetzt. Eine einzelne Glasfaser kann kein optisches Bild übertragen, sondern nur das Licht eines Bildpunkts. Das gesamte Bild wird durch ein Bündel aus mehreren hundert Glasfasern übertragen, von denen jede dünner als ein menschliches Haar ist.

Beim Durchgang durch eine **planparallele Glasplatte** wird das Licht sowohl beim Eintritt als auch beim Austritt gebrochen (► Abb. 7.4a). Die Richtungsänderungen beider Brechungen kompensieren sich. Deshalb erscheint das Bild der Außenwelt beim Blick durch eine Fensterscheibe auch nicht verändert. Insgesamt wird der Lichtstrahl um einen kleinen, von der Dicke der Platte abhängigen Betrag parallel versetzt.

Beim **Prisma** kompensieren sich die Richtungsänderungen an Ein- und Austrittsfläche nicht. Der Strahl wird aus seiner ursprünglichen Richtung abgelenkt (► Abb. 7.4b).

Der Brechungsindex eines Mediums ist abhängig von der Wellenlänge des Lichts. Beispielsweise beträgt er für Kronglas $n = 1{,}507$ bei 670 nm und $n = 1{,}525$ bei 405 nm.

Die Wellenlängenabhängigkeit der Lichtbrechung wird als **Dispersion** bezeichnet. In der Regel steigt der Brechungsindex mit abnehmender Wellenlänge etwas an. Damit wird blaues Licht stärker gebrochen als rotes Licht. Aufgrund der Dispersion kann weißes Licht an einem Prisma in seine **Spektralfarben** aufgetrennt werden. Die gleiche Aufspaltung findet für das Sonnenlicht an Regentropfen statt. Auf diese Weise entsteht der farbige Regenbogen.

7.3.3 Lichtbrechung an dünnen Linsen

Die Form der Oberfläche **sphärischer Linsen** entspricht einem Ausschnitt aus einer Kugeloberfläche. Die konvexe Oberfläche einer **Sammellinse** wird beim Blick von außen, die konkave Oberfläche von **Zerstreuungslinsen** beim Blick von innen auf einen Kugelabschnitt sichtbar. Der Radius der Kugelschale, aus der auf diese Weise die Linse entsteht, ist der **Krümmungsradius** der Linse. ► Abb. 7.5 zeigt die Geometrie und den Strahlengang an einer auf beiden Seiten konvex und einer beidseitig konkav gekrümmten Linse. Neben den gezeigten sind noch weitere Linsenformen möglich, z. B. plan-konvex, plan-konkav oder konvex-konkav. Eine Linse kann auch mit auf beiden Seiten verschiedenen Krümmungsradien geschliffen werden. Die Oberfläche **zylindrischer Linsen** ist wie die Mantelfläche eines Zylinders nur in eine Richtung gekrümmt.

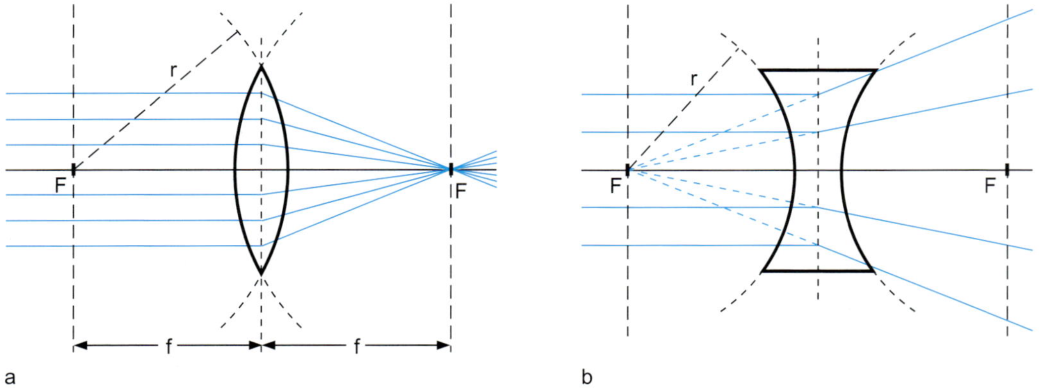

Abb. 7.5 Geometrie und Strahlengang (**a**) einer (bi)konvexen und (**b**) einer (bi)konkaven Linse.

Die **optische Achse** einer Linse geht durch ihren Mittelpunkt und steht senkrecht auf der Mittelebene der Linse. Der **Brennpunkt** F (Focus) der Linse liegt auf der optischen Achse. Die **Brennebene** der Linse steht im Brennpunkt senkrecht auf der optischen Achse. Sie liegt parallel zur Linsenebene.
In der Darstellung des Strahlengangs lässt sich die Linse zeichnen, indem ein Kreisbogen mit dem **Krümmungsradius** r der Linse um den Brennpunkt gezogen wird. Die **Brennweite** f der Linse ist der Abstand vom Brennpunkt zur Mittelebene der Linse (► Abb. 7.5).
Für dünne Linsen ist deren Dicke gegenüber ihrer Brennweite vernachlässigbar, sodass hier Krümmungsradius und Brennweite gleichgesetzt werden können.
Das Licht wird an der Vorder- und an der Rückseite der Linse gebrochen. In einer vereinfachten schematischen Darstellung des Strahlengangs werden diese beiden Brechungen nicht einzeln betrachtet, sondern die einfallenden Strahlen werden bis zur Mittelebene der Linse verlängert (► Abb. 7.5).

- Eine **konvexe** Linse sammelt ein zur optischen Achse paralleles Strahlenbündel auf der gegenüberliegenden Seite im Brennpunkt (► Abb. 7.5a). Fällt ein paralleles Strahlenbündel schräg zur optischen Achse auf eine Sammellinse, treffen sich die Strahlen in einem Punkt der gegenüberliegenden Brennebene außerhalb des Brennpunkts.
  Der Strahlengang an einer Linse ist grundsätzlich umkehrbar. Befindet sich eine Lichtquelle im Brennpunkt einer konvexen Linse, verlaufen die Strahlen auf der anderen Seite der Linse parallel.
- Eine **konkave** Linse zerstreut ein parallel einfallendes Strahlenbündel. Die Öffnung des gebildeten Strahlenkegels lässt sich konstruieren als Verlängerung der Verbindungslinie von der Mittelebene der Linse zum Brennpunkt auf der Einfallsseite (► Abb. 7.5b).

Die **Brechkraft** Φ einer Linse ist definiert als der Kehrwert ihrer Brennweite:

$$\phi = \frac{1}{f}$$

Die Brechkraft von Linsen wird in der Einheit **Dioptrie (dpt)** angegeben: 1 dpt = $1\,\text{m}^{-1}$. Die Brechwerte werden für Sammellinsen positiv und für Zerstreuungslinsen negativ gezählt.
Sind mehrere Linsen hintereinander angeordnet, errechnet sich der Gesamtbrechwert des Linsensystems durch Addition der einzelnen Dioptrienzahlen.

Beispiel

Eine konvexe Linse hat einen Krümmungsradius von $r = 20\,\text{cm}$. Wie muss die Krümmung einer vorgeschalteten Linse gewählt werden, damit die Brechkraft des Gesamtsystems 3 Dioptrien beträgt?
Die konvexe Linse hat die Brechkraft:

$$\phi = \frac{1}{0{,}2\,\text{m}} = 5\,\text{dpt}$$

Der Brechwert der vorgeschalteten Linse muss bei 3 dpt – 5 dpt = –2 dpt liegen.

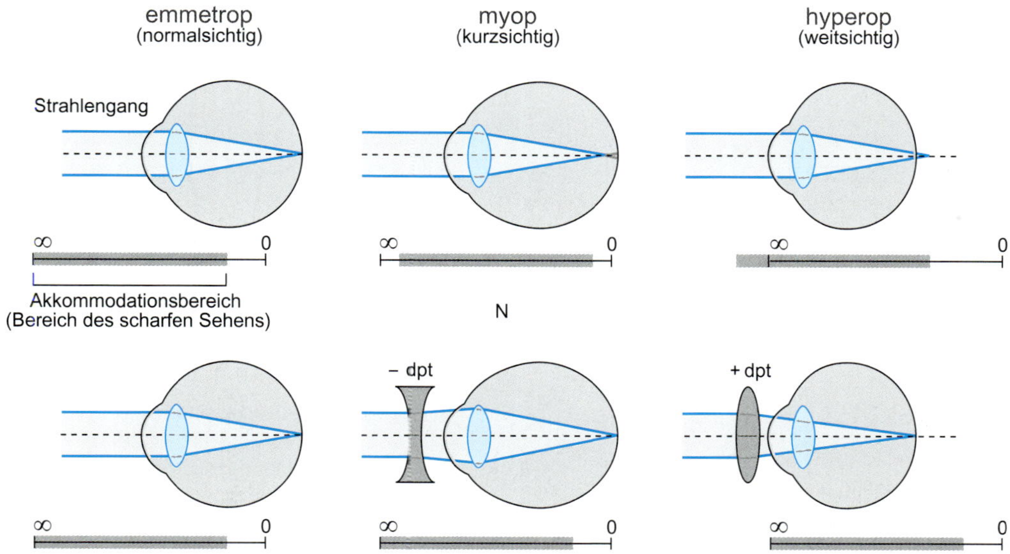

Abb. 7.6 Sphärische Abbildungsfehler des Auges und ihre Korrektur.

Es handelt sich also um eine konkave Linse (Zerstreuungslinse) mit dem Krümmungsradius

$$r = \frac{1}{2\,\text{m}^{-1}} = 0{,}5\,\text{m}$$

Klinik

Die Gesamtbrechkraft des **menschlichen Auges** im entspannten Zustand, d. h. auf unendliche Entfernung eingestellt, beträgt 58 dpt. Davon entfallen 19 dpt auf die Augenlinse und mit 43 dpt der größere Teil auf die Brechkraft der Kornea (Hornhaut). Die Einstellung des Auges auf unterschiedliche Entfernungen wird als **Akkommodation** bezeichnet. Sie beruht auf einer Änderung der Wölbung der Augenlinse, die dadurch ihre Brechkraft beim Jugendlichen zwischen 19 und 34 dpt variieren kann.

- Mit zunehmendem Alter verliert die Linse an Eigenelastizität und der Einstellbereich nimmt ab. Dies führt zur **Presbiopie**, der so genannten Altersweitsichtigkeit.
- Bei **Hyperopie** (Weitsichtigkeit) ist die Brechkraft des Auges im Verhältnis zur Länge des Augapfels zu gering. Eine scharfe Abbildung würde erst hinter der Netzhautebene entstehen. Zur Korrektur werden dem Auge in einer Brille konvexe Linsen vorgeschaltet (► Abb. 7.6 rechts).
- Bei der **Myopie** (Kurzsichtigkeit) ist das Auge im Verhältnis zur Brechkraft seines optischen Systems zu lang. Die Bildebene liegt vor der Netzhautebene. Der Sehfehler wird durch Vorschalten negativer Brechwerte, d. h. mit konkaven Linsen, korrigiert (► Abb. 7.6 Mitte).
- Unter **Astigmatismus** (Stabsichtigkeit, Hornhautverkrümmung) wird eine Abweichung der Hornhautgeometrie von der Rotationssymmetrie verstanden. Die Hornhaut ist in verschiedenen Richtungen unterschiedlich stark gekrümmt. Eine Korrektur ist mit einer Brille oft nur begrenzt möglich. Hier werden Gläser mit zylindrischem Schliff verwendet.

Lerntipp

Kleine Merkhilfe:
- **W**eitsichtige brauchen „kon**w**exe" Linsen.
- **K**urzsichtige brauchen kon**k**ave Linsen.

In entspanntem Zustand ist das Auge auf weite Entfernungen eingestellt. Die Augenlinse ist relativ flach. Zur Naheinstellung zieht sich die Linse zusammen, der Krümmungsradius wird reduziert. Die nun stärker gekrümmte Linse besitzt eine höhere Brechkraft.

Die minimale Distanz vom Auge, in der ein naher Gegenstand noch scharf gesehen werden kann, wird als **Nahpunkt** s_{nah} bezeichnet, der maximale Abstand eines weit entfernten Gegenstands als **Fernpunkt** s_{fern}.

Den Einstellbereich des Auges gibt die **Akkommodationsbreite D** an, sie wird in Dioptrien angegeben und ist definiert als:

$$D = \frac{1}{s_{nah}} - \frac{1}{s_{fern}}$$

Für das normalsichtige Auge liegt der Fernpunkt im Unendlichen, die Berechnung der Akkommodationsbreite vereinfacht sich dann zu:

$$D = \frac{1}{s_{nah}} - \frac{1}{\infty} = \frac{1}{s_{nah}}$$

Klinik

Durch den Verlust der Elastizität der Augenlinse nimmt die Akkommodationsbreite mit zunehmendem Lebensalter ab. Der Fernpunkt bleibt unverändert, der Nahpunkt rückt immer weiter vom Auge weg. Beim Jugendlichen beträgt die Akkommodationsbreite bis zu 15 dpt und nimmt in späteren Jahren im Extremfall bis auf 0 dpt ab.

Beispiel

Bei einem kurzsichtigen Patienten liegt der Fernpunkt in einer Entfernung von 4 m, der Nahpunkt in einer Entfernung von 10 cm. Wie groß ist seine Akkommodationsbreite?

$$D = \frac{1}{0{,}1\,\text{m}} - \frac{1}{4\,\text{m}} = 10\,\text{dpt} - 0{,}25\,\text{dpt} = 9{,}75\,\text{dpt}$$

7.3.4 Bildkonstruktion an der Linse

7.3.4.1 Dünne Linsen

Konstruktionsregeln

Mit den vereinfachten Regeln für dünne Linsen lässt sich die Abbildung an einer Linse konstruieren (► Abb. 7.7). Ein Gegenstand der Größe G ist eine als Gegenstandsweite g bezeichnete Strecke von einer Sammellinse entfernt.

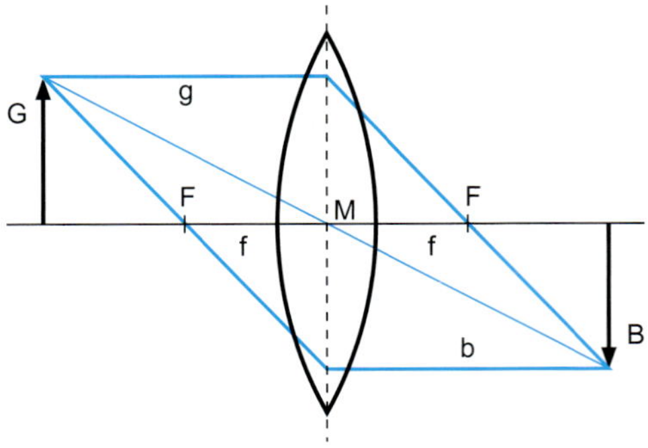

Abb. 7.7 Bildkonstruktion an einer Sammellinse.

Merke

Zur Konstruktion der Abbildung gelten folgende Regeln:

- Achsenparallele Strahlen gehen auf der gegenüberliegenden Seite durch den Brennpunkt.
- Ein Strahl durch den Mittelpunkt der Linse wird nicht gebrochen.
- Ein durch den Brennpunkt einfallender Strahl verlässt die Linse parallel zur optischen Achse.

Jeweils zwei dieser Strahlen genügen zur Bildkonstruktion, der dritte kann zur Kontrolle zusätzlich gezeichnet werden.

Die Konstruktion ergibt im Schnittpunkt auf der gegenüberliegenden Linsenseite die Spitze des Bilds B. Die Entfernung des Bilds von der Linse ist die Bildweite b (► Abb. 7.7).

► Abb. 7.7 zeigt die Entstehung eines **reellen Bilds**. Ein reelles Bild kann auf eine Mattscheibe oder Leinwand projiziert und von dort betrachtet werden. Das Bild steht gegenüber dem Gegenstand auf dem Kopf und ist seitenverkehrt. Prinzipiell entspricht dies den Verhältnissen an einem Diaprojektor. Die Leinwand befindet sichin der Bildebene des Objektivs. Das Dia steht im Projektor auf dem Kopf, es ist zur Abbildung seitenverkehrt.

Mit den folgenden **Linsenformeln** können Lage und Größe des Bilds errechnet werden. Zwischen Gegenstandsweite g, Bildweite b und Brennweite f besteht der Zusammenhang:

$$\frac{1}{g} + \frac{1}{b} = \frac{1}{f}$$

Bildgröße B und Gegenstandsgröße G stehen im Verhältnis:

$$\frac{B}{G} = \frac{b}{g}$$

Der Quotient B/G gibt den Abbildungsmaßstab bzw. die Vergrößerung an. Der so definierte Maßstab wird als **Lateralvergrößerung** oder auch als **Seitenvergrößerung** bezeichnet.

Beispiel

Ein 4 cm großes Dia soll in einer Größe von 2 m auf einer 4 m entfernten Leinwand abgebildet werden.
Wie ist die Brennweite des Objektivs zu wählen und in welcher Entfernung zum Objektiv muss das Dia stehen?

$$\frac{2\,\text{m}}{0{,}04\,\text{m}} = \frac{4\,\text{m}}{g} \Rightarrow g = \frac{4\,\text{m} \cdot 0{,}04\,\text{m}}{2\,\text{m}} = 0{,}08\,\text{m}$$

Die errechnete Gegenstandsweite beträgt $g = 0{,}08$ m. Das Dia muss daher 8 cm vor dem Objektiv positioniert werden.
Aus der Linsenformel lässt sich nun die gesuchte Brennweite berechnen:

$$\frac{1}{f} = \frac{1}{0{,}08\,\text{m}} + \frac{1}{2{,}00\,\text{m}} =$$

$$\frac{25}{2\,\text{m}} + \frac{1}{2\,\text{m}} = \frac{26}{2\,\text{m}} \Rightarrow f = 0{,}077\,\text{m}$$

Das Objektiv muss eine Brennweite von 7,7 cm aufweisen.

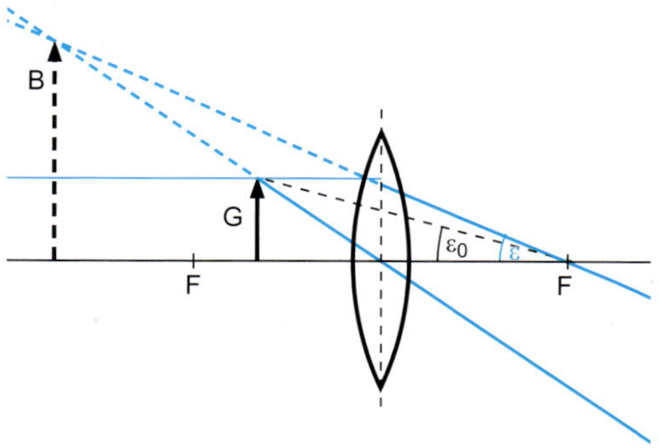

Abb. 7.8 Strahlengang an der Lupe: Konstruktion eines virtuellen Bilds und Sehwinkelvergrößerung.

Lerntipp

Beachten sie in den Strahlengängen von ► Abb. 7.7 bis ► Abb. 7.12, in welchen Fällen ein reelles und in welchen ein virtuelles Bild entsteht.

Aus den Linsenformeln lassen sich folgende Verhältnisse der Abbildungsparameter zueinander ableiten:

- Befindet sich der Gegenstand genau in der doppelten Brennweite vor der Linse ($g = 2 \cdot f$), so entsteht ein gleich großes Bild ($B = G$) ebenfalls in der Entfernung $b = 2 \cdot f$.
- Bei einer Gegenstandsweite zwischen einfacher und doppelter Brennweite entsteht ein vergrößertes Bild außerhalb der doppelten Brennweite.
- Liegt die Gegenstandsweite außerhalb der doppelten Brennweite, so entsteht ein verkleinertes Bild zwischen einfacher und doppelter Brennweite.
- Befindet sich der Gegenstand innerhalb der einfachen Brennweite, so divergieren die Strahlen auf der anderen Seite der Linse. Es entsteht nur ein virtuelles Bild (► Abb. 7.8). Die Berechnung mit den Linsenformeln ergibt einen negativen Wert für b.
- Steht der Gegenstand genau in der einfachen Brennweite, sind die Strahlen, die die Linse verlassen, parallel. Das virtuelle Bild entsteht im Unendlichen. Die Anwendung der Linsenformeln würde in diesem Fall zu keinem sinnvollen Ergebnis führen.

Abbildungsfehler

Nur in einem in der Praxis kaum zu realisierenden Idealfall entsteht eine fehlerfreie Abbildung des betrachteten Objekts. Grundsätzlich werden zwei Arten von **Abbildungsfehlern** unterschieden:

- **Sphärische Aberration:** Die zuvor beschriebenen Regeln zur Bildkonstruktion sind Näherungen, die nur für dünne Linsen und nahe der optischen Achse verlaufende Strahlen gelten. Sind diese Voraussetzungen nicht erfüllt, treten Abbildungsfehler auf.
  Die Tiefenschärfe eines Fotos nimmt z. B. zu, wenn mit kleiner Blendenöffnung (d. h. großer Blendenzahl) fotografiert wird. Die Randstrahlen, die durch ihre fehlerhafte Abbildung zur Unschärfe des Bilds beitrügen, werden dann ausgeblendet.
- **Chromatische Aberration:** Der Brechungsindex eines Mediums und damit die Lichtbrechung sind von der Frequenz bzw. Wellenlänge abhängig (► Kap. 7.3.2). Verschiedenfarbige Lichtstrahlen treffen sich nach dem Durchgang durch die Linse nicht im selben Punkt, d. h., die Brennweiten sind für die einzelnen Lichtfarben unterschiedlich. Blaues Licht wird stärker gebrochen als rotes Licht. Jede Linse weist deshalb chromatische Fehler auf. Bei hochwertigen optischen Geräten werden daher Kombinationen mehrerer Linsen aus unterschiedlichen Glassorten und mit verschiedenen

Beschichtungen verwendet, sodass sich die Farbfehler weitestgehend gegenseitig kompensieren. Ein Linsensystem, das die chromatischen Fehler für zwei Farben korrigiert, heißt **Achromat**. Die teureren apochromatischen Objektive sind für drei Wellenlängen korrigiert.

Lerntipp

Wenn Sie die Themen „Lichtbrechung" und „Bildkonstruktion" gut verstanden haben, so ist auch die Physiologie des Auges kein Problem mehr!

7.3.4.2 Lupe

Ein **virtuelles Bild** kann nicht projiziert werden, es entsteht erst im Auge des Betrachters. Der optische Apparat des Auges bündelt die parallel oder leicht divergent einfallenden Strahlen, sodass auf der Netzhaut eine Abbildung entsteht.
Die Abbildung einer **Lupe** ist ein solches virtuelles Bild, seine Konstruktion zeigt ▸ Abb. 7.8. Der Gegenstand *G* befindet sich kurz vor dem Brennpunkt *F*, innerhalb der einfachen Brennweite. Der Mittelpunktstrahl und der Strahl durch den gegenüberliegenden Brennpunkt verlaufen divergent. Der Schnittpunkt der rückwärtigen Verlängerung dieser Strahlen kennzeichnet die Spitze des virtuellen Bilds *B*.
Das virtuelle Bild der Lupe steht aufrecht und ist vergrößert.

Um den Strahlengang konstruieren zu können, wurde eine Gegenstandsposition innerhalb der einfachen Brennweite gewählt. Betrachtet man ein Objekt mit einer Lupe, so wird es genau in die Brennebene der Lupe gestellt. Die Strahlen verlassen die Lupe dann parallel und das Bild entsteht „im Unendlichen". Es lässt sich dann mit dem entspannten, auf große Entfernung akkommodierten Auge betrachten.
Die Linsenformeln führen in diesem Fall zu keinem verwertbaren Ergebnis und die Angabe einer Lateralvergrößerung wäre für virtuelle Bilder wenig geeignet.
Es müsste die Größe des Netzhautbilds mit und ohne Verwendung der Lupe verglichen werden. Ein geeignetes Maß für die Abbildungsvergrößerung optischer Instrumente ist die **Sehwinkelvergrößerung** $\varepsilon/\varepsilon_0$. Es wird der Sehwinkel ε unter Verwendung des Instruments mit dem Winkel ε_0 bei Betrachtung ohne Instrument verglichen (▸ Abb. 7.8).

Die Vergrößerung *V* einer Lupe lässt sich ausdrücken als:

$$V = \frac{d}{f}$$

Dabei ist *d* der Betrachtungsabstand und *f* die Brennweite der Lupe.

Als deutliche Sehweite bei entspanntem Auge kann $d = 25\,\text{cm}$ angenommen werden.

7.3.4.3 Mikroskop

Den Strahlengang im **Mikroskop** zeigt ▸ Abb. 7.9.

- Das **Objektiv** erzeugt ein reelles Zwischenbild. Dieses Zwischenbild ist umgekehrt und vergrößert, es liegt in der Brennebene des Okulars.
- Das **Okular** hat die vergrößernde Funktion einer Lupe. Die Strahlen verlassen das Okular parallel, das virtuelle Bild entsteht im Unendlichen.

Die **Gesamtvergrößerung** des Mikroskops ergibt sich aus der Multiplikation der Vergrößerungsfaktoren von Objektiv und Okular:

$$V_{\text{Ges}} = V_{\text{Objektiv}} \cdot V_{\text{Okular}}$$

Der maximalen Vergrößerung des Mikroskops sind Grenzen gesetzt. Als **Auflösungsvermögen** *U* des Mikroskops wird der Kehrwert der Distanz *d* zweier Punkte bezeichnet, die gerade noch getrennt abgebildet werden können:

$$U = \frac{1}{d}$$

Sprachlich wird *d* oft auch **Auflösung** oder **Auflösungsgrenze** genannt.
Die Grenze des Auflösungsvermögens lässt sich jedoch nicht mit den Gesetzen der geometrischen Optik erklären, sondern es muss die Wellennatur des Lichts berücksichtigt werden (▸ Kap. 6.5.3). Es können keine Objekte dargestellt werden, deren Größe wesentlich kleiner ist als die Wellenlänge λ des verwendeten Lichts.
Der kleinste im Mikroskop unterscheidbare Abstand ist:

$$d = \frac{\lambda}{n \cdot \sin\alpha}$$

Dabei ist α der Öffnungswinkel des Objektivs und *n* der Brechungsindex des Mediums zwischen Objekt und Objektiv. Der Ausdruck $n \cdot \sin\alpha$ wird als **numerische Apertur** des Objektivs bezeichnet.

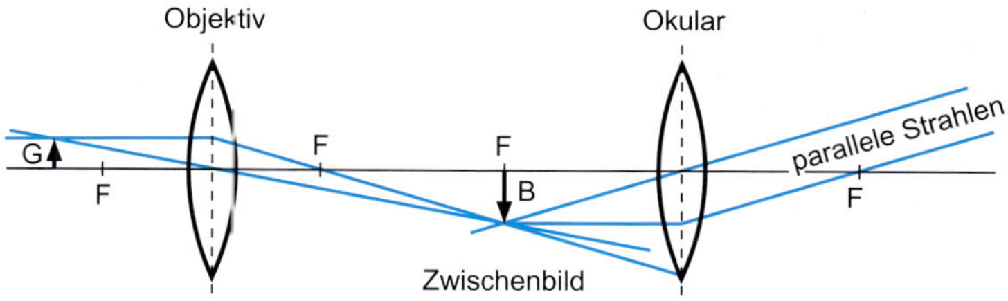

Abb. 7.9 Strahlengang im Mikroskop: reelles Zwischenbild und virtuelles Bild im Unendlichen.

Merke

Die maximal erreichbare Auflösung liegt etwa bei der halben Wellenlänge des Lichts und beträgt beim Lichtmikroskop (► Kap. 7.5.7.1) ca. 0,2 µm.

7.3.4.4 Dicke Linsen, Linsensysteme

Für eine dicke Linse lassen sich zwei **Hauptebenen** festlegen (► Abb. 7.10). Die **Hauptpunkte** der Linse sind die Schnittpunkte der Hauptebenen mit der optischen Achse. Die **Brennweite** dicker Linsen ist der Abstand zwischen Brennpunkt und Hauptpunkt.

Eine Abbildung kann ähnlich wie bei dünnen Linsen (► Kap. 7.3.4.1) konstruiert werden:

- Zwischen den Hauptebenen werden die Strahlen parallel zur optischen Achse weitergeführt.
- Ein achsenparalleler Strahl geht auf der gegenüberliegenden Seite durch den Brennpunkt.
- Der Strahl vom Gegenstand *G* zum Hauptpunkt auf der Hauptebene H_1 wird entlang der optischen Achse weitergezeichnet und verlässt die Linse in ursprünglicher Richtung am bildseitigen Hauptpunkt (Ebene H_2). Der Strahl wird an der Linse parallel verschoben.

Am Schnittpunkt beider Strahlen entsteht das Bild. Wenn Gegenstands- (*g*) und Bildweite (*b*) als Entfernung zu den Hauptebenen gemessen werden, sind die für dünne Linsen aufgestellten Abbildungsgleichungen weiterhin anwendbar.

Die Eigenschaften eines komplexeren optischen Systems, wie eines aus **mehreren Linsen** bestehenden Objektivs, lassen sich als „dicke Linse" zusammenfassen. Während sich die Hauptebenen einer dicken Einzellinse noch innerhalb der Linse befinden, können die Hauptebenen eines optischen Systems auch weit außerhalb liegen.

Das System wird beschrieben durch die Lage der beiden Brennebenen bzw. Brennpunkte und der beiden Hauptebenen bzw. Hauptpunkte. Dieses sind die so genannten **Kardinalelemente** des Systems. Eine dicke Linse besitzt somit 4 Kardinalelemente.

Für eine dünne Linse rücken die Hauptebenen zur Mittelebene zusammen. Sie besitzt daher nur 3 Kardinalelemente.

Auf beiden Seiten der beschriebenen Linsen befindet sich das gleiche Medium. Einen mehr allgemeinen Fall stellt die Abbildung an der **gekrümmten Grenzfläche** zweier verschiedener Medien dar (► Abb. 7.11).

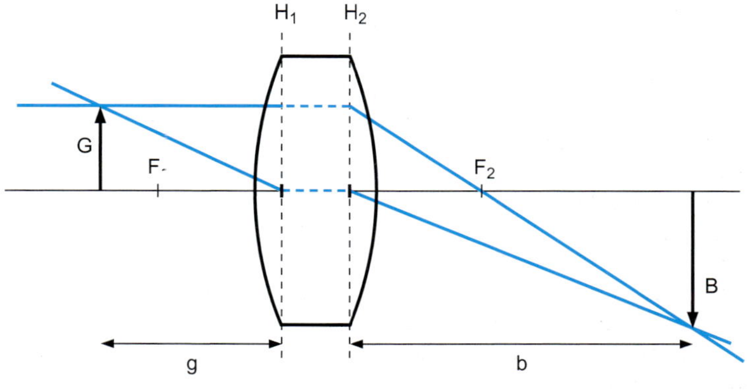

Abb. 7.10 Abbildung an einer dicken Linse.

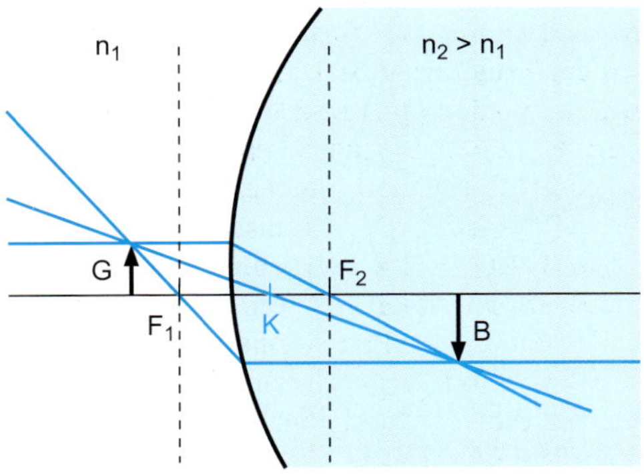

Abb. 7.11 Abbildung an einer gekrümmten Grenzfläche.

Licht trifft aus einem Medium mit dem Brechungsindex n_1 auf die gekrümmte Grenzfläche zu einem Medium mit höherem Brechungsindex $n_2 > n_1$. Diese Verhältnisse entsprechen dem Lichteinfall auf die gekrümmte Oberfläche der Hornhaut des menschlichen Auges.

- Der parallel zur optischen Achse auf die Grenzfläche treffende Strahl geht im dichteren Medium durch den Brennpunkt F_2.
- Der durch den Brennpunkt F_1 einfallende Strahl verläuft jenseits der Grenzfläche parallel zur optischen Achse.
- Die Verbindungslinie der Spitzen von Gegenstand und Bild schneidet die optische Achse im Punkt K. Er wird **Knotenpunkt** des Systems genannt. Die **Knotenebene** ist die zur optischen Achse senkrechte Ebene durch K.

Im allgemeinsten Fall besteht ein optisches System aus mehreren gekrümmten Grenzflächen zwischen unterschiedlichen Medien. Liegen die Krümmungsmittelpunkte der Flächen auf einer Achse, der optischen Achse, wird von einem **zentrierten optischen System** gesprochen. Ein solches System wird durch 6 Kardinalelemente beschrieben:

- 2 Brennebenen (bzw. Brennpunkte)
- 2 Hauptebenen (bzw. Hauptpunkte)
- 2 Knotenebenen (bzw. Knotenpunkte)

Weil sich auf beiden Seiten der in ► Abb. 7.10 dargestellten Linse das gleiche Medium befindet, fallen Haupt- und Knotenebenen zusammen, sodass sich die Zahl der Kardinalelemente dort auf 4 reduziert.

7.3.5 Der sphärische Hohlspiegel

Der sphärische Hohlspiegel hat die Form eines Kugelausschnitts. Der **Brennpunkt** F liegt auf halbem Weg zwischen der Spiegelfläche und dem Krümmungsmittelpunkt.

Merke

Die **Grundlagen der Bildkonstruktion** sind mit denen an der Sammellinse vergleichbar:

- Achsenparallele Strahlen werden durch den Brennpunkt reflektiert.
- Ein Strahl durch den Krümmungsmittelpunkt wird in sich selbst reflektiert.
- Durch den Brennpunkt einfallende Strahlen verlassen den Spiegel parallel zur optischen Achse.

Die Linsenformeln aus ► Kap. 7.3.4.1 sind ebenfalls auf den sphärischen Hohlspiegel übertragbar.
Die **Bildkonstruktion** am Hohlspiegel zeigt ► Abb. 7.12:

- Steht der Gegenstand außerhalb der doppelten Brennweite, entsteht ein verkleinertes reelles und umgekehrtes Bild zwischen Brennpunkt und Krümmungsmittelpunkt (► Abb. 7.12a).
- Befindet sich der Gegenstand zwischen dem Brennpunkt und dem Krümmungsmittelpunkt, entsteht ein vergrößertes Bild außerhalb der zweifachen Brennweite. Dieses Bild ist ebenfalls reell und seitenverkehrt (► Abb. 7.12b).
- Von einem Gegenstand zwischen Spiegel und Brennpunkt entsteht ein virtuelles Bild hinter dem Spiegel. Das Bild steht aufrecht und ist vergrößert (► Abb. 7.12c).

Auch beim sphärischen Hohlspiegel bilden die genannten Abbildungsregeln nur eine Näherung für Strahlen nahe der optischen Achse. Vergleichbar mit der sphärischen Aberration bei Linsen werden achsenfernere Strahlen nicht mehr genau durch den Brennpunkt reflektiert. Ein Spiegel mit parabolischem Krümmungsverlauf vereinigt auch weiter von der optischen Achse entfernte Strahlen im Brennpunkt.

Parabolspiegel werden deshalb in der Technik häufig eingesetzt, z. B. als Reflektoren in Scheinwerfern oder in Satellitenempfangsanlagen.

Lerntipp

Vergleichen Sie die Bildkonstruktion am Hohlspiegel mit der an der Sammellinse. Durch die Ähnlichkeiten lassen sich die Grundlagen leichter merken.

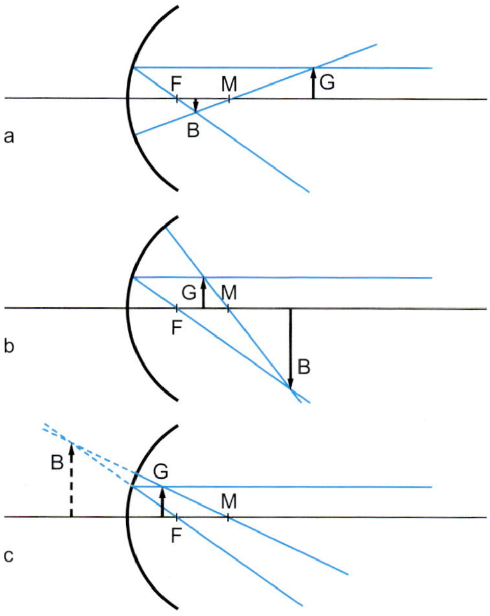

Abb. 7.12 Bild am sphärischen Hohlspiegel: (**a**) Gegenstand außerhalb der zweifachen Brennweite, (**b**) Gegenstand zwischen einfacher und zweifacher Brennweite, (**c**) Gegenstand zwischen Spiegel und Brennpunkt.

7.4 Wellenoptik

Im Gegensatz zur geometrischen Optik (► Kap. 7.3) befasst sich die Wellenoptik mit Erscheinungen, die sich nur durch den Wellencharakter des Lichts erklären lassen.

7.4.1 Interferenzerscheinungen

Unter Interferenz wird die Überlagerung mehrerer Wellen verstanden. Dabei können sich, abhängig von ihrer Phasenbeziehung, die Wellen verstärken oder bis hin zur gegenseitigen Auslöschung abschwächen (► Kap. 6.3.4.1).

Mittels **Interferenzfilter** gelingt es auf diese Weise, bestimmte Wellenlängen aus einem Lichtstrahl zu entfernen.

Fällt Licht durch eine enge Öffnung (Blende, Spalt), so weicht es hinter der Öffnung von seiner geraden Ausbreitungsrichtung ab. Dies wird als **Beugung** bezeichnet (► Kap. 6.3.4.5).

7.4.1.1 Doppelspalt und optisches Gitter

Fällt Laserlicht auf einen Schirm, in dem sich 2 kleine Spalte befinden (**Doppelspalt**), wird auf einem dahinter liegenden Schirm nicht die vergrößerte Abbildung der Spalte sichtbar, sondern es wird ein Beugungsmuster aus abwechselnden hellen und dunklen Streifen beobachtet. Dieses Muster entsteht durch die Interferenz der Lichtstrahlen, die von beiden Spalten ausgehen.

Die geometrischen Verhältnisse am Doppelspalt zeigt ► Abb. 7.13. Die Breite beider Spalten ist gegenüber ihrem Abstand *d* vernachlässigbar. Wenn die Entfernung des Projektionsschirms vom Doppelspalt groß im Vergleich zum Spaltabstand *d* ist, verlaufen die von den Spalten ausgehenden Strahlen annähernd parallel.

Bis zum Schirm legen beide Strahlen unterschiedlich lange Wege zurück. Für den Wegunterschied gilt:

$$\Delta x = d \cdot \sin\alpha$$

- Beträgt der Wegunterschied Vielfache der verwendeten Wellenlänge, verstärken sich die Wellen bei der Überlagerung. Auf dem Schirm entstehen **Maxima,** wenn:

  $$\Delta x = n \cdot \lambda \Rightarrow \sin\alpha = \frac{n \cdot \lambda}{d}$$

  Die Zahl *n* wird die **Ordnung** der Maxima genannt. Das Maximum 0. Ordnung liegt in der Mitte des Beugungsmusters.
- **Minima** entstehen, wenn sich die Wellen bei der Überlagerung gegenseitig auslöschen. Dies ist der Fall, wenn die Phasenverschiebung ein ungeradzahliges Vielfaches der halben Wellenlänge beträgt. Für die Minima gilt deshalb die Bedingung:

  $$\Delta x = \left(\frac{2 \cdot n + 1}{2}\right) \cdot \lambda \Rightarrow \sin\alpha = \frac{\left(\frac{2 \cdot n + 1}{2}\right) \cdot \lambda}{d}$$

  mit $n = 0, 1, 2, 3, \ldots$

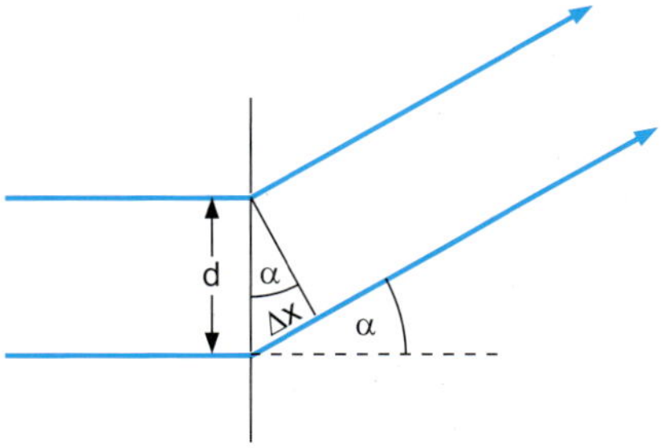

Abb. 7.13 Beugung der Strahlen am Doppelspalt.

Der Winkel α, unter dem die Maxima bzw. Minima auftreten, ist der **Beugungswinkel**. Er ist von der Wellenlänge abhängig.

Ein **optisches Gitter** besteht aus zahlreichen, in gleichem Abstand nebeneinander liegenden Spalten. Auch hier entsteht ein Beugungsmuster aus hellen und dunklen Streifen. Im Vergleich zum Muster des Doppelspalts sind die Hell-Dunkel-Übergänge schärfer. Die Abgrenzung der Maxima ist leichter erkennbar. Für die Lage der Maxima und Minima gelten die gleichen Bedingungen wie beim Doppelspalt.

Die **Röntgenstrukturanalyse** von Makromolekülen oder Kristallen beruht auf der Analyse von Beugungsmustern. Strahlung, die an verschiedenen Ebenen eines Kristalls reflektiert wird, hat einen Phasenunterschied. Aus dem Abstand der Maxima des Beugungsmusters wird auf den Abstand der Netzebenen des Kristalls zurückgeschlossen.

7.4.1.2 Beugung am Einzelspalt

An einem Einzelspalt treten ebenfalls Interferenzmuster auf, weil sich auch die Einzelstrahlen des Strahlenbündels, das den Spalt passiert, überlagern.

- Besteht zwischen den Randstrahlen des Spalts ein Phasenunterschied von einer Wellenlänge, so finden sich in dem Strahlenbündel jeweils Paare von Strahlen mit einer Phasendifferenz von λ/2, die sich gegenseitig auslöschen. An einem Spalt der Breite *b* entstehen **Minima** für:

$$\Delta x = n \cdot \lambda \Rightarrow \sin\alpha = \frac{n \cdot \lambda}{b}$$

mit $n = 0, 1, 2, 3, \ldots$

- Beträgt der Wegunterschied der Randstrahlen ein ungeradzahliges Vielfaches der halben Wellenlänge, bleiben die meisten Strahlen übrig. Es werden deshalb **Maxima** beobachtet für:

$$\Delta x = \left(\frac{2 \cdot n + 1}{2}\right) \cdot \lambda \Rightarrow \sin\alpha = \frac{\left(\frac{2 \cdot n + 1}{2}\right) \cdot \lambda}{b}$$

mit $n = 0, 1, 2, 3, \ldots$

Merke

Diese Bedingungen lassen sich leicht merken: Gegenüber dem Doppelspalt oder optischen Gitter sind beim Einzelspalt die Bedingungen für Minima und Maxima vertauscht.

Beugungseffekte treten an jeder kleinen Öffnung auf, so auch an der Pupille des menschlichen Auges. Die Grenze des Auflösungsvermögens optischer Instrumente lässt sich durch Beugungseffekte erklären. Ein Punkt des Gegenstands wird als „kleines Scheibchen" abgebildet. Dieses entspricht dem Intensitätsmaximum 0. Ordnung des Interferenzmusters. Ist der Abstand benachbarter Maxima kleiner als ihre Halbwertsbreite, lassen sie sich nicht mehr unterscheiden. Die zugrunde liegenden Gegenstandspunkte sind in der Abbildung nicht mehr als voneinander getrennt erkennbar.

7.4.2 Polarisation

Licht kann wie alle transversalen Wellen polarisiert werden (► Kap. 6.3.4.8). Bei **polarisiertem Licht** ist eine Richtung senkrecht zur Ausbreitungsrichtung ausgezeichnet, in der alle Wellen schwingen. Als Polarisationsrichtung ist die Richtung des elektrischen Feldvektors bzw. die Ebene des magnetischen Felds definiert (► Kap. 6.5.1).

Das Licht der Sonne oder das Licht einer Glühlampe ist dagegen **unpolarisiert**, hier ist keine Schwingungsrichtung bevorzugt.

Polarisiertes Licht kann auf unterschiedlichen Wegen entstehen oder erzeugt werden:

- **Doppelbrechung:** Das Brechungsgesetz (► Kap. 7.3.2) gilt nur in Stoffen, in denen sich das Licht in allen Richtungen mit der gleichen Geschwindigkeit ausbreitet. Diese Stoffe werden **optisch isotrop** genannt. Daneben existieren auch **optisch anisotrope** Medien, die eine Vorzugsrichtung für die Lichtausbreitung besitzen. Zu diesen Stoffen gehören z. B. die Kristalle des Kalkspats ($CaCO_3$). Licht, das nicht in der Vorzugsrichtung auf einen solchen Kristall fällt, wird in zwei Teilstrahlen aufgespalten. Beide Strahlen sind gegeneinander parallel verschoben und vollständig in zueinander senkrechten Ebenen polarisiert.
  Um das polarisierte Licht nutzen zu können, muss einer der Teilstrahlen ausgeblendet werden. In einer geeigneten Anordnung ist dies durch Totalreflexion möglich (► Kap. 7.3.2).
- **Dichroismus:** Es existieren doppelbrechende Kristalle, die das Licht nicht nur in zwei verschiedene Polarisationsrichtungen aufspalten, sondern zusätzlich beide Strahlen verschieden

stark abschwächen. Diese Kristalle heißen **dichroitisch**. In einer Richtung polarisiertes Licht kann den Kristall fast ungeschwächt passieren, während Licht mit hierzu senkrechter Polarisationsrichtung schon nach kurzer Wegstrecke fast vollständig absorbiert wird.
Werden dichroitische Stoffe in einheitlicher Kristallisationsrichtung in Zellulosefolien eingelagert, lassen sich so **Polarisationsfolien** herstellen, die nur Licht einer Schwingungsrichtung durchlassen.

- **Reflexion:** Wenn unpolarisiertes Licht auf eine Glasplatte trifft, sind der reflektierte und der gebrochene Strahl teilweise linear polarisiert. Trifft das Licht unter dem so genannten **Brewster-Winkel** auf die Grenzfläche, ist der reflektierte Strahl vollständig polarisiert. Der Brewster-Winkel ist derjenige Einfallswinkel, für den reflektierter und gebrochener Strahl senkrecht aufeinander stehen.
- **Streuung:** In der Atmosphäre wird Licht an kleinsten Teilchen wie Staubpartikeln oder Wassertröpfchen gestreut. Das Streulicht ist senkrecht zur Richtung des ursprünglichen Lichtstrahls polarisiert.

Der Begriff Polarisation ist auch aus der **Fotografie** bekannt. Die Verwendung eines Polarisationsfilters kann eine Aufnahme deutlich verbessern. Er wird verwendet, um störende Reflexe von spiegelnden Oberflächen auszublenden.
Die **Polarimetrie** ist ein Messverfahren, bei dem die Schwingungsrichtung des Lichts bestimmt wird. Zahlreiche Stoffe, darunter viele biologisch wichtige Substanzen, z. B. viele Zucker oder Aminosäuren, sind optisch asymmetrisch, sie besitzen die Eigenschaft, die Polarisationsrichtung des Lichts zu verändern. Diese Eigenschaft wird **optische Aktivität** genannt. Die Polarisationsrichtung des einfallenden Lichts wird um einen Winkel α gedreht. Es werden rechtsdrehende und linksdrehende Substanzen unterschieden. Die Moleküle optisch aktiver Stoffe sind in der Regel asymmetrisch aufgebaut.
Das Drehvermögen eines optisch aktiven Stoffs ist von der Wellenlänge des Lichts abhängig. Dies wird als **Rotationsdispersion** bezeichnet. Im Allgemeinen wird die Polarisationsrichtung kurzwelligen Lichts stärker gedreht als die langwelligen Lichts.

7.5 Optische Instrumente

Die Entwicklungen der Optik haben sowohl den Alltag als auch viele Gebiete der Wissenschaft entscheidend beeinflusst. Optische Instrumente bilden die Grundlage von Mess- und Analyseverfahren, auf die heute in der Medizin und Molekularbiologie nicht mehr verzichtet werden kann.
Es werden im Folgenden einige wichtige optische Instrumente vorgestellt, wobei hier nicht auf alle apparativen Details eingegangen werden kann. Die grundlegenden Funktionen sollen nur kurz erklärt werden.

7.5.1 Spektrometer

Das **Spektrometer** (oder: Spektralapparat) analysiert die Zusammensetzung des Lichts. Es werden Prismen- und Gitterspektrometer unterschieden:

- Mit einem **Prismenspektrometer** wird Licht in seine Spektralfarben aufgetrennt (► Kap. 7.3.2).
- Im **Gitterspektrometer** fällt das Licht auf ein optisches Gitter (► Kap. 7.4.1.1). Die Lage der Interferenzmaxima hängt von der Wellenlänge des Lichts ab. Für die einzelnen Farben liegen die Maxima an unterschiedlichen Stellen. Die Auswertung der Beugungsmuster ermöglicht eine sehr präzise Bestimmung der Wellenlänge.

In einer **Spektralanalyse** lassen sich Stoffe durch ihre spezifischen Absorptions- oder Emissionseigenschaften identifizieren:

- Im **Absorptionsspektrum** sind als dunkle Linien diejenigen Wellenlängen erkennbar, bei denen die untersuchte Substanz Licht aus einem kontinuierlichen Spektrum absorbiert.
- Im **Emissionsspektrum** finden sich an den gleichen Stellen die Spektrallinien des ausgesandten Lichts.

Die Temperaturstrahlung eines glühenden Körpers ergibt ein **kontinuierliches Spektrum**, darin sind alle Wellenlängen vertreten (► Kap. 4.6.3). Ein **Linienspektrum** zeigt diskrete Spektrallinien.

7.5.2 Monochromator

Ein **Monochromator** sondert aus weißem Licht eine gewünschte Wellenlänge aus. Der prinzipielle Aufbau gleicht dem eines Spektralapparats. Das Spektrum des Lichts wird an einem Prisma oder Gitter aufgetrennt. Ein schmaler Spalt kann zur Auswahl der gewünschten Wellenlänge verschoben werden.
Monochromatisches, d. h. einfarbiges Licht wird auch bei der Arbeit mit Fluoreszenzfarbstoffen be-

nötigt. Der Einsatz eines Prismen- oder Gittermonochromators wäre aber oft viel zu aufwändig. Einfarbiges Licht lässt sich auch einfacher durch das Vorschalten entsprechender Farbfilter vor einer Lichtquelle herstellen.

7.5.3 Photometer

In einem **Photometer** wird die Schwächung des Lichts beim Durchgang durch Materie benutzt, um die Konzentration einer Substanz in einer Lösung zu bestimmen.
Eine Photozelle misst die Intensität I eines Lichtstrahls nach dem Durchgang durch eine Probe und als Referenz den Wert I_0 ohne Probe. Das Verhältnis beider Intensitäten ist die **Transmission**:

$$T = \frac{I}{I_0}$$

Die Transmission wird üblicherweise in Prozent angegeben. Die Messgröße in der Photometrie ist aber die über den Logarithmus definierte **Extinktion** E:

$$E = -\log\left(\frac{I}{I_0}\right) = -\log(T)$$

Die Extinktion ist eine dimensionslose Zahl. Das **Gesetz von Lambert-Beer** gibt den Zusammenhang zwischen der Extinktion und der Konzentration eines Stoffs in der Messlösung an:

$$E = \varepsilon_m \cdot c \cdot d$$

Dabei ist c die Konzentration des Stoffs, d die Dicke der durchstrahlten Schicht und ε der **molare Extinktionskoeffizient** des untersuchten Stoffs.

Lerntipp

Das Gesetz von Lambert-Beer ist auch in der Biochemie von Bedeutung. So wird z. B. photometrisch bestimmt, wie sich die Konzentration eines Ausgangsstoffs nach Hinzugabe eines Enzyms bzw. eines Reaktionspartners ändert.

Die spezifische Extinktion einer Substanz ist abhängig von der Wellenlänge. So hat z. B. ein blauer Farbstoff eine niedrige Extinktion für blaues Licht. Alle anderen Farben werden absorbiert, für diese Wellenlängen hat die Extinktion einen höheren Wert.

7.5.4 Polarimeter

Mit einem **Polarimeter** können optisch aktive Stoffe nachgewiesen (► Kap. 7.4.2) und ihre Konzentrationen bestimmt werden.
Das Polarimeter besteht aus zwei **Polarisationsfiltern**. Der erste Filter ist der Polarisator, er lässt nur Licht einer Polarisationsrichtung in den Apparat eintreten. Der zweite Filter ist der Analysator, er kann gegenüber dem Polarisator gedreht werden. Zwischen beide Filter wird die zu untersuchende Substanz gebracht. Ein optisch aktiver Stoff dreht die Polarisationsrichtung des Lichts. Mit dem Analysator wird der Winkel bestimmt, unter dem die größte Lichtintensität beobachtet wird. Um diesen Winkel zwischen Polarisator und Analysator wurde die Polarisationsrichtung des Lichts gedreht. Diese Drehung ist abhängig von der Dicke der durchstrahlten Schicht und vom spezifischen Drehvermögen der untersuchten Substanz.

7.5.5 Refraktometer

Mit dem **Refraktometer** wird der **Brechungsindex** eines Mediums bestimmt. Es wird der Grenzwinkel der Totalreflexion beim Übergang von einem optisch dichteren in ein optisch dünneres Medium gemessen (► Kap. 7.3.2). Aus diesem Winkel ergibt sich das Verhältnis der Brechzahlen beider Medien. Ist der Brechungsindex eines Mediums bekannt, lässt sich die Brechzahl des anderen Stoffs errechnen.

7.5.6 Kamera, Projektionsapparat

In einer **Kamera** wird das Bild des aufgenommenen Objekts auf den **Film** projiziert. Das Prinzip des Strahlengangs einer Projektion wurde bereits in ► Abb. 7.7 gezeigt. In hochwertigen Geräten sind allerdings die an der Einzellinse auftretenden Abbildungsfehler (► Kap. 7.3.4.1) nicht mehr tolerierbar. Hier kommen Objektive zum Einsatz, deren optisches System aus mehreren Linsen aufgebaut ist, deren Abbildungsfehler sich gegenseitig ausgleichen.

7.5.7 Mikroskop

Mit der Entwicklung und dem Einsatz des **Mikroskops** hat in der Medizin und in den Naturwissenschaften ein neues Zeitalter begonnen. Es wurden mehrere mikroskopische Techniken entwickelt, um

Strukturen im untersuchten Objekt besser erkennbar zu machen. Durch verbesserte Optiken wurde das Auflösungsvermögen der Mikroskope bis hin zu der bei Lichtmikroskopen durch die Wellenlänge des Lichts vorgegebene Grenze erhöht.
Das Elektronenmikroskop bietet die Möglichkeit, diese Grenze zu unterschreiten und in noch kleinere Strukturen vorzudringen.

7.5.7.1 Lichtmikroskop

Der Strahlengang im **Lichtmikroskop** wurde schon in ► Kap. 7.3.4.3 erklärt (► Abb. 7.9). Auch auf die Vergrößerung und das Auflösungsvermögen des Mikroskops wurde dort bereits eingegangen. Für die Abbildungsqualität und die Information, die das mikroskopische Bild liefert, ist der Vergrößerungsmaßstab aber nicht der allein entscheidende Faktor. Es kommt im Wesentlichen darauf an, Strukturen im untersuchten Objekt erkennen und unterscheiden zu können. Die Entwicklung geeigneter **Färbetechniken**, mit denen sich Zellen bzw. Strukturen innerhalb einer Zelle sichtbar machen lassen, stellte deshalb einen wichtigen Schritt in der Mikroskopie dar.
Auf der Geräteseite spielt die Beleuchtung des Untersuchungsobjekts eine wichtige Rolle für die Bildqualität. In der Regel wird das Objekt von unten beleuchtet. Zwischen Lichtquelle und Objekt befindet sich der **Kondensor**, eine Sammellinse, die das von der punktförmigen Quelle ausgesandte Licht in parallele Strahlen bündelt. Durch **Blenden** vor dem Kondensor kann das Beleuchtungsfeld eingegrenzt werden.
Ausgehend von diesem Grundprinzip wurden verschiedene mikroskopische Verfahren entwickelt:

Hellfeldmikroskop

Die Hellfeldmikroskopie ist das „klassische" mikroskopische Verfahren. Der Objekttisch wird von unten beleuchtet. Das Licht durchstrahlt das untersuchte Objekt und erreicht das Objektiv. Das Mikroskopbild zeigt den dunklen Gegenstand vor einem hellen Hintergrund.

Dunkelfeldmikroskop

In der Dunkelfeldmikroskopie werden die direkt in Richtung der Objektivachse laufenden Strahlen der Beleuchtungsquelle durch eine zentrale Blende abgeschirmt. Der Untersuchungsgegenstand wird schräg von unten beleuchtet. Das gerade hindurchtretende Licht läuft an der Objektivöffnung vorbei. In das Objektiv treten nur Lichtstrahlen ein, die im Objekt gebrochen oder gestreut wurden. Das Mikroskopbild erscheint vor einem dunklen Hintergrund.
Im Dunkelfeldbild lassen sich gut **Übergänge und Grenzen** im untersuchten Gegenstand erkennen, denn besonders dort finden Lichtstreuung und -brechung statt. Es zeigen sich im Bild hell leuchtend die Zellwände und Grenzen der Organellen. Das Innere der Zellen bzw. Organellen bleibt oft dunkel.

Phasenkontrastmikroskop

Beim Durchgang durch das Präparat erfährt das Licht erfahrungsgemäß eine Phasenverschiebung von $\lambda/4$. Im Objektiv befindet sich eine so genannte **Phasenscheibe**, bei deren Durchstrahlung das Licht nochmals eine Phasenverschiebung um $\lambda/4$ erfährt.
Damit erhöht sich die Phasendifferenz zwischen dem das Präparat durchdringenden Licht und den am Präparat vorbei in das Objektiv fallenden Lichtstrahlen auf $\lambda/2$ und es findet eine Auslöschung statt. Diese selektive Auslöschung des von einzelnen Bereichen des untersuchten Gegenstands kommenden Lichts erhöht den Kontrast des mikroskopischen Bilds.
Die Kontraststeigerung beruht auf dem physikalischen Phänomen der Interferenz (► Kap. 7.4.1). Deshalb wird dieses Verfahren auch als **Interferenzkontrastmikroskopie** bezeichnet.

Polarisationsmikroskop

Ein **Polarisator** zwischen Lichtquelle und Objekt bewirkt, dass dieses mit polarisiertem Licht beleuchtet wird. Auch in einigen biologischen Stoffen, besonders wenn diese aus Faserstrukturen aufgebaut sind, die unter Spannung stehen, wird eine Doppelbrechung beobachtet. Diese verändert die Polarisationsrichtung des Lichts (► Kap. 7.4.2). Im Strahlengang des Mikroskops befindet sich als Analysator ein weiterer drehbarer Polarisationsfilter.
Im Polarisationsmikroskop können **Strukturen und Spannungszustände** erkannt werden, die im normalen mikroskopischen Bild nicht sichtbar sind.

Fluoreszenzmikroskop

Die Fluoreszenzmikroskopie beruht auf der selektiven Anfärbung einzelner Teile des untersuchten Objekts. In den Strahlengang des Mikroskops werden Farbfilter eingebracht. Zwischen Lichtquelle und Objekt befindet sich ein Filter, der auf die Wellenlänge abgestimmt ist, mit der der **Fluoreszenzfarbstoff** angeregt wird. Die Fluoreszenzemission erfolgt auf einer längeren Wellenlänge. Ein weiterer

Filter im Strahlengang blockiert das anregende Licht und lässt nur die Wellenlängen des Fluoreszenzlichts passieren. Im Mikroskopbild zeigen sich jetzt nur die angefärbten Strukturen.

Klinik

Bei der **Amniozentese** (Fruchtwasseruntersuchung) werden Zellen des Fetus gewonnen. Die **Chromosomenkartierung** in der pränatalen Diagnostik erfolgt am Fluoreszenzmikroskop. Es sind Fluoreszenzfarbstoffe verfügbar, die selektiv die DNA anfärben. So werden die Chromosomen gut sichtbar.

7.5.7.2 Röntgenmikroskop

Das mögliche Auflösungsvermögen des Lichtmikroskops ist durch die Wellenlänge des Lichts begrenzt. Daher liegt der Gedanke nahe, auf kürzere, nicht mehr sichtbare Wellenlängen des elektromagnetischen Spektrums (► Kap. 6.5.2) überzugehen.
Glaslinsen sind für die Brechung von Röntgenstrahlung ungeeignet. Als Röntgenoptiken dienen so genannte **Zonenplatten**, das sind kreisförmige optische Gitter, an denen das „Röntgenlicht" gebeugt wird.
Die **Auflösung** des Röntgenmikroskops wird durch die Fertigungsmöglichkeiten der feinen Strukturen dieser Optiken begrenzt. Die bisher erzielte Auflösung liegt bei ca. 25 nm und ist damit um etwa den Faktor 10 besser als die des Lichtmikroskops.
Die erreichbare Auflösung eines Röntgenmikroskops ist schlechter als die eines Elektronenmikroskops. Der Vorteil gegenüber dem Elektronenmikroskop liegt darin, dass im Vergleich zu diesem **dickere Schichten** durchstrahlt werden können.

7.5.7.3 Elektronenmikroskop

Genau wie Licht sich neben seinen Welleneigenschaften wie ein Teilchen verhalten kann, haben Teilchen auch Eigenschaften einer Welle. Im Einzelnen sind diese Effekte nur mit der Quantenmechanik erklärbar, deren Verständnis hier nicht vermittelt werden kann.
Im Elektronenmikroskop wird die Abbildung durch einen **Elektronenstrahl** erzeugt. Die Wellenlänge der Elektronen hängt von ihrer Energie und damit von der Spannung, mit der sie beschleunigt werden, ab.
Im Inneren des Elektronenmikroskops herrscht ein **Vakuum**, in das die Proben eingebracht werden müssen. Daher können keine lebenden Objekte untersucht werden.
Die **Präparation** der Proben erfordert bei der Elektronenmikroskopie einen großen Aufwand.

Transmissionselektronenmikroskop

Der Strahlengang im Transmissionselektronenmikroskop (**TEM**) ähnelt dem des Lichtmikroskops. Durch magnetische Felder kann der Elektronenstrahl wie mit Linsen fokussiert werden.
Die Probe wird von dem Elektronenstrahl durchstrahlt und trifft auf einen Leuchtschirm oder eine Photoplatte. Dort entsteht das Bild.
Die Auflösungsgrenze des TEM liegt bei etwa 1 nm. Der Nachteil des Transmissionselektronenmikroskops liegt darin, dass nur sehr dünne Probenschichten untersucht werden können.

Rasterelektronenmikroskop

Im Rasterelektronenmikroskop (**REM**) trifft der Elektronenstrahl schräg auf die Probe und löst dort Sekundärelektronen aus. Diese werden mit einem Detektor nachgewiesen.
Der punktförmige Elektronenstrahl tastet die Oberfläche ab. Dieser Vorgang wird auch als **Rasterung** bezeichnet.
Das Bild des REM stellt die Oberfläche des untersuchten Objekts dar. Es können allerdings nur elektrisch leitende Oberflächen abgebildet werden. Biologische Proben werden daher in der Präparation mit einem Metall, meist einem dünnen Goldfilm, unter Umständen aber auch mit Graphit, bedampft. Mit etwa 10 nm ist die Auflösung des Rasterelektronenmikroskops geringer als die des Transmissionselektronenmikroskops.

Rastertunnelelektronenmikroskop

Im Rastertunnelelektronenmikroskop wird die Oberfläche des untersuchten Objekts mit einer mikroskopisch feinen Spitze abgetastet, die in einem Abstand von etwa 1 nm an der Oberfläche entlanggeführt wird. Aufgrund eines quantenmechanischen Effekts, des so genannten **Tunneleffekts**, nach dem dieses Verfahren benannt ist, fließt zwischen der Sonde und der Oberfläche ein Elektronenstrom. Die Stärke dieses Stroms hängt vom Abstand zwischen Sonde und Objekt ab.
Es werden Auflösungen von 0,1 nm erreicht. Diese liegen schon im **atomaren Bereich**. Die Abtastung mit dem Rastertunnelelektronenmikroskop kann somit Information über die Lage der einzelnen Atome und damit über den kristallinen Oberflächenaufbau eines Objekts geben.

Ionisierende Strahlung

08

IMPP-Hits

- Der radioaktive Zerfall (► Kap. 8.2.1)
- Die Zerfalls- und Strahlungsarten (► Kap. 8.2.2)
- Strahlendosis (► Kap. 8.4.2)
- Röntgenstrahlung (► Kap. 8.3)
- Photonenstrahlung (► Kap. 8.5.2)

8.1 Wegweiser

Unter dem Begriff ionisierende Strahlung werden alle Strahlenarten verstanden, die bei ihrer Wechselwirkung mit Materie genügend Energie übertragen, um dort Ionisationsprozesse auszulösen. Zur ionisierenden Strahlung zählen α-, β-, γ-Strahlung (► Kap. 8.2), Röntgenstrahlung (► Kap. 8.3), Neutronen- und kosmische Strahlung. Es kann unterschieden werden in Partikelstrahlung, die aus Teilchen besteht, wie α-, β-Teilchen, Neutronen oder Ionen, und elektromagnetischer Strahlung, wie Röntgen- und γ-Strahlung.
Der Nachweis ionisierender Strahlung sowie die Bestimmung der Strahlendosis (► Kap. 8.4) sind nötig, um ihre Wirkung (► Kap. 8.5) beurteilen zu können.

8.2 Radioaktivität

8.2.1 Der radioaktive Zerfall

Radioaktivität ist die Eigenschaft eines Atomkerns, sich spontan in den Kern eines anderen Elements umzuwandeln. Dabei wird Strahlung ausgesendet. Der ursprüngliche Kern wird als **Mutterkern,** der neu gebildete als **Tochterkern** bezeichnet. Obwohl die Masse der ausgesandten Partikel klein gegenüber der des Mutter- bzw. Tochterkerns ist und der Begriff „radioaktive Umwandlung" das Geschehen am treffendsten beschreiben würde, hat es sich historisch eingeprägt, von einem radioaktiven „Zerfall" zu sprechen.
Die Radioaktivität ist eine innere Eigenschaft bestimmter Nuklide. Diese Eigenschaft lässt sich durch keinerlei äußere Umstände wie Druck, Temperatur, elektrische oder magnetische Felder beeinflussen. Es lässt sich auch nicht vorhersagen, wann ein individueller Kern eines radioaktiven Nuklids zerfällt. Der Kern könnte innerhalb der nächsten Sekundenbruchteile zerfallen oder nach Jahrtausenden immer noch unverändert vorhanden sein.
Nur für eine größere Anzahl von Atomkernen eines radioaktiven Nuklids lässt sich eine statistische Aussage treffen, wann ein bestimmter Anteil der Substanz zerfallen ist.

Das **Gesetz des radioaktiven Zerfalls** folgt einer exponentiellen Zeitabhängigkeit (► Abb. 8.1):

$$N_{(t)} = N_0 \cdot \varepsilon^{-\lambda \cdot t}$$

N_0 ist die Anzahl der Atomkerne zu Beginn des Beobachtungszeitraums, zum Zeitpunkt $t = 0$, und $N_{(t)}$ die nach der Zeit t noch vorhandene

Zahl. Die **Zerfallskonstante** λ hat einen für jedes radioaktive Nuklid spezifischen Wert. Es gilt:

$$\lambda = \frac{\ln(2)}{t_{1/2}}$$

Die **Halbwertszeit** $t_{1/2}$ ist diejenige Zeit, nach der jeweils die Hälfte der Kerne zerfallen ist (▸ Abb. 8.1).

Lerntipp

Das Gesetz des radioaktiven Zerfalls werden Sie an vielen Stellen benötigen, in Klausuren und Praktika sowie in späteren Semestern in der Nuklearmedizin. Mathematisch werden auf die gleiche Weise Abkling- und Relaxationsvorgänge beschrieben, die Ihnen auch auf anderen Gebieten begegnen werden.

Gelegentlich wird auch die **mittlere Lebensdauer** τ eines Kerns angegeben. Sie entspricht der Zeitspanne, nach der noch der Anteil e^{-1} = 0,37 der Zahl der Atomkerne vorhanden ist:

$$\tau = \frac{1}{\lambda} = \frac{t_{1/2}}{\ln(2)}$$

Die Anzahl der in einem Präparat vorhandenen radioaktiven Kerne ist einer direkten Beobachtung nicht zugänglich. Gemessen werden kann die Anzahl der in einem festgelegten Zeitintervall stattfindenden Zerfälle. Diese Änderung der Substanzmenge lässt sich als Ableitung des Zerfallsgesetzes nach der Zeit darstellen:

$$\frac{dN_{(t)}}{dt} = -\lambda \cdot N_0 \cdot e^{-\lambda \cdot t}$$

oder mit $\frac{dN_{(t)}}{dt} = A_{(t)}$ und $|-\lambda \cdot N_0| = A_0$:

$$A_{(t)} = A_0 \cdot e^{-\lambda \cdot t}$$

Einsetzen der Zerfallskonstante λ ergibt:

$$A_{(t)} = A_0 \cdot e^{\frac{\ln(2)}{t_{1/2}} \cdot t}$$

Die **Aktivität** *A* eines radioaktiven Präparats gibt die Anzahl der Zerfälle an, die pro Sekunde stattfinden. Die Einheit der Aktivität ist das **Becquerel (Bq)**: 1 Bq = 1 Zerfall/s. Früher wurde die Aktivität in der nach den Entdeckern des Radiums benannten Einheit **Curie (Ci)** angegeben: 1 Ci = $3{,}7 \cdot 10^{10}$ Bq entspricht der Aktivität eines Gramms ^{226}Ra.
Die von einer punktförmigen radioaktiven Quelle ausgesandte Strahlung verteilt sich gleichmäßig in alle Richtungen des Raums. Die von einem Detektor registrierte Aktivität verhält sich daher umgekehrt proportional zum Quadrat seines Abstands zur Strahlungsquelle.

Lerntipp

Das quadratische Abstandsgesetz $\approx \frac{1}{r^2}$ gilt für jede punktförmige Strahlungsquelle, ob sie nun Schall, elektromagnetische Strahlung, wie z. B. Licht, oder Teilchenstrahlung aussendet.

Klinik

Hat ein Patient eine radioaktive Substanz aufgenommen, so ist zur Beurteilung der Strahlenbelastung neben dem physikalischen Zerfall des Radionuklids auch die Geschwindigkeit seiner Ausscheidung aus dem Körper von Bedeutung.

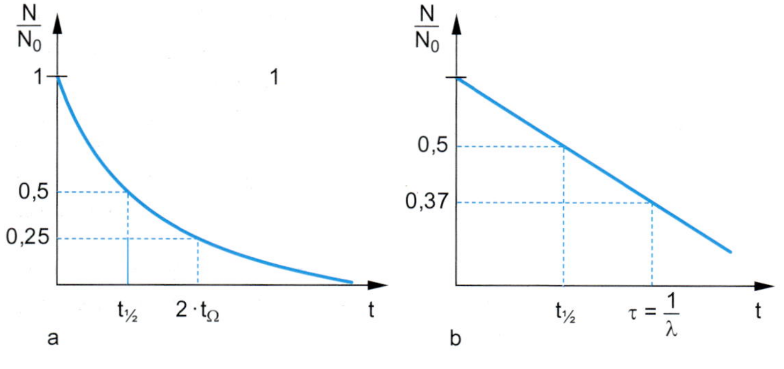

Abb. 8.1 Das radioaktive Zerfallsgesetz in (**a**) linearer und (**b**) halblogarithmischer Darstellung.

Neben der **physikalischen Halbwertszeit** $t_{1/2\ phys.}$, mit der das Nuklid zerfällt, wird auch eine **biologische Halbwertszeit** $t_{1/2\ biol.}$ definiert, mit der es durch den Stoffwechsel aus dem Organismus entfernt wird. Das Abklingen der Aktivität im Körper wird durch die **effektive Halbwertszeit** $t_{1/2\ eff.}$ beschrieben, die beide Vorgänge berücksichtigt:

$$\frac{1}{t_{1/2\ eff.}} = \frac{1}{t_{1/2\ phys.}} + \frac{1}{t_{1/2\ biol.}}$$

Lerntipp

Hier laufen zwei Abklingvorgänge parallel zueinander ab.
Merkhilfe: Vergleichen Sie die Formel für die effektive Halbwertszeit mit der für die Parallelschaltung von Widerständen (▸ Kap. 5.6.5.2). Beide Formeln haben die gleiche Struktur.

8.2.2 Die Zerfalls- und Strahlungsarten

Nach der emittierten Strahlung werden die radioaktiven Zerfallsarten unterschieden (▸ Tab. 8.1). (Zur Schreibweise der Elemente ▸ Kap. 3.2.2.)

8.2.2.1 Alpha-Zerfall

Diese Zerfallsart tritt vorwiegend bei den Kernen schwerer Elemente auf. Im Inneren des Atomkerns formiert sich aus zwei Protonen und zwei Neutronen ein so genanntes **α-Teilchen.** Das Alphateilchen ist energetisch ein besonders stabiles Gebilde, es entspricht in seinem Aufbau dem $^{4}_{2}He$-Kern.

Das α-Teilchen wird emittiert. Dabei verringert der Mutterkern X_M seine Massenzahl m um 4 und seine Protonenzahl p um 2:

$$^{m}_{p}X_M \rightarrow {}^{m-4}_{p-2}X_T + \alpha$$

Beispiel: $^{226}_{88}Ra \rightarrow {}^{222}_{86}Rn + \alpha$. Der entstandene Radon-Tochterkern ist selbst wieder instabil und zerfällt ebenfalls unter α-Emission weiter.

Die **Energie** der emittierten Alphateilchen hat einen für jede Nuklidumwandlung charakteristischen, festen Wert.

8.2.2.2 Beta-Zerfall

Unter β-Teilchen werden **Elektronen**, aber auch ihre Anti-Teilchen, die **Positronen**, verstanden. Nach emittierter Teilchenart wird weiter in β^-- und β^+-Zerfall unterschieden.

β^--Zerfall

Weist ein Nuklid einen zu großen Neutronenüberschuss auf, wird es instabil. Im Kern wandelt sich ein Neutron in ein Proton und ein Elektron um:

$$n \rightarrow p + e^- + \overline{\nu}$$

Bei den emittierten Elektronen zeigt sich eine kontinuierliche Energieverteilung, obwohl der Energieunterschied zwischen Mutter- und Tochterkern einen festen Wert aufweist. Dieser Befund führte zu der Erkenntnis, dass es sich beim β-Zerfall um einen „3-Teilchen-Zerfall" handeln müsse. Der in der Energiebilanz vermisste Betrag wird von dem dritten entstandenen Teilchen aufgenommen. Das **Antineutrino** $\overline{\nu}$ ist ein ungeladenes Teilchen mit der Ruhemasse 0, das erst viele Jahre, nachdem seine Existenz theoretisch vorhergesagt worden war, auch experimentell nachgewiesen werden konnte.

Die Massenzahl des Kerns bleibt unverändert, seine Ordnungszahl steigt um 1:

$$^{m}_{p}X_M \rightarrow {}^{m}_{p+1}X_T + e^- + \overline{\nu}$$

Beispiel: $^{14}_{6}C \rightarrow {}^{14}_{7}N + e^- + \overline{\nu}$

β^+-Zerfall

Wenn ein Nuklid zu viele Protonen besitzt, wandelt sich ein Proton in ein Neutron und ein Positron um:

$$n \rightarrow p + e^+ + \nu$$

Das dritte Teilchen ist hier das **Neutrino** ν. Das Positron e^+ besteht aus **Antimaterie**. Es ist das Antiteilchen des Elektrons. Seine Masse hat den gleichen Betrag wie die Elektronenmasse. Es trägt eine positive Elementarladung von $+1{,}6 \cdot 10^{-19}$ C (▸ Kap. 3.2.1). Treffen ein Elektron und ein Positron aufeinander, so vernichten sie sich gegenseitig und es entstehen zwei elektromagnetische Strahlungsquanten mit einer Energie von jeweils 511 keV (Definition der Einheit eV ▸ Kap. 8.3), die im Winkel von 180° zueinander ausgestrahlt werden.

Auch beim β⁺-Zerfall bleibt die Massenzahl des Nuklids konstant. Die Ordnungszahl nimmt um 1 ab:

$$_{p}^{m}X_{M} \rightarrow {}_{p-1}^{m}X_{T} + e^{+} + \nu$$

Beispiel: $^{13}_{7}N \rightarrow {}^{13}_{6}C + e^{+} + \nu$

Klinik

Die Positronenemissionstomografie (**PET**), ein sehr empfindliches bildgebendes nuklearmedizinisches Verfahren, verwendet β⁺-strahlende Nuklide, meist ^{15}O, ^{11}C oder ^{13}N. Das entstandene Positron hat im Gewebe nur eine geringe Reichweite. Die bei der „Paarvernichtung" des Positrons mit einem Elektron emittierten Strahlungsquanten werden registriert. Die Empfindlichkeit des Verfahrens ist besonders hoch, da nur zwei gleichzeitig im 180°-Winkel registrierte Photonen gezählt werden. Damit kann der gewünschte Nachweis des β⁺-Zerfalls von Zählereignissen aufgrund der Umgebungsstrahlung oder des elektronischen Rauschens unterschieden werden. Die PET gibt vor allem Aufschluss über die Stoffwechselaktivität von Geweben.

Es sind derzeit 112 Elemente mit insgesamt mehr als 2.700 natürlichen oder künstlich erzeugten Isotopen bekannt. Diese lassen sich in einer **Nuklidkarte** darstellen, in der auch die Zerfallsarten sowie die Energien der am häufigsten emittierten Strahlungsarten für jedes Nuklid vermerkt sind. Die Nuklidkarte ist ein Raster, bei dem auf der vertikalen Achse die Kernladungszahl *Z* und auf der horizontalen Achse die Neutronenenzahl eines Kerns aufgetragen werden. Wie sich die Elementumwandlung beim radioaktiven Zerfall in der Nuklidtafel darstellt, zeigt ► Abb. 8.2.

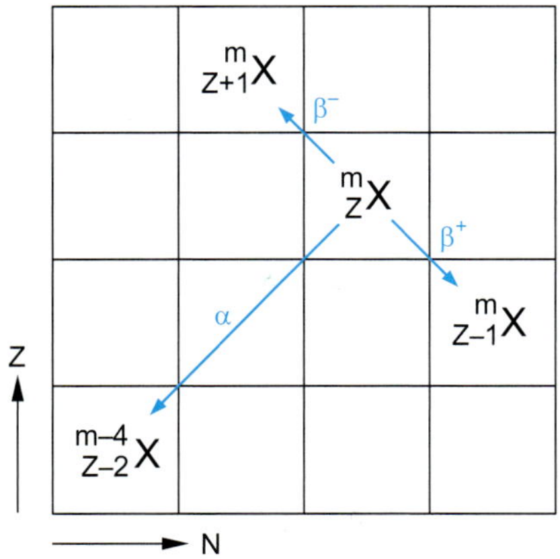

Abb. 8.2 Änderung der Kernladungszahl *Z* und der Neutronenzahl *N* beim α- und β-Zerfall.

Lerntipp

Im Examen wird häufig der Mutterkern als Elementsymbol mit einer dazugehörigen Nukleonenzahl und der Strahlungsart angegeben. Es soll dann der entstehende Tochterkern genannt werden. Prägen Sie sich daher gut die verschiedenen Zerfalls- und Strahlungsarten ein.

8.2.2.3 Gammastrahlung

γ-Strahlung ist eine sehr hochenergetische **elektromagnetische** Strahlung.

Eine Kernumwandlung endet in der Regel nicht im Grundzustand des gebildeten Tochterkerns, sondern dieser befindet sich in einem energiereichen, angeregten Zustand. Beim Übergang in den Grundzustand gibt er seine Anregungsenergie in Form elektromagnetischer Strahlung ab.

Der Vorgang ist mit der Energieabgabe angeregter Elektronen durch Strahlungsemission vergleichbar (► Kap. 7.2.3). Nur sind die Energien des Atomkerns um ein Vielfaches größer als die der Elektronenhülle.

Klinik

Die Photonen der eine Kernumwandlung begleitenden Gammastrahlung werden bei der Szintigrafie und als moderneres Verfahren bei der Single-Photon-Emissions-Computertomografie (**SPECT**) registriert. In der Nuklearmedizin werden den Patienten radioaktive Tracersubstanzen verabreicht. Die Reichweite der beim Zerfall emittierten β-Strahlung ist so gering, dass sie in der Regel schon innerhalb des Körpers absorbiert wird. Von außen lässt sich nur die γ-Strahlung nachweisen.

8.2.3 Zerfallsreihen, Herstellung radioaktiver Nuklide

Häufig ist der beim radioaktiven Zerfall gebildete Tochterkern selbst wieder instabil und wandelt sich in ein anderes Nuklid um. Unter Umständen ist dieses auch wieder radioaktiv und es schließen sich weitere Zerfälle an. Auf diese Weise entstehen **Zerfallsreihen** (► Tab. 8.1).

Schwere Elemente wandeln sich bevorzugt durch α-Zerfall um. Die Massenzahl reduziert sich dabei um 4. Für die schweren Elemente sind vier unterscheidbare Zerfallsreihen denkbar, mit Massenzahlen der Ausgangsnuklide von $4n$, $4n+1$, $4n+2$ und $4n+3$, wobei n eine natürliche Zahl ist. Die Zerfallsreihen der schweren Elemente enden beim Blei (Pb) bzw. Wismut (Bi) (► Tab. 8.2).

Merke

Die schweren Elemente wurden vor mehreren Milliarden Jahren bei der Entstehung des Sonnensystems gebildet. Die Elemente mit sehr langen Halbwertszeiten sind noch vorhanden, sodass die Thorium-, die Uran-Radium- und die Uran-Actinium-Reihe in der Natur beobachtet werden können.

Neptunium kommt nicht mehr natürlich vor. Nur nachdem es künstlich erzeugt wurde, konnte auch seine Zerfallsreihe beobachtet werden. Künstliche schwere Elemente, aber auch leichte und mittelschwere Nuklide können in durch Teilchenbeschuss ausgelösten **Kernreaktionen** erzeugt werden.

Klinik

In den oberen Schichten der Atmosphäre entsteht aus ^{14}N durch den Einfluss der kosmischen Strahlung fortwährend das radioaktive Kohlenstoffisotop ^{14}**C**. Dieses wird in biologische Organismen genau wie der nicht aktive Kohlenstoff eingebaut. Daraus ergibt sich eine natürlich entstandene interne Bestrahlung des Körpers. Den größten Anteil an der internen Strahlenbelastung hat aber das radioaktive Isotop ^{40}**K**.
Daneben bildet sich als Tochterkern des Radiums 226 das radioaktive Isotop ^{222}**Rn** des Edelgases Radon. Dessen Inhalation führt ebenfalls zu einer internen Bestrahlung. Radon wird von Baumaterialien, besonders von Natursteinen bzw. ihren Produkten, abgegeben. Erhöhte Radon-Konzentrationen treten in schlecht belüfteten Räumen auf.

Die in der Nuklearmedizin eingesetzten Nuklide (► Kap. 3.2.2) sind häufig so kurzlebig, dass sie vor Ort erzeugt werden müssen. Das gilt besonders für die β^+-Strahler der Positronenemissionstomografie. Für viele Nuklide ist dazu ein **Teilchenbeschleuniger** erforderlich.
Einige andere lassen sich mit einem **Nuklidgenerator** erzeugen. In einem Nuklidgenerator ist ein län-

Tab. 8.1 Die radioaktiven Zerfalls- und Strahlungsarten

Zerfallsart	Umwandlung	Emittierte Teilchen
α-Zerfall	${}^{m}_{p}X_{M} \rightarrow {}^{m-4}_{p-2}X_{T} + \alpha$	α-Teilchen (${}^{4}_{2}He$)
β^--Zerfall	${}^{m}_{p}X_{M} \rightarrow {}^{m}_{p+1}X_{T} + e^{-} + \overline{\nu}$	Elektron (e^-), Antineutrino ($\overline{\nu}$)
β^+-Zerfall	${}^{m}_{p}X_{M} \rightarrow {}^{m}_{p-1}X_{T} + e^{+} + \nu$	Elektron (e^-), Neutrino (ν)
γ-Strahlung	Energieabgabe eines angeregten Atomkerns	Photon (γ-Quant)

Tab. 8.2 Die radioaktiven Zerfallsreihen

	Mutternuklid	$t_{1/2}$/Jahre	Endnuklid
Thorium	${}^{232}_{90}Th$	$1{,}4 \cdot 10^{10}$	${}^{208}_{82}Pb$
Uran-Radium	${}^{238}_{92}U$	$4{,}5 \cdot 10^{9}$	${}^{206}_{82}Pb$
Uran-Actinium	${}^{235}_{92}U$	$7{,}1 \cdot 10^{8}$	${}^{207}_{82}Pb$
Neptunium	${}^{237}_{93}Np$	$2{,}2 \cdot 10^{6}$	${}^{209}_{83}Bi$

gerlebiges Mutternuklid an ein Trägermaterial gebunden. Es entsteht laufend das kurzlebige Tochternuklid. Dieses ist weniger stark an den Träger gebunden und kann durch ein geeignetes Lösungsmittel ausgewaschen werden.

Klinik

Am häufigsten kommen in der Nuklearmedizin Generatoren zum Einsatz, die als Mutternuklid **Molybdän 99** enthalten. Als Tochternuklid bildet sich **Technetium 99 m** (► Kap. 3.2.2). Das m steht hier für metastabil, der angeregte Zustand des Tochterkerns ist sehr langlebig. Mit einer Halbwertszeit von 6 Stunden geht ^{99m}Tc in seinen Grundzustand über und sendet dabei ein γ-Quant aus.

8.3 Röntgenstrahlung

Jede beschleunigte elektrische Ladung gibt Energie in Form elektromagnetischer Strahlung ab. Trifft ein geladenes Teilchen auf ein Hindernis, wird es dort abgebremst. Die dabei emittierte Strahlung wird als **Bremsstrahlung** bezeichnet.

In einer **Röntgenröhre** (► Abb. 8.3) treten Elektronen aus einer **Glühkathode** aus und werden im elektrischen Feld in Richtung der Anode beschleunigt (► Kap. 5.8.4). Die Elektronen (*e*: Elementarladung) gewinnen beim Durchlaufen der Spannung *U* die Energie:

$$W = e \cdot U$$

Daraus ergibt sich die in der Kern- und Atomphysik gebräuchliche Energieeinheit **Elektronenvolt (eV)**: Ein Elektron, das die Spannungsdifferenz 1 Volt durchläuft, gewinnt dabei die Energie 1 eV = $1{,}6 \cdot 10^{-19}$ J. Die Energieangabe in eV hat den Vorteil einfach zu handhabender Zahlenwerte. Die Elektronenenergie, angegeben in eV, hat den gleichen Zahlenwert wie die Beschleunigungsspannung.

Wenn die Elektronen auf der Anode auftreffen, entsteht Bremsstrahlung.

Allerdings werden im Mittel etwa 99 % der kinetischen Energie der Elektronen in Stoßprozessen abgegeben und schließlich in Wärme umgesetzt. Nur 1 % wird als elektromagnetische Strahlung abgegeben. Von der in alle Richtungen emittierten Strahlung ist nur der zum Austrittsfenster der Röntgenröhre gerichtete Anteil als **Nutzstrahl** verwendbar (► Abb. 8.3).

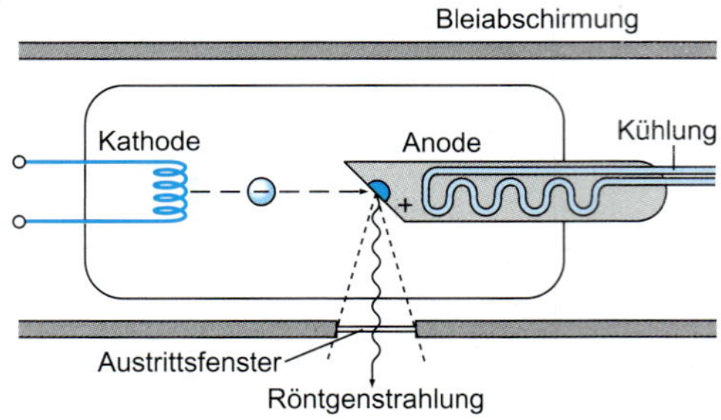

Abb. 8.3 Aufbau einer Röntgenröhre. Aus der Kathode (K) treten Elektronen aus und erzeugen beim Auftreffen auf die Anode (A) Röntgenstrahlung.

Der Wirkungsgrad einer Röntgenröhre ist also nur gering und die Anode ist entsprechend thermisch hoch belastet. Sie besteht deshalb aus hitzebeständigem Material, ist oft im Inneren flüssigkeitsgekühlt und als Drehtelleranode ausgebildet, sodass der Elektronenstrahl nicht immer auf die gleiche Stelle trifft.

Das **Emissionsspektrum** der Röntgenröhre zeigt eine kontinuierliche Wellenlängenverteilung der Bremsstrahlung mit einer definierten unteren Grenze λ_{min} (► Abb. 8.4). Die Verteilung, welchen Anteil seiner Energie ein Elektron in elektromagnetische Strahlung und wie viel es in Wärme umsetzt, ist rein zufällig.

Die höchste Photonenenergie wird erreicht, wenn das Elektron seine gesamte kinetische Energie als Bremsstrahlung abgibt:

$$e \cdot U = h \cdot f$$

(mit der Planck-Konstanten $h = 6{,}62 \cdot 10^{-34}$ J · s und der Frequenz *f*, ► Kap. 6.5.3).

Das Einsetzen von $f = c/\lambda$ ergibt für die **minimale Wellenlänge:**

$$\lambda_{min} = \frac{h \cdot c}{e \cdot U}$$

(mit der Lichtgeschwindigkeit $c = 3 \cdot 10^8$ m/s).

In modernen Röntgenröhren sind der Anodenstrom und die Anodenspannung getrennt voneinander einstellbar. Die Strahlungsintensität (Quantität) und die Strahlungsqualität lassen sich damit separat beeinflussen:

- Der **Anodenstrom** lässt sich durch die Heizspannung der Glühkathode beeinflussen. Wenn mehr Elektronen aus der Kathode austreten, werden beim Auftreffen auf die Anode auch mehr Röntgenphotonen erzeugt. Die Strahlungsintensität steigt, die Strahlungsqualität, d.h. die Energieverteilung der einzelnen Photonen, bleibt aber unverändert.

- Durch die Erhöhung der **Anodenspannung** erhalten die Elektronen eine größere kinetische Energie und können energiereichere Photonen erzeugen. Man spricht dann von einer „härteren" Strahlung.

Klinik

In der **Röntgendiagnostik** werden die Geräte mit einer Spannung von 60–150 keV betrieben. Nur in der Mammografie wird „weiche" Röntgenstrahlung mit Energien von 25–35 keV verwendet.
Hochenergetische Röntgenstrahlung mit Energien im Megaelektronenvoltbereich findet nur in der **Strahlentherapie** Anwendung.

Dem Bremsstrahlungsspektrum sind die scharfen Linien der charakteristischen Röntgenstrahlung überlagert (► Abb. 8.4). Die **Röntgenlinien** entstehen, wenn ein Elektron aus den inneren Schalen der Atome des Anodenmaterials herausgeschlagen und der frei gewordene Platz in der Elektronenhülle neu besetzt wird. Die dabei frei werdende Bindungsenergie und damit die Wellenlänge der emittierten Strahlung sind charakteristisch für das jeweilige Anodenmaterial.

Merke

Für eine herkömmliche **Röntgenaufnahme** wird der Patient durchleuchtet. Hinter Bereichen, die Röntgenstrahlung gut absorbieren, z. B. Knochen, wird der Film nicht belichtet. Sie werden im Röntgenbild hell dargestellt. Hinter Gebieten, die von der Röntgenstrahlung leicht durchdrungen werden, wird der Film geschwärzt.

Eine punktförmige Strahlenquelle erzeugt eine **Zentralprojektion**. Das Bild ist im Vergleich zum Untersuchungsobjekt vergrößert. Das Prinzip der Zentralprojektion wird deutlich, wenn man sich eine Person vorstellt, die aus geringer Entfernung von einer Taschenlampe angestrahlt wird. Auf einer hinter der Person befindlichen Wand wirft sie einen vergrößerten Schatten.

Der **Abbildungsmaßstab** des Röntgenbilds wird durch das Verhältnis des Abstands zwischen Strahlenquelle und Patient zur Entfernung der Strahlenquelle vom Röntgenfilm bestimmt.

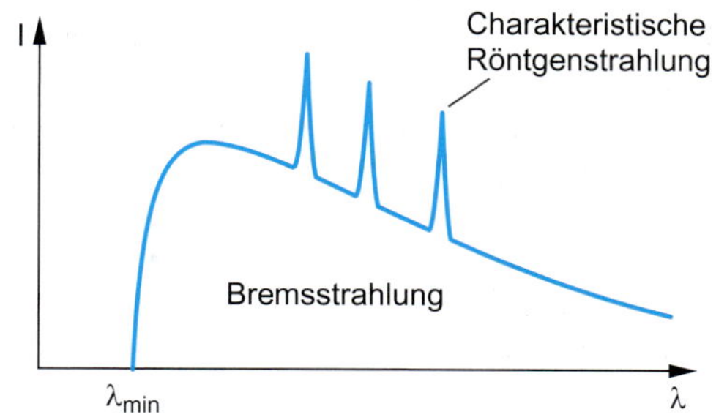

Abb. 8.4 Das Spektrum einer Röntgenröhre: Die Intensität *I* ist abhängig von der Wellenlänge λ.

Klinik

Bei der **Computertomografie (CT)** bewegt sich die Röntgenquelle auf einer schraubenförmigen Bahn um den Patienten. Auf der anderen Seite des Patienten, gegenüber der Strahlenquelle, befinden sich Detektoren, die sich synchron zur Quelle mitbewegen. Der Patient wird so aus verschiedenen Richtungen durchleuchtet. Ein Computer errechnet aus den gewonnenen Absorptionswerten Schichtbilder, die Transversalschnitte durch den Patienten darstellen.

Lerntipp

In Prüfungen wird gerne gefragt, wie Röntgenstrahlung entsteht, was die Grenzwellenlänge ist und woher die charakteristische Röntgenstrahlung kommt.

8.4 Nachweis ionisierender Strahlung

Zum Nachweis ionisierender Strahlung werden ihre Wechselwirkungen mit Materie beobachtet.

8.4.1 Strahlungsmessgeräte

8.4.1.1 Ionisationskammer

Die durch Strahlung gebildeten Ionen werden in einem elektrischen Feld getrennt und zur Strahlungsmessung benutzt. Eine einfache Ionisationskammer lässt sich mit einem luftgefüllten **Plattenkondensator** aufbauen (► Kap. 5.7.1). Die Luftmoleküle werden durch die Strahlung ionisiert. Die positiven Ionen und die herausgeschlagenen Elektronen werden im elektrischen Feld des Kondensators getrennt und zu den entgegengesetzt gelade-

nen Platten des Kondensators gezogen. Am Kondensator ist damit ein Stromfluss messbar.
Die Zahl der gebildeten Ladungsträger ist proportional zu der im Messvolumen abgegebenen Energie. Der an der Ionisationskammer gemessene Strom ist proportional zur Energie der Strahlungsteilchen bzw. Quanten. In dieser Betriebsart wird die Ionisationskammer auch als **Proportionalzähler** bezeichnet.

8.4.1.2 Geiger-Müller-Zähler

In seinem Grundprinzip ist das Geiger-Müller-Zählrohr (**Auslösezähler**) ebenfalls eine Ionisationskammer. Das elektrische Feld besteht hier zwischen der Wand eines zylindrischen Rohrs und einem in seiner Mitte entlang der Zylinderachse gespannten positiv geladenen Draht.
Ein in einem Ionisationsvorgang freigesetztes Elektron wird in Richtung dieses Drahts beschleunigt. In dem Radialfeld nimmt die elektrische Feldstärke bei Annäherung an den zentralen Draht immer weiter zu. Das Elektron gewinnt so viel Energie, dass es weitere Ionisationen auslöst. Die freigesetzten Sekundärelektronen lösen wiederum Ionisationen aus usw. Es entsteht eine **Elektronenlawine**, die als Stromimpuls messbar wird.
Der Geiger-Müller-Zähler liefert für jedes Zählereignis einen Impuls. Auf die Energie der Strahlung kann nicht rückgeschlossen werden.

8.4.1.3 Szintillationszähler

In Szintillatorsubstanzen werden durch ionisierende Strahlung Elektronen angeregt (► Kap. 7.2.3.3). Beim Übergang in den Grundzustand werden Photonen ausgesandt. Diese Photonen werden mit einem Sekundärelektronenvervielfacher (► 7.2.4.2) registriert.
Als **Szintillatorsubstanzen** geeignet sind z. B. NaI- oder CsI-Kristalle. Zum Nachweis kleinster Aktivitäten in biologischen Proben dienen flüssige Szintillatormedien, in denen die Proben gelöst oder suspendiert werden.
Die Zahl der im Szintillator gebildeten Photonen ist proportional zur Strahlungsenergie. Aus der Impulshöhe des gemessenen Signals kann auf die Strahlungsenergie geschlossen werden.

8.4.1.4 Filmdosimeter

Filmdosimeter dienen der **Personendosisüberwachung** und werden als Plakette am Körper getragen. Im Inneren befindet sich ein Film, der durch ionisierende Strahlung geschwärzt wird. Das Gehäuse der Plakette enthält als Absorber kleine Metallplättchen aus verschiedenen Metallen und in unterschiedlichen Dicken. Aus den unterschiedlichen Schwärzungen hinter den Absorbern lassen sich Rückschlüsse auf die registrierte Strahlenart ziehen und deren Energie zumindest abschätzen.

8.4.2 Strahlendosis

Die **Dosimetrie** erfasst die Wirkung ionisierender Strahlung quantitativ. Dies ist wichtig, um die Gefahren ionisierender Strahlung abschätzen zu können und entsprechende Grenzwerte festzulegen.
Es werden folgende Dosisbegriffe unterschieden:

8.4.2.1 Energiedosis

Die **Energiedosis** D ist die in einem Körper durch die Strahlung übertragene Energie E, bezogen auf die Masse m des Körpers:

$$D = \frac{E}{m}$$

Die SI-Einheit der Energiedosis ist das **Gray (Gy)**: 1 Gy = 1 J/kg.

Früher wurde die Einheit **rad** (radiation absorbed dose) verwendet: 1 Gy ≙ 100 rad.
Die **Energiedosisrate** $\dot{D}$ gibt eine Information darüber, in welcher Zeit eine gegebene Dosis akkumuliert wird:

$$\dot{D} = \frac{dD}{dt}$$

Die Energiedosisrate wird in Gy/s angegeben.

8.4.2.2 Ionendosis

Die Energiedosis ist einer direkten Messung nur schwer zugänglich. Daher werden häufig die durch Strahlung ausgelösten Ionisationen gemessen. Die **Ionendosis** D_I wird definiert als die pro Masseneinheit m gebildete Ladung Q:

$$D_I = \frac{Q}{m}$$

Die Ionendosis wird in C/kg angegeben.

Früher war die Einheit **Röntgen (R)** gebräuchlich: 1 R = 2,58 · 10^{-4} C/kg.

Wenn der Energiebetrag, der für jede Ionisation aufgebracht werden muss, bekannt ist, kann aus der gemessenen Ionendosis die Energiedosis berechnet werden.
Zur Erfassung des zeitlichen Verlaufs lässt sich auch eine **Ionendosisrate** $\dot{D}_I$ angeben. Ihre Einheit ist $C \cdot kg^{-1} \cdot s^{-1}$.

8.4.2.3 Äquivalentdosis

Soll die Strahlenexposition des Menschen oder anderer Lebewesen beurteilt werden, muss auch das unterschiedliche Gefährdungspotenzial durch die jeweiligen Strahlenarten berücksichtigt werden. Es wird deshalb die **Äquivalentdosis** H eingeführt, bei der die Werte der Energiedosis mit einem **Qualitätsfaktor** q multipliziert werden:

$$H = q \cdot D$$

Die SI-Einheit der Äquivalentdosis ist das **Sievert (Sv)**: 1 Sv = 1 J/kg. Früher wurde die Einheit **rem** (roentgen equivalent man) benutzt: 1 Sv = 100 rem.
Der Qualitätsfaktor q ist eine dimensionslose Zahl, deren Wert für die einzelnen Strahlenarten von der internationalen Strahlenschutzkommission (ICRP) festgelegt wird. Er beträgt für:

- Röntgen-, γ- und β-Strahlung: 1
- Neutronen: 10
- α-Strahlung: 20

Die **Äquivalentdosisrate** wird in Sv/s oder auch, bezogen auf andere Zeiteinheiten, in Sv/h oder Sv/a angegeben.

Lerntipp

Hier ist es vor allem wichtig zu wissen, wie jede einzelne Dosis definiert ist und in welcher Einheit sie gemessen wird!

Klinik

Für die **berufliche Strahlenexposition** wurden Grenzwerte festgelegt. Nach neueren Richtlinien darf sie höchstens 20 mSv/a betragen.
Für die **Strahlenbelastung des Patienten** ist kein zulässiger Höchstwert festgesetzt. Hier muss eine Abwägung gegenüber dem medizinischen Nutzen getroffen werden.
Die Strahlendosisdosis einer Röntgen-Thoraxaufnahme beträgt etwa 0,1 mSv, bei einer Computertomografie bis 10 mSV.

8.5 Strahlenwirkungen

8.5.1 Teilchenstrahlung

Partikelstrahlung gibt ihre Energie in Stoßprozessen sowie durch Anregung und Ionisation der Materie ab. Die Strahlungsteilchen haben eine definierte, von ihrer Energie abhängige Reichweite:

- **α-Teilchen** werden aufgrund ihrer Größe rasch abgebremst. In Luft hat α-Strahlung eine Reichweite von einigen Zentimetern, in Wasser nur wenige µm.
- Die Reichweite von **Elektronenstrahlen** beträgt in Wasser und damit auch im menschlichen Gewebe etwa 0,5 cm/MeV. Durch ein einige Millimeter dickes Metallblech kann Elektronenstrahlung praktisch völlig abgeschirmt werden.
- **Neutronen** sind ungeladen und haben daher keine direkt ionisierende Wirkung. Sie geben ihre Energie vorwiegend durch Zusammenstöße ab. Besonders viel Energie wird übertragen bei einem Zusammenstoß des Neutrons mit einem gleich schweren Partner, dem Proton. Das Proton löst dann auf seiner Bahn weitere Ionisationen aus. Zur Abschirmung von Neutronenstrahlung eignen sich deshalb wasserstoffreiche Verbindungen wie Paraffin.

8.5.2 Photonenstrahlung

Für Photonenstrahlung werden verschiedene Arten der Wechselwirkung mit Materie beobachtet (► Abb. 8.5):

- Beim **Photoeffekt** (► Kap. 7.2.2) wird das Photon von einem Elektron absorbiert und überträgt dabei seine gesamte Energie auf das Elektron (► Abb. 8.5a). Für Photonenenergien bis 200 keV ist der Photoeffekt die dominierende Wechselwirkung.
- Beim **Compton-Effekt** wird das Photon am Elektron gestreut. Das Photon überträgt nur einen Teil seiner Energie auf das Elektron und bleibt daher erhalten. Nach dem Zusammenstoß hat das Photon eine größere Wellenlänge bzw. geringere Frequenz (► Abb. 8.5b). Die Compton-Streuung tritt bei Photonenenergien zwischen 100 keV und 10 MeV auf.
- **Paarbildungseffekt:** Nach der bekannten Formel $E = m \cdot c^2$ sind Masse und Energie einander äquivalent. Materie lässt sich in Energie umwandeln bzw. aus Energie lässt sich Materie erzeugen. Im elektrischen Feld eines

Atomkerns erzeugt ein Photon ein Elektronen-Positronen-Paar. Das Photon wird dabei vernichtet. Es ist mindestens die Energie 2 · 511 keV = 1.022 MeV erforderlich. Den darüber hinausgehenden Betrag erhalten die beiden erzeugten Teilchen als kinetische Energie. Wenn das Positron auf seiner Bahn auf ein Elektron trifft, vernichten sich beide gegenseitig und es werden zwei γ-Quanten emittiert (► Abb. 8.5c). Für hohe Photonenenergien größer 10 MeV ist die Paarbildung der dominierende Effekt.

Photonenstrahlung hat keine scharf begrenzte **Reichweite**. Beim Eindringen in Materie nimmt die Intensität exponentiell mit der Eindringtiefe ab. Die **Intensität** I_0 verringert sich hinter einem Absorber der Schichtdicke d auf:

$$I = I_0 \cdot e^{-\mu \cdot d}$$

Der **lineare Schwächungskoeffizient** μ ist eine Materialkonstante. Er hat die Einheit m^{-1}. Nach dem Durchdringen der Schichtdicke d = 1/μ ist die Strahlungsintensität auf den Anteil e^{-1} = 0,37 abgefallen. Es ist auch üblich, eine **Halbwertsschichtdicke** $d_{1/2}$ anzugeben, nach der die ursprüngliche Strahlungsintensität auf die Hälfte abgefallen ist:

$$d_{1/2} = \frac{\ln(2)}{\mu}$$

Die Strahlung wird durch Absorption und durch Streuung geschwächt. Der Schwächungskoeffizient μ setzt sich zusammen aus dem **Absorptionskoeffizienten** μ_{abs} und dem **Streukoeffizienten** μ_{streu}.

Die Schwächung der Strahlung ist von der Dichte des Absorbermaterials abhängig. Um zu einer von der Dichte unabhängigen Formulierung zu gelangen, wird der auf die Dichte bezogene **Massenschwächungskoeffizient** μ/ρ eingeführt. Entsprechend lassen sich Massenabsorptionskoeffizienten und Massenstreukoeffizienten definieren.

Die Absorption von Photonenstrahlung lässt sich in guter Näherung beschreiben durch die empirische Beziehung:

$$\frac{\mu_{abs}}{\rho} \approx \lambda^3 \cdot Z^3$$

Z ist die Ordnungszahl des Absorbermaterials.

Merke

- Das Absorptionsvermögen steigt mit wachsender Ordnungszahl stark an. Stoffe mit hoher Ordnungszahl wie Blei (Z = 82) eignen sich deshalb gut für die Abschirmung von Röntgen- und γ-Strahlung.
- Niederenergetische, d. h. langwellige Photonenstrahlung wird wesentlich stärker absorbiert als hochenergetische Photonenstrahlung.

Klinik

Röntgenröhren werden mit einem Filter aus Kupfer oder Aluminium betrieben, der vor das Austrittsfenster der Röhre gesetzt wird. Dieser Filter dient zur **„Aufhärtung"** der Röntgenstrahlung (► Kap. 8.3). Es werden die niederenergetischen Anteile herausgefiltert, die schon in den oberen Gewebeschichten absorbiert würden. Diese Strahlenanteile würden nicht zur Bildentstehung beitragen und lediglich eine unnötige Strahlenbelastung des Patienten bewirken.

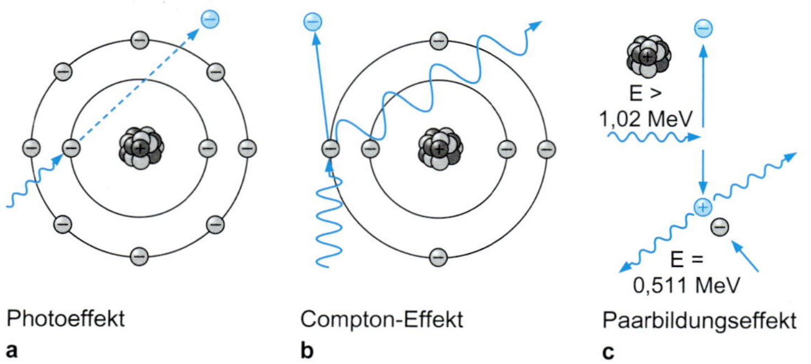

Abb. 8.5 Wechselwirkungen von Photonenstrahlung mit Materie: (**a**) Photoeffekt, (**b**) Compton-Effekt und (**c**) Paarbildungseffekt.

Anhang

A1 Griechisches Alphabet

Für viele Größen werden als Formelzeichen griechische Buchstaben verwendet. Es ist deshalb hier das griechische Alphabet wiedergegeben.

Tab. A.1 Griechisches Alphabet

Das griechische Alphabet							
Alpha	A	α		Ny	N	ν	
Beta	B	β		Xi	Ξ	ξ	
Gamma	Γ	γ		Omikron	O	ο	
Delta	Δ	δ		Pi	Π	π	
Epsilon	E	ε	ϵ	Rho	P	ρ	
Zeta	Z	ζ		Sigma	Σ	σ	
Eta	H	η		Tau	T	τ	
Theta	Θ	ϑ	θ	Ypsilon	Y	υ	
Iota	I	ι		Phi	Φ	φ	ϕ
Kappa	K	κ		Chi	X	χ	
Lambda	Λ	λ		Psi	Ψ	ψ	
My	M	μ		Omega	Ω	ω	

A2 Zahlen- und Größenwerte

Es sind häufig benötigte Zahlen- und Größenwerte aufgelistet. Die Angaben sind auf eine für die meisten Rechnungen ausreichende Genauigkeit gerundet.

Tab. A.2 Häufig benötigte Zahlen- und Größenwerte

Zahlen		
Kreiszahl Pi	π	$3{,}14 \approx 3$
Eulersche Zahl	e	$\approx 2{,}7$
	$\sqrt{2}$	$\approx 1{,}4$
Größen		
Erdbeschleunigung (Fallbeschleunigung an der Erdoberfläche)	g	$9{,}81\,m \cdot s^{-2} \approx 10\,m \cdot s^{-2}$
Schallgeschwindigkeit in Luft	c_L	$330\,m \cdot s^{-1}$
in Wasser	c_W	$\approx 1.500\,m \cdot s^{-1}$
Lichtgeschwindigkeit im Vakuum und in Luft	c	$3 \cdot 10^8\,m \cdot s^{-1}$
Brechungsindex von Luft	n_L	1
Wasser	n_W	$\approx 1{,}33$
Glas	n_G	$\approx 1{,}5$
Dichte von Wasser	ρ	$1\,g \cdot cm^{-3} = 10^3\,kg \cdot m^{-3}$
Wärmekapazität von Wasser	C	$4{,}2\,J \cdot g^{-1} \cdot K^{-1}$
Avogadro-Zahl	N_A	$6{,}022 \cdot 10^{23}\,mol^{-1}$
Molvolumen eines Gases unter Normalbedigungen	V_{mol}	$22{,}4\,L \cdot mol^{-1}$
Luftdruck in Meereshöhe	P_0	$1.013\,mbar = 10^5\,Pa$
Gravitationskonstante	γ	$6{,}67 \cdot 10^{-11}\,N \cdot m^2 \cdot kg^{-2}$
Gaskonstante	R	$8{,}31\,J \cdot mol^{-1} \cdot K^{-1}$
Boltzmann-Konstante	K	$1{,}38 \cdot 10^{23}\,J \cdot K^{-1}$
Stefan-Boltzmann-Strahlungskonstante	σ	$5{,}67 \cdot 10^{-8}\,W \cdot m^{-2} \cdot K^{-4}$
Faraday-Konstante	F	$96.485\,C \cdot mol^{-1}$
elektrische Feldkonstante	ε_0	$8{,}85 \cdot 10^{-12}\,F \cdot m^{-1}$
magnetische Feldkonstante	μ_0	$1{,}26 \cdot 10^{-6}\,V \cdot s \cdot A^{-1} \cdot m^{-1}$

Register